Diibee4.0 富媒体工具实例教程

张文忠　孙晓翠　主编

杨扬　朱军　刘成　副主编

上海大学出版社

·上海·

图书在版编目(CIP)数据

Diibee4.0 富媒体工具实例教程 / 张文忠，孙晓翠主编 .—上海：上海大学出版社，2021.10(2022.1 重印)

ISBN 978-7-5671-4328-9

Ⅰ. ① D… Ⅱ. ①张… ②孙… Ⅲ. ①计算机辅助设计—应用软件—教材 Ⅳ. ①TP391.72

中国版本图书馆 CIP 数据核字（2021）第 197863 号

责任编辑 陈 露
封面设计 柯国富
技术编辑 金 鑫 钱宇坤

Diibee4.0 富媒体工具实例教程

张文忠 孙晓翠 主编

上海大学出版社出版发行

（上海市上大路99号 邮政编码200444）

（http://www.shupress.cn 发行热线021-66135112）

出版人 戴骏豪

*

南京展望文化发展有限公司排版

江苏凤凰数码印务有限公司印刷 各地新华书店经销

开本787 mm×1092 mm 1/16 印张13.25 字数290千

2021年10月第1版 2022年1月第2次印刷

ISBN 978-7-5671-4328-9/TP·79 定价 68.00元

《Diibee4.0 富媒体工具实例教程》编委会

主　编　张文忠　孙晓翠

副主编　杨　扬　朱　军　刘　成

编　委（以姓氏笔画排序）

马文凯　朱克旺　李　彬　吴　婧　邱芸芸

张锜伟　陈晓筠　邵　希　郝妍妍　荆杨杨

姚进德　高　寒　景晓梅

前　　言

信息经济时代，学习和掌握新兴信息化技术，已经成为每个人的基本信息素养。随着教育信息化技术的不断普及应用，基于前沿数字媒体技术的富媒体工具成为信息化教学的重要工具，尤其在富媒体教学资源制作等环节发挥着越来越重要的作用。

现阶段，市面上各类富媒体工具非常多，但大部分工具的普及应用程度却不是很高。究其主要原因，一是现有工具以国外企业研发为主，在学习使用上存在一定的专业外语门槛。二是有些工具要求用户具有一定的编程能力，这对于非专业出身的很多用户来说具有技术门槛。由睿泰集团自主研发的富媒体工具 Diibee，作为一个强大易用的智媒体内容集合工具，用户无须任何程序语言门槛，就能使用该软件可视化地设计出内容精美、交互多样的富媒体作品。目前 Diibee 工具已经进入多所高校，成为这些院校相关专业师生必学的富媒体制作工具。现为响应广大师生的教学和自学需求，特推出该工具基于 4.0 版本的软件实用教程。

本书不仅对数字媒体与富媒体的技术理念进行了深入阐述，而且详细介绍了 Diibee 的基本特征、基础功能、进阶功能和成品发布方法。同时，书中结合多个不同的企业真实项目案例，系统全面地描述了项目实施中需求分析、方案设计、素材制作、交互呈现和成品点评等全流程，以及基于 Diibee 工具制作对应课件的实操方法。与市面上很多工具书仅仅描述软件的各种功能相比，本书将全面细致的功能介绍与真实完整的项目实施案例相结合，更容易让学习者系统地掌握利用本工具创作富媒体作品的技能。

在第六章项目实例中，本书为每个案例录制了配套微课，读者只需通过微信扫一扫二维码，即可快速观看对应的微课。通过“图书 + 二维码”的形式，真正实现了文字与富媒体、书籍与网络的立体融合。

本书可用作数字出版、数字媒体技术应用、数字媒体艺术等专业教材，也适合数字出版物制作、广告设计与制作、小游戏设计制作等行业从业者以及其他对 Diibee 工具感兴趣的读者自学使用或参考。

书中不妥或未尽之处，欢迎各位热心读者不吝指正。

编者

2021 年 6 月

目　录

绪　论　数字媒体技术发展

20 世纪 60 年代末，互联网出现。历经 40 多年的高速发展，互联网带来了全球数字化信息传播的革命。“一网打尽全世界”的互联网宣告数字化时代的到来，以互联网作为信息互动传播载体的数字媒体已经成为继语言、文字和电子技术之后最新的信息载体之一。数字电视、数字图像、数字音乐、数字动漫、网络广告、数字摄影摄像、数字虚拟现实等基于互联网新技术的开发，创造了全新的艺术样式和信息传播方式。人们接触到丰富多彩的电子游戏、播客视频、网络流媒体广告、多媒体电子出版物、虚拟音乐会、虚拟画廊和艺术博物馆、交互式小说、网上购物、虚拟逼真的三维空间网站以及正在发展中的数字电视广播等。数字媒体时代，是互联网时代，也是信息互动的时代。

数字媒体产业链漫长，所涉及的技术包罗万象。“十一五”期间，在国家科技部高新技术发展及产业化司的指导下，国家“863”计划计算机软硬件技术主题专家组组织相关力量，分析了我国媒体内容存储、数字媒体技术工业发展、媒体内容传播、媒体内容利用（消费）、数字媒体技术支撑 5 个主要环节的发展战略、目标和方向。其将数字媒体产业划分为媒体内容制作，并确定了包括 6 大类内容的重点发展方向、AVS 的编码标准、内容制作的国家标准、数字版权的控制与保护、消费体验等措施在内的数字媒体发展战略，以形成具有自主知识产权的数字媒体产业体系。“十二五”“十三五”期间国家高度重视互联网的重要作用，提出了新的发展战略和发展目标，数字媒体产业发展成为其中的重要内容。

发达国家的数字媒体应用已经非常成熟；目前我国暂时还处于劣势，但发展潜力极大。构建、开发、设计、创建有自主知识产权的优秀数字媒体艺术内容产品，努力提升创意产品的国内外市场竞争力已刻不容缓。

第一节　数字媒体技术的演变

一、数字媒体技术概述

随着 20 世纪 70 年代电子媒体、计算机科技等数字媒体相关技术的普及，人们认识世界的方式与视角发生了巨大的改变。数字媒体是指以信息科学和数字技术为依托，利用网络通信技术、计算机技术、声光电技术，将文字、图像、声音等信息通过综合处理，使抽象的信息变为可交互、管理、感知的技术工具。

数字媒体相比传统媒体有以下几大优势。

（一）数字化

大部分传统媒体都是通过模拟信号来存储和传播的，而数字媒体则是以字节的形式通过计算机进行存储和传播。

（二）集成性

数字媒体技术是结合文字、图形、影像、声音、动画等各种媒体的一种应用，它建立在数字化处理的基础上，其应用范围也比传统媒体更加广阔。

（三）交互性与趣味性

数字媒体的交互性是传统媒体很难去实现的，这也大大增加了数字媒体的趣味性。互联网、流媒体网站、数字游戏、数字电视等为人们提供更加多样且丰富的娱乐空间。

（四）技术与艺术的融合

现代数字媒体的传播需要将信息技术与人文艺术相结合，以此来丰富人们的精神需求。

二、数字媒体技术的特征

数字媒体技术主要有高效性、交互性、虚拟性及综合性四个特征。

（一）高效性

数字媒体技术的发展，使人们的生活更加便利，简化了人们的工作。例如快速地复制图表、文字等内容。数字媒体技术也打破了时间与空间的限制，即使是远在千里之外的客户、家人或是朋友，也可以通过数字媒体技术即时、快速地进行交流。因此，数字媒体技术提高了人们的工作效率、维系了人与人之间的情感交流。

（二）交互性

数字媒体技术的另一个特征是交互性。该特征使用户能够获得更加多元化的信息，并进一步拓宽人们的交流渠道，提高人们的认知水平。例如在平台中发布自己的作品并接收各方有价值的信息，同时也可进行互动交流，从而达到完善作品的目的。

（三）虚拟性

这里的虚拟性主要指的是通过数字媒体技术提供的强大模拟手段，对现实场景进行模拟或是构建一个现实中无法实现的虚拟场景，也就是我们常说的VR、AR技术。虚拟技术目前大量应用于娱乐领域，在教学领域也有尝试，例如在富媒体教室中运用VR、AR技术进行教学场景的构建。

（四）综合性

数字媒体技术的多方面应用使艺术的表现形式更加多样。在数字媒体技术整合下的声音、图形、影像等元素，呈现出了完美的组合效果，也使得设计者在应用数字媒体时，不再受媒介的束缚。

三、数字媒体技术的应用优势

（一）技术优势

相较于传统的媒体技术，数字媒体技术是一种更加智能、更容易寻找并保持平衡的一种技术。这里所提到的平衡，实际是指动态平衡和静态平衡两个部分。

1. 静态平衡

静态平衡是指将图形与文字进行合理的布局，使人们在视觉上达到静态平衡。例如，不同尺寸大小的屏幕，其包含相同内容时的排列方式就不应是相同的。尺寸较大的屏幕可采用类似于传统报纸、期刊的版面排版方式；尺寸较小的屏幕则应采用一段文字，一张图片或是音频，竖版排列。虽然随着科技的发展，智能终端阅读设备的交互性不断增强，即使小尺寸的屏幕也可通过手势进行放大或缩小，但在不同尺寸的屏幕上采用最合适的排版布局方式，能够使人们在视觉上达到静态平衡。

2. 动态平衡

动态平衡是指在某个运动的过程中出现的各种画面或许是运动的，但连续观赏会使人产生和谐平衡的动态体验。

另外，数字媒体技术还可将虚拟空间与现实体验相结合起来，从虚实、时间、声音与体感等多个方面凸显其应用对象的节奏感，给用户更加真实、更加实时的感官体验。而最合适的节奏感体验则需从多个方面做出最合理的选择，例如通过改变位置、大小等因素，为用户带来静态平衡与动态平衡相互交织的体验感受。

（二）表现优势

数字媒体技术的出现，使人们的信息获取方式发生了改变。从前人们接收信息更多是被动式的，在被动的位置（如书报亭、家中的电视或是收音机）接收选择较少的信息，往往需要花费很长一段时间才能获取自己真正想要的信息。而如今，随着现代化数字媒体技术的普及应用，其传播方式发生了众多改变，数字媒体技术补充了传统媒体无法传达的空间感，将信息的传播变得更加轻松。用户的体验感也因此变得更加真实，传播内容具有鲜明的时代特点，更容易被大众接受。

现在的信息获取方式大多是碎片式的。人们在上下班的路途中或是在其余时间通过移动智能终端海量地获取信息，这种信息更多是一条条标题组成的概述，人们根据自身的喜好与需求选择是否进行延展阅读。这就使新闻工作者需要在简短的一两行标题中准确地表达出信息内容的核心，使读者能够准确地判断并选择接收信息的必要性。

（三）数字化优势

数字媒体技术最大的优势是具有先进的数字化技术加成，通过数码特技、非线性编辑、合成等技术，可以丰富传统媒体信息难以引起接收者共鸣的问题，将数字化的体验呈现在接收者的眼前，为其提供更加真实的感官体验。因此数字媒体技术多用于影视制作、综合表现等具象化的表达手法中，也对该产业的数字化发展起到了一定的推动作用。

在具体的信息表现上，以微信公众号的推文为例，表现信息的形式除去传统的文字、声音等，还可同时包含音频、视频文件，背景音乐以及 gif 图片等内容，更能够激发读者的阅读兴趣，并加深读者对于信息的记忆程度。

四、数字媒体技术的发展前景

随着科技的发展、时代的进步，数字媒体技术在各个领域的应用会越来越广泛，其发展方向也势必是更加多元化的。在多元化发展的同时，要注意更加精细化的发展，需要注意相同领域的细分。另外，人们对于信息的需求也是越来越多元化、个性化，数字媒体技术的发展也会越来越开放。信息会以更多的形式、更多的类别进行传播，而不单单仅仅局限于单一的传播途径之上。数字媒体行业的从业人员应该及时转变固有的发展观念来顺应这一发展趋势，将大众传播辐射到更加前沿的发展上，并将信息内容进行进一步的细分。

传播内容是数据媒体技术的核心，通过对传播内容的分析和再加工，可以改变传播内容的分配、传送方式，进而对整个媒体产业产生深远的影响，将现代化数字信息媒体重新独立出来，改变传统媒体的竖向链条结构模式。根据当前数字媒体技术的发展现状，可以总结出数字媒体发展的三个大方向，即在商务领域的发展、在新闻传媒领域的发展以及在影视制作领域的发展。

第二节　富媒体技术的核心概念及其发展演变历程

一、富媒体技术的核心概念

随着网络的高速发展，基于富媒体技术的服务因其良好的媒体资源整合能力、出色的表现力以及极强的用户交互性，而被广泛应用于电子杂志、远程教育等多个领域。富媒体技术作为一种依托网络、媒体表现力丰富、交互性强的技术，如今已发展得非常成熟。

（一）富媒体的内涵

“富媒体”一词来自英文 rich media，目前还没有一个明确的学术定义，其最早应用于网络广告中，并取得了革命性的发展。1997 年，国外网络广告界制作了一条精美的交互式广告，上面写道：“最震撼的新闻：消息来自 CNET 公司的一个技术人员。”通常网络横幅广告的点击率为 1.5%～2%，但是这条广告的点击率达到了 8%，点击率比通常提高了 4 倍。人们在惊喜之后认真分析和总结，认识到丰富的媒体表现形式 + 丰富的操作交互 + 丰富的信息交互是这条广告成功的关键所在，即注意力持续。由此，人们提出了“富媒体”（rich media）这个概念。富媒体广告主要是指区别于传统广告的一种数字广告形式，其特点是互动性强、包含大量信息、引人入胜。

“富媒体”这一专用词汇用来形容一类广泛数字互动媒体，可被下载或嵌入到网页之中。富媒体应用可以在类似 Media Players、Real Networks 的 RealPlayer、微软媒体播放器或者苹果的 QuickTim 等播放器中被查看或离线使用。富媒体的显著特性是动态驱动，这种驱动机制能够持续作用一段时间，或者间接响应用户操作。

不难看出，富媒体并不是某一种具体的互联网媒体形式，而是指具有动画、声音、视频等内容并具有交互性的信息承载方式。富媒体具有数字化媒体、交互性、一次性下载、跨平台展示等特征。富媒体技术响应速度快，图形丰富且用户界面包含各种控件，同时允许使用多种技术来构建图形。富媒体通常具有丰富的 UI 展现和深度的用户交互等显著特性，并融合了桌面应用和网络应用。

（二）富媒体技术与多媒体技术的区别

富媒体技术和多媒体技术这两个概念在很多场合都被混用，但两者是有区别的。

1. 基本定义不同

多媒体技术是利用电脑把文字、图形、影像、动画、声音及视频等媒体信息都数位化，并将其整合在一定的交互式界面上，使电脑具有交互展示不同媒体形态的能力。

富媒体技术是一种可以在网络环境下通过网页、流媒体、富网络应用（RIA）、Flash 技术、Flex 技术、Ajax 技术、SilverLight 等先进技术对多种媒体元素进行渲染展现和交互控制的技术。

通过上文多媒体技术与富媒体技术的基本定义，可以发现：多媒体技术强调的更多是两种媒体的结合以及资源类型的多样性，而富媒体技术则更加强调丰富的页面展示以及页面的交互控制，这是两者基本定义上的不同。

2. 传播模式不同

多媒体技术的传播模式为：信息发布者将媒体信息传递给受众，是一个单向传播。富媒体技术的传播模式为：受众与发布者之间可以进行双向通信，使受众与媒体、受众与受众、受众与信息发布者之间都能够进行互动，从而提高用户参与度。

通过对两者传播模式的比较，不难发现，富媒体技术相较于多媒体技术更能让用户参与其中，以此来提升用户体验。对于信息发布者而言，富媒体技术能够使得自己与受众之间进行互动，信息发布者可以及时地得到受众的反馈，并做出调整，更好地为用户提供服务。这是两者传播模式的不同。

3. 交互功能不同

多媒体技术的交互是页面控制与后台服务器的交互，操作交互与信息交互虽较好，但受网络质量影响可能会有延时性。富媒体技术的交互是页面控制与客户端的交互，响应实时，且控制元素更为丰富。

二、富媒体技术的发展演变过程

富媒体技术在国内最早的应用是 2002 年新浪和互动通公司联合推出的一个“新浪视窗 -iCast”的富媒体广告形式；2002 年底，双方合作的第一支富媒体广告——《英雄》片花在新浪网投放。2003 年，富媒体广告开始正式跃入业界的视线。这一阶段的富媒体广告以视频类富媒体为主，这种网络视频广告形式受到了大家的欢迎，并开始被 IBM 等大客户所采用。

第三节 数字媒体技术的应用

近年来，数字媒体技术飞速发展，在多个领域皆有不同程度的应用。因数字媒体有着传播速度快、成本较低的特点，在很多领域都有其相应的优势，逐渐实现了全面渗透。而随着数字媒体的日渐成熟，人们的接受度开始提高，数字媒体技术将会在更多领域被广泛应用。

数字媒体技术最大的特点就是先进的数字化技术，这也是其最大的优势，通过电子科技、合成等技术，能够解决报纸、广播等传统媒体信息难以引起用户共鸣的问题。数字媒体技术用先进的数字化技术，将内容信息数字化传递给用户，使用户获得了更真实的感官体验。正因如此，数字媒体技术在很多领域都被广泛应用，比较有代表性的是电影行业中后期的影视制作与特效处理。

一、数字媒体技术在 AR 技术领域的应用

AR（augmented reality）技术是目前数字媒体技术主要的发展领域之一。AR 技术是一种增强现实的技术，其借助数字仿真技术，通过信息再现的方式对用户的各种感官体验进行还原，例如视觉感受、听觉感受等。

AR 技术看重的是虚实之间的有效结合。良好的虚实感不仅能充分体现出设计者所想要表达的意境，更能准确地凸显出所设计的主题，从而实现有足够立体感与空间感的画面。需要注意的是，AR 技术的应用并不是单一的，而是对数字媒体、信息处理等技术的综合运用。这是一种超现实的虚拟技术，有着很广泛的发展前景，获得了业界的充分肯定。将 AR 技术与数字媒体技术相结合，使 AR 技术增添了二维、三维乃至多维的空间感受，提升了现代 AR 作品的完整体验性，同时为 AR 技术的传播与制作开辟了全新的途径，为用户带来了全新的视觉奇观。

二、数字媒体技术在 IT 行业的应用

数字媒体技术在 IT 行业领域中也有广泛的应用和巨大的发展潜力。将数字媒体技术应用到 IT 行业中，能够更加精准地向用户提供个性化的需求，并通过数据的采集与分析，针对不同用户设计并提供个性化的定制服务。数字媒体技术还可以为 IT 的设计与发展提供更多即时有效的信息。例如通过 IPTV 产业与 IT 行业的有效融合来提升信息输送的速度和效率。这使得人们线上办公、远距离交流等突破空间的活动变成了现实。

数字媒体技术在 IT 行业的合理应用，更好地推动了电商经济的发展。人们随时随地可以通过智能终端来获取感兴趣的商品信息，简化了消费者选择和比较商品的过程，极大地方便了消费者。

三、数字媒体技术在社交媒体领域的应用

数字媒体技术的出现与变革，为社交媒体的发展带来了巨大的影响与改变，甚至可以说是颠覆性的。

第一，数字媒体技术使得社交媒体的信息变得更加精准。例如，通过大数据的信息采集与分析，深入挖掘现有用户的潜在需求，并寻找潜在的客户群体，以此针对不同用

户应用不同的数字媒体技术。另一方面，用户也可以有针对性地寻找与自身需求相符的数字媒体应用。

第二，数字媒体技术保证了社交媒体的即时交流与传播。用户在使用社交媒体时，通过数字媒体技术，可以实现即时信息的检索，使得信息能够第一时间传递到用户的手中。

第三，数字媒体技术使社交媒体能够获得实时反馈。在用户使用社交媒体进行信息传播的过程中，数字媒体技术在用户同意且授权的前提下，可以实时地获取用户的使用信息，并以此开展与用户间的即时信息互换，以获取用户对该产品或服务的使用信息反馈，对产品或服务进行改进。

第四，数字媒体技术使社交媒体的交互性更强。这里提到的交互不仅仅是用户与用户之间的交互，更是用户与开发者之间的交互。用户可以通过社交平台来发表自己的观点和看法，并提出自身希望借助该平台所实现的操作，切实地参与平台的开发与改进的过程中去，从而实现设计者与用户之间的良性互动。

四、数字媒体技术在食品展示设计中的应用

随着科技的不断进步，多元化的展示方式逐渐得到了广泛的应用。基于数字媒体技术的食品展示设计创新，也在其中。

1. 数字媒体技术在食品展示设计中的视觉应用

传统的食品展示设计在视觉上的应用多以二维平面为主，这种展示设计缺乏动态美感，相较基于数字媒体技术的展示设计无法产生直观的视觉上的冲击效果。以某品牌快餐为例，在食品展示设计中使用了数字多媒体技术，通过对食品的颜色、形状等相关视觉要素的渲染，给人们带来了视觉上的冲击，激发了人们的消费欲望，使食品展示设计效果向消费层面转化。

2. 数字媒体技术在食品展示设计中的空间应用

空间的合理排布是食品展示设计中需要注意的几个关键因素之一。在传统的食品展示设计中，受场景的限制，很多时候食品展示设计中对空间的表达并不理想，而基于数字媒体技术的食品展示设计则解决了这一问题。基于数字媒体技术的食品展示设计，通过镜头的多角度切换，能够更加全面地展示空间的多角度效果。在食品展示设计中，需要根据展示目的的不同选择相应的展示技术，从而达到最佳的展示效果。数字多媒体技术在食品展示设计中空间元素的应用须遵守主、次原则，避免空间元素对食品设计表达的弱化。

五、数字媒体技术在动漫设计中的应用

数字媒体技术近年来不断地被应用于动漫产品的设计上，有效提高了产品的质量，同时也使动漫设计产品能够发挥更大的商业价值。数字媒体技术在动漫设计领域中的不断应用，推动了中国特色动漫产业的发展。

1. 数字媒体技术在动漫设计中的应用原则

数字媒体技术在动漫设计领域的合理应用，可以有效地促进该领域的发展。但同时也必须把握相关的原则，这样才能让数字媒体技术在动漫设计领域发挥其最大的作用。在动漫设计领域中应用数字媒体技术，应保持以下几个原则：

（1）应用性原则：所谓应用性原则是指动漫产品的设计应该满足现实市场的需求，数字媒体技术在应用过程中应该遵循这一原则，注重将理论和实践进行有效结合，从而设计出更好的动漫作品来满足市场的需求。

（2）现实性与未来性相结合原则：所谓现实性与未来性相结合原则是指数字媒体技术在应用过程中既能够满足现实市场发展的需求，又能够在一定程度上预测动漫设计领域的未来发展，从而在实际应用中进行适当的创新，促进动漫设计领域的快速发展。

（3）特色化原则：所谓特色化原则是指动漫设计作品应该具有一定的个性化特点。在数字媒体技术的应用中，可以借鉴其他设计的先进理念，但是必须要融入自己的特点，这样才能促进动漫设计领域的不断创新发展。

2. 数字媒体技术对动漫设计的影响

（1）动漫的质量得以提升：随着数字媒体技术的不断发展与应用，我国动漫领域的相关技术也在不断地优化和变革。从近几年我国上映的国产动画电影中可发现，我国动漫的画质以及呈现技巧较之早期都有了很大程度的进步。特别是目前很多动漫作品中的场景和人物越来越接近现实，这给观众带来了更加震撼的视觉体验。无论是相对比较传统的电视动画还是动画电影，抑或是动漫游戏等其他动漫产品，都在数字媒体技术的不断升级与应用中取得了非常不错的成果，发展前景很广阔。因此，数字媒体技术的合理应用对动漫质量的提升有着很大的影响，同时也促进了整个动漫行业的良性发展。

（2）动漫产品的商业价值得以提升：数字媒体技术在动漫领域的应用不仅仅提高了动漫产品的质量，同时也将动漫产业的发展由传统的纸质化向网络化、数字化发展。从前传统动漫的传播途径主要是图书、电视等，现如今动漫的传播途径多种多样，人们可以通过各种渠道来获取选择动漫产品。

如今的动漫产品已经不再局限于动画片、动画电影等，已经延伸到了动漫游戏、数字漫画甚至是网络表情。动漫产品在其传播过程中实现了更大的商业价值，且受众越来越广泛。

在这些背景下，动漫产业成功吸引了更多广告赞助商的加入，有效提高了动漫产品的商业价值。

3. 数字媒体技术在动漫设计中的实际应用

（1）数字媒体技术在二维动漫中的应用：数字媒体技术在二维动漫设计中的应用起到了非常关键的作用，主要有以下几个方面的体现。

其一，数字媒体技术的应用优化了二维动漫描线与上色等方面的处理。有了数字媒体技术的应用，二维动漫在制作中描线与上色不再像以往那样烦琐。通过使用数字媒体技术对需要进行处理的二维动漫作品进行单击选择，计算机就能够自动识别并进行快速的处理，使动漫作品呈现出理想的效果。

其二，数字媒体技术的应用提高了二维动漫设计的效率。在数字媒体技中可以将二维动漫中一些关键帧作为设计的基本图形，通过计算机程序自动生成相应的动漫效果，而且使得二维动漫的线条以及画质都非常清晰美观，不仅有效提高了二维动漫的质量，还提高了二维动漫设计和制作的效率。

（2）数字媒体技术在三维动漫中的应用：三维动漫的设计比二维动漫的设计相对来说更复杂，二维动漫的设计主要通过线条来完成，而三维动漫设计涉及的技术有很多，例如光影效果、人物形态模拟、场景搭建等，因此三维动画中对画质、最终呈现效果的要求也比二维动画更高。只有给观众带来最接近真实的视觉感受，才能更好地吸引观众，提升三维动画的经济价值，以便制作出更加精良的动画。

数字媒体技术在三维动漫设计中的应用主要有特效编辑，使最终呈现出的三维动漫效果更加接近现实，能给观众带来更好的视觉体验。目前一些三维动漫的很多场景已经十分接近于现实场景，能够给观众真实的视觉感受，其较高的票房纪录也是市场对数字媒体技术加持下的三维动漫的认可。

数字媒体技术在三维动漫中的应用，在提升三维动漫产品最终呈现效果的同时，也给三维动漫制作方更高的票房回报与经济收益，这有益于三维动漫产品的良性发展。

4. 数字媒体技术在动漫设计中应用策略的优化

（1）搭建专业的技术交流平台：以目前动漫产业发展现状来看，动漫产业的良性发展不仅可以有效促进我国经济的发展，同时也有利于促进我国优秀文化的传承与发展。由此可见，对数字媒体技术在动漫设计中的应用策略进行优化，是十分重要的。这需要提高动漫设计从业人员对于数字媒体技术的应用能力，提高他们利用数字媒体技术进行动漫设计的水平。一方面应该加大对数字媒体技术应用人才的培养力度，通过对各个高校数字媒体技术相关专业教学模式以及教学内容的改革和优化，促进应用型人才的培养，同时可以成立相应的培训机构，为在职的动漫设计人员提供良好的培训平台。另一方面，应该构建专业的数字媒体技术交流平台，可供所有动漫设计人员进行网络上的沟通和交流，比如分享先进的设计理念和技术要领、探讨在设计过程中遇到的问题等，从而不断提升设计人员的数字媒体技术应用能力，提高自身的动漫设计水平。

（2）发展具有中国特色的动漫产业：我国的动漫产业发展很大程度上受着国外优秀动漫产品的影响。通过学习国外优秀的动漫设计技巧，在一定程度上提升了我国动漫设计的水平，但一味学习他人的动漫设计并非可行之计，这会使我国的动漫设计缺少自身的特色，无法在国际上形成影响力。因此，为了促进我国动漫产业的国际化发展，提高我国动漫产业在国际上的影响力，在借鉴其他国家优秀动漫作品中数字媒体技术应用技巧的同时也要有效地融入我国优秀的文化和特色，设计出具有我国特色的动漫作品，不仅可以有效推动我国动漫产业的创新与发展，还能够传承和发展我国优秀的传统文化。

为了更好地促进我国动漫领域的发展，提高我国动漫设计水平，应该适当加强动漫设计中对数字媒体技术的合理应用，加强全能型人才的培养，才能最终促进具有中国特色的动漫产业的发展。

第一章　数字媒体工具发展

第一节　数字媒体技术的主流工具介绍

数字媒体作为最经济的交流方式，被广泛应用于电信、邮政、电力、消防、交通、金融、旅游、广告等与民生息息相关的政府职能部门及企事业单位。这些行业对数字媒体的需求巨大，主要应用于交流信息文化、推广品牌形象、提供公共信息、反映民生需求、应对突发事件等。数字媒体技术可以帮助建立可视化的信息平台，提供即时声像信息，利于快速响应，为人们提供更广泛、更便捷、更具针对性的信息及服务。数字媒体技术打破了现实生活的实物界限，缩短了信息传输的距离，使数字媒体信息得以有效利用。

数字媒体技术主要研究场景设计、角色形象设计、游戏程序设计、多媒体后期处理、人机交互技术、宽带媒体技术、视音频编辑技术等内容，是主要针对游戏开发、网站美工、创意设计而设置的。

主流的数字媒体工具按对象不同，通常可分为文字处理工具、声音剪辑工具、图形图像处理工具、视频处理工具、动画设计工具等。

一、文字处理工具

随着计算机技术的发展，文字信息处理技术也进行着一场革命性的改变。计算机打字、编辑文稿、排版印刷、管理文档，是高效实用技术的具体呈现。优秀的文字处理工具能使用户方便自如地在计算机上编辑、修改文章，这种便利是在纸上写文章所无法比的。

文字处理，简称字处理，就是利用计算机对文字信息进行加工处理，其处理过程大致包含文字录入、加工处理、文字输出三个环节。目前计算机上常用的文字处理软件有微软公司的 Word、金山软件股份有限公司的 WPS Office 等。

（一）Word

Word 是微软公司推出的办公自动化套装软件 Office 中的字处理软件，是目前使用最普遍的字处理软件。用 Word 软件，可以进行文字、图形、图像、声音、动画等综合文档编辑排版，可以和其他多种软件进行信息交换，可以编辑出图、文、声并茂的文档。它界面友好，使用方便，具有所见即所得的特点，深受用户青睐（图 1-1-1）。

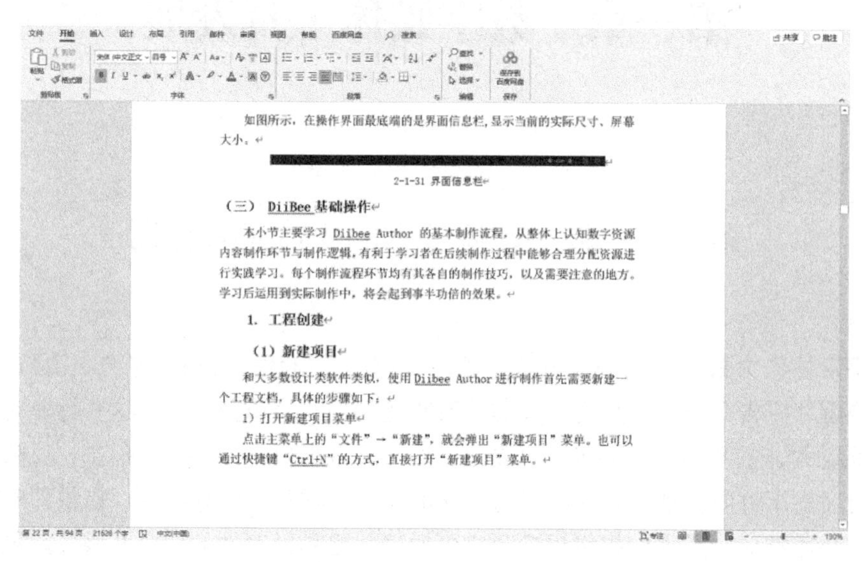

图 1-1-1　Word 使用界面

（二）WPS Office

WPS Office 是由金山软件股份有限公司自主研发的一款办公软件套装，可以实现办公软件最常用的文字、表格、演示，PDF 阅读等多种功能。该软件具有内存占用低、运行速度快、云功能多、强大插件平台支持、免费提供海量在线存储空间及文档模板的优点（图 1-1-2）。

图 1-1-2　WPS Office 2019 宣传页

二、声音剪辑工具

声音媒体是人们最熟悉的传递信息的方式，在日常工作、生活和学习中都会或多或少地接触声音媒体，如录音笔、MP3 等常用音频设备可以处理诸如一些简单的录、放声音的操作。当需要对声音进行编辑、合成等复杂操作时，通常是将工作交由专门的设备来处理。这种设备一般称为音频工作站，其核心设备是计算机，因其处理数字音频信号，故也称为数字音频工作站。实际上随着计算机及多媒体技术的进步及硬件成本的不断下降，一台普通的多媒体计算机即可当作入门级的数字音频工作站使用。

数字音频制作类编辑软件的功能主要包括录音、混音、后期效果处理等，是以音频处理为核心，集声音记录、播放、编辑、处理和转换于一体的功能强大的数字音频编辑软件，具备制作专业声效所需的丰富效果和编辑功能，用它可以完成各种复杂和精细的专业音频编辑。在声音处理方面包含有频率均衡、效果处理、降噪等多项功能。

音频编辑软件很多，常见且较为典型的有：Adobe Audition、CoolEditPro、SoundForge 等。

（一）Adobe Audition

Adobe Audition（简称 Au）是由 Adobe 系统公司开发的一款专业音频编辑软件。Au 专为在照相室、广播设备和后期制作设备方面工作的音频和视频专业人员设计，可提供先进的音频混合、编辑、控制和效果处理功能（图 1-1-3）。

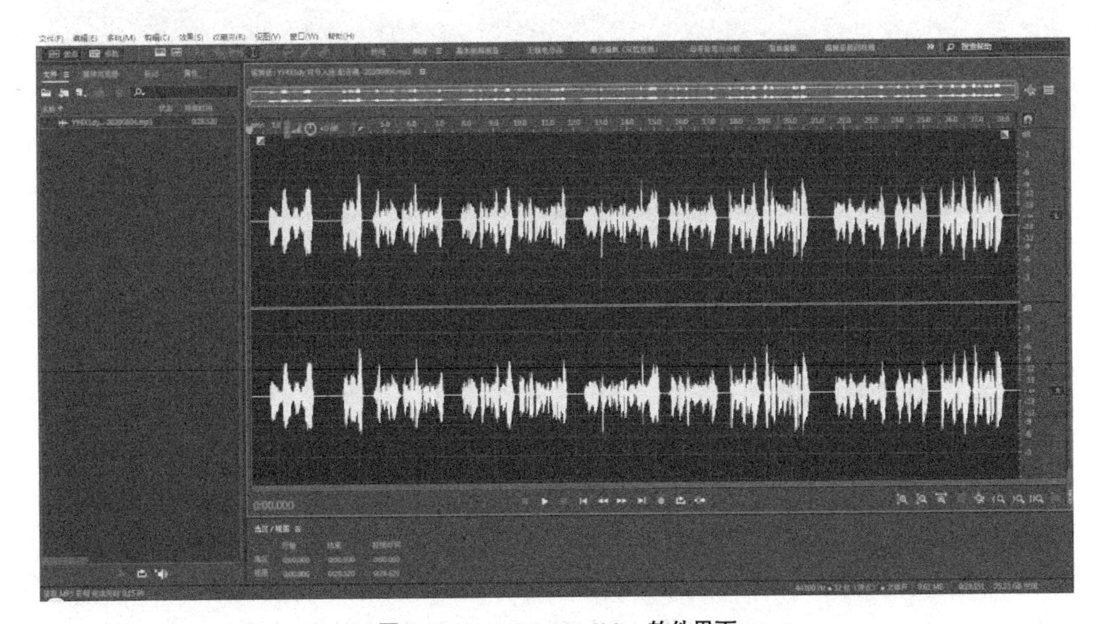

图 1-1-3　Adobe Audition 软件界面

（二）CoolEditPro

CoolEditPro 是一款非常出色的数字音乐编辑器和 MP3 制作软件。不少人把 CoolEdit 形容为音频“绘画”程序。使用者可以用声音来“绘”制：音调、歌曲的一部分、声音、弦乐、颤音、噪声或是调整静音。而且它还提供多种特效为作品增色：放大、降低噪声、压缩、扩展、回声、失真、延迟等。该软件使用时可同时处理多个文件，轻松地在几个文件中进行剪切、粘贴、合并、重叠声音操作。使用它可以生成的声音有：噪声、低音、静音、电话信号等。该软件还包含有 CD 播放器，其他功能包括：支持可选的插件、崩溃恢复、支持多文件、自动静音检测和删除、自动节拍查找、录制等。另外，它还可以在 AIF、AU、MP3、RawPCM、SAM、VOC、VOX、WAV 等文件格式之间进行转换，并且能够保存为 RealAudio 格式（图 1-1-4）。

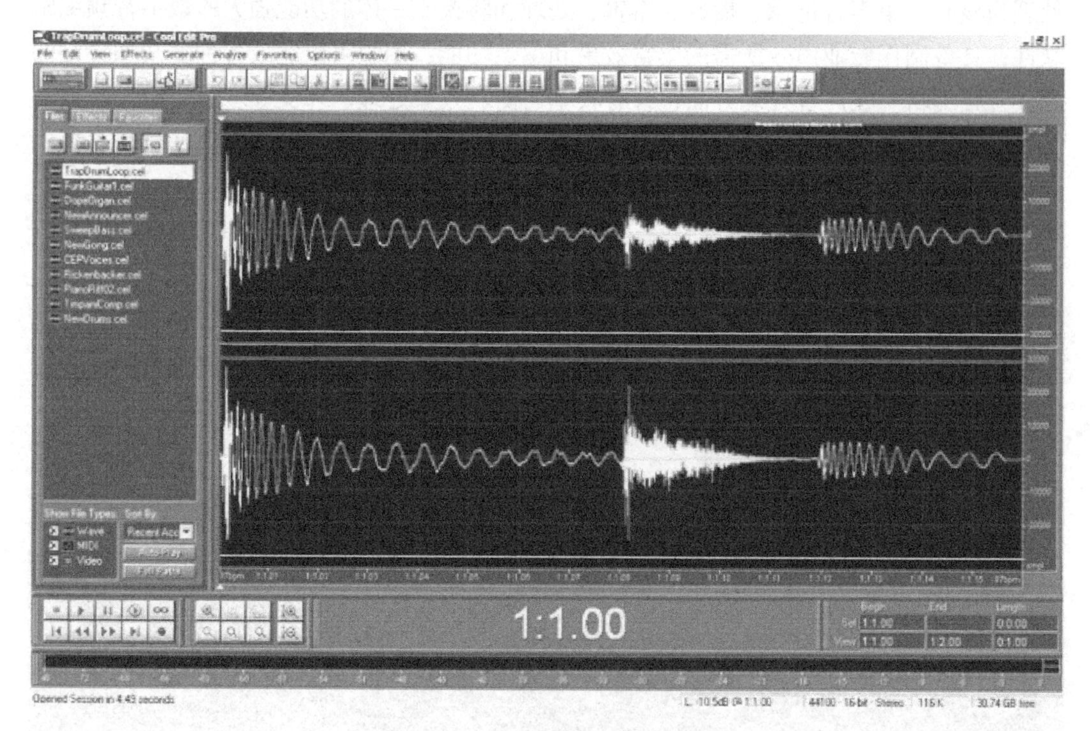

图 1-1-4　CoolEditPro 软件界面

（三）SoundForge

SoundForge 是比较全面的音频处理软件，有工具和效果制作等功能，是整合性的程序用来处理音频的编辑、录制、效果以及完成编码。SoundForge 只需要 Windows 兼容的声卡设备，就可进行音频格式的建立，录制和编辑文档。简单采用 Windows 界面操作，内置支持视频及 CD 的刻录并且可以保存至一系列的声音及视频的格式，包括 WAV、WMA、RM、AVI 和 MP3 等，更可以在声音中加入特殊效果。它能把编辑音乐变得好像用单词造句那样简单。许多程序都有这种功能，而 SonicFoundryAcidPro 是其中最知名和最强大的。Acid 是一套由 SonicFoundry 公司所研发的背景音乐制作软件（图 1-1-5）。

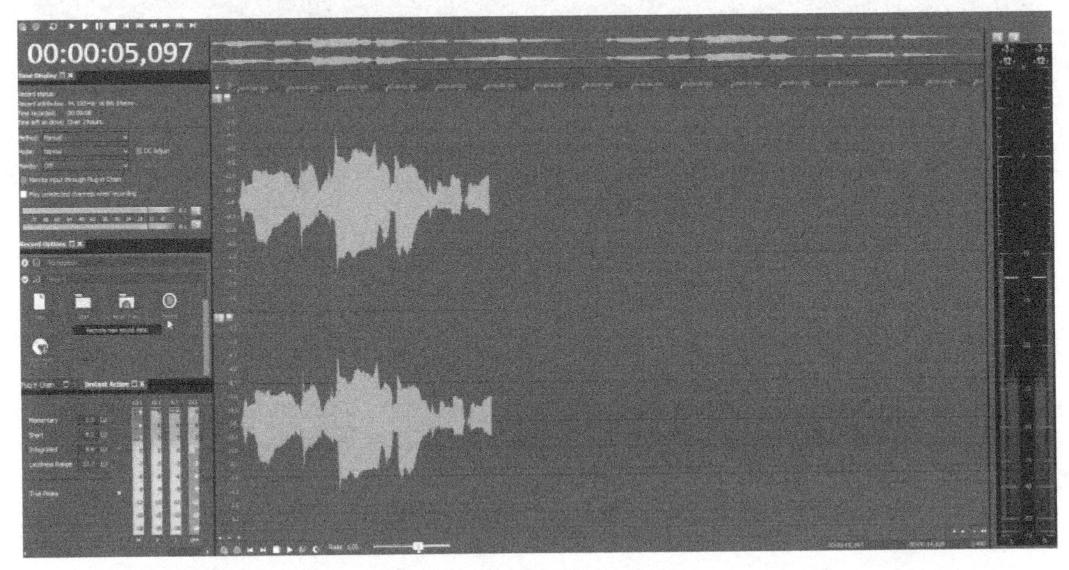

图 1-1-5　SoundForge 软件界面

三、图形图像处理工具

图形是用一个指令集合来描述的。这些指令描述构成一幅图的所有直线、圆、圆弧、矩形、曲线等的位置、维数和大小、形状、颜色。产生图形的程序通常称为绘图程序，它可以分别产生和操作矢量图形和各个片段，并可任意移动、缩小、放大、旋转和扭曲各个部分，也依然保持各自的特性。

图像是由描述图像中各个像素点的亮度与颜色的数位集合组成。它适合表现层次细致、色彩丰富、包含大量细节的图像。生成图像的软件工具通常称为绘画程序，可以定制颜色，画出每个像素点来生成一幅画。它所需空间比矢量图形大得多，因为图像必须指明屏幕上显示的每个像素点的信息。

针对用途不同，图形和图像有着众多的处理工具，下面就以常见的且较为典型的工具来举例说明。

（一）Adobe Photoshop

Adobe Photoshop，简称“PS”，是由 Adobe 系统公司开发和发行的图像处理软件，主要处理以像素构成的数字图像。使用其众多的编修与绘图工具，可以有效地进行图片编辑工作。PS 有很多功能，在图像、图形、文字、视频、出版等各方面都有涉及（图 1-1-6）。

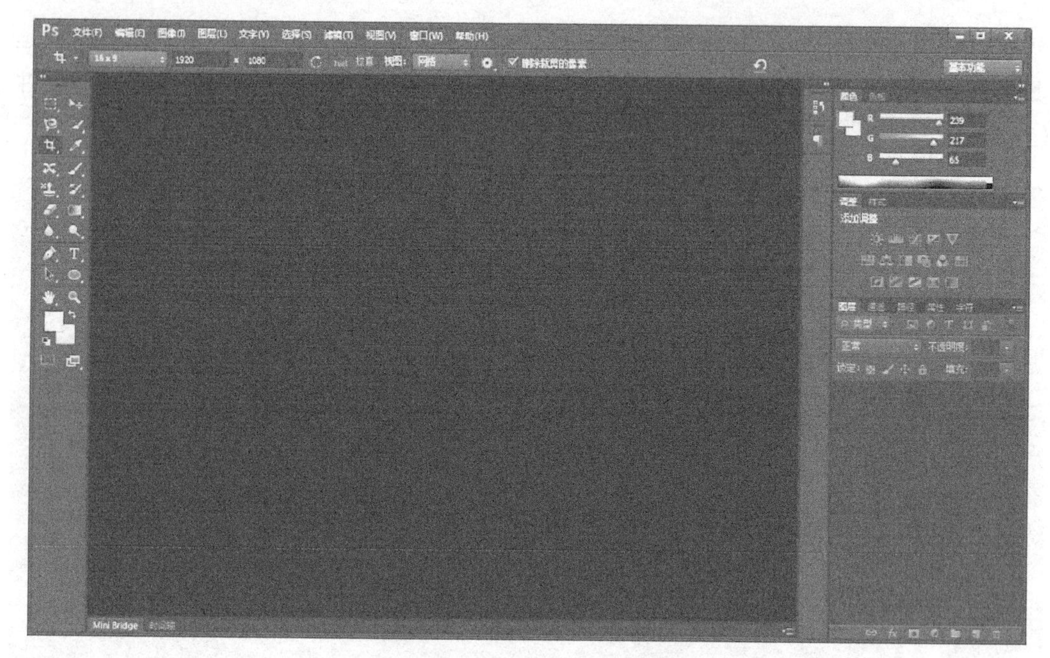

图 1-1-6 Photoshop 软件界面

从功能上看，该软件可分为图像编辑、图像合成、校色调色及特效制作等。

图像编辑是图像处理的基础，可以对图像做各种变换如放大、缩小、旋转、倾斜、镜像、透视等，也可进行复制、去除斑点、修饰、修补图像的残损等。

图像合成则是将几幅图像通过图层操作、工具应用合成完整的、传达明确意义的图像，这是美术设计的必经之路。

校色调色可方便快捷地对图像的颜色进行明暗、色偏的调整和校正，也可在不同颜色进行切换以满足图像在不同领域如网页设计、印刷、多媒体等方面应用。

特效制作在该软件中主要由滤镜、通道及工具综合应用完成。包括图像的特效创意和特效字的制作，如油画、浮雕、石膏画、素描等常用的传统美术技巧都可通过该软件特效完成。

（二）CorelDRAW Graphics Suite

CorelDRAW Graphics Suite 是 Corel 公司出品的矢量图形制作工具软件，这个图形工具给设计师提供了矢量动画、页面设计、网站制作、位图编辑和网页动画等多种功能（图 1-1-7）。

该图像软件是一套屡获殊荣的图形、图像编辑软件，它包含两个绘图应用程序：一个用于矢量图及页面设计，一个用于图像编辑。这套绘图软件组合带给用户强大的交互式工具，使用户可创作出多种富有动感的特殊效果及点阵图像即时效果，并且在简单的操作中就可实现而不会丢失当前的工作。CorelDRAW 全方位的设计及网页功能，可以融合到用户现有的设计方案中，灵活性十足。

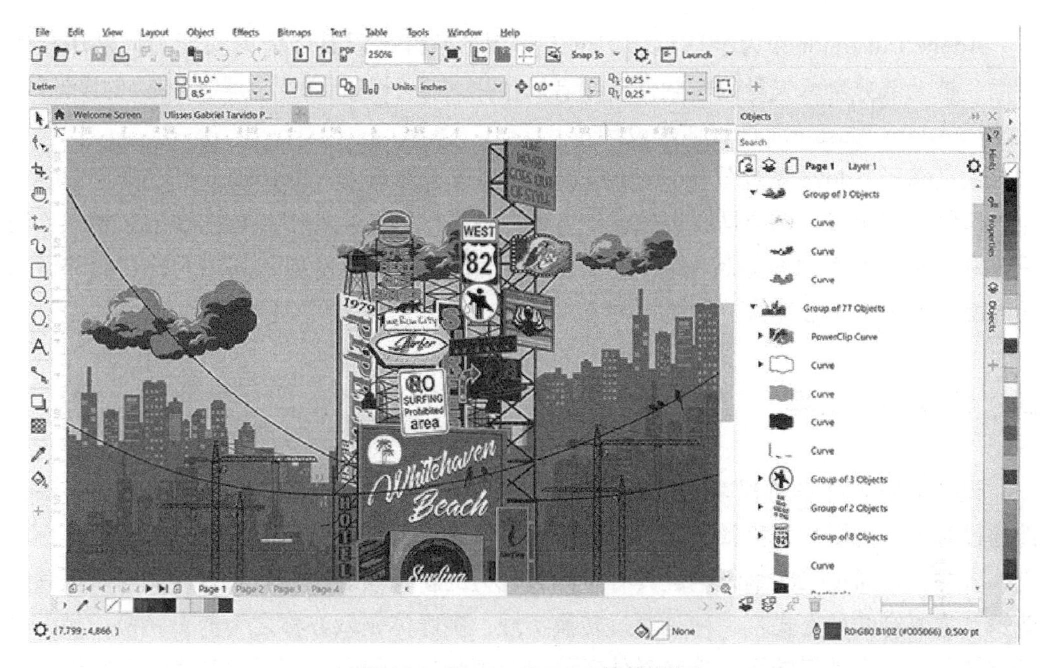

图 1-1-7　CorelDRAW 软件界面

（三）Adobe Illustrator

Adobe Illustrator，常被称为“AI”，是 Adobe 系统公司推出的基于矢量的图形制作软件。该软件主要应用于印刷出版、海报书籍排版、专业插画、多媒体图像处理和互联网页面的制作等（图 1-1-8）。

图 1-1-8　Adobe Illustrator 启动页

Adobe Illustrator 作为全球最著名的矢量图形软件，以其强大的功能和体贴用户的界面，被大部分全球矢量编辑软件使用者所使用。据不完全统计全球有 37% 的设计师，在使用 Adobe Illustrator 进行艺术设计。

尤其基于 Adobe 系统公司专利的 PostScript 技术的运用，Illustrator 已经完全占领专业的印刷出版领域。无论是线稿的设计者和专业插画家、生产多媒体图像的艺术家，还是互联网页或在线内容的制作者，使用过 Illustrator 后都会发现，其强大的功能和简洁的界面设计风格非常优秀。

四、视频处理工具

视频剪辑软件是对视频源进行非线性编辑的软件，属多媒体制作软件范畴。该软件通过对加入的图片、背景音乐、特效、场景等素材与视频进行混合，对视频源进行切割、合并，再通过二次编码生成具有不同表现力的新视频。视频剪辑软件实现对视频的剪辑，主要有两种方式：一种是通过转换实现，多媒体领域亦称之为剪辑转换；另一种是直接剪辑，不进行转换。除剪辑外还可以对视频进行编辑，编辑器其实是对图片、视频、源音频等素材进行重组编码工作的多媒体软件。重组编码是将图片、视频、音频等素材进行线性编辑后，根据视频编码规范进行重新编码，转换成新的格式。

常用的视频剪辑软件有 Adobe Premiere、iMovie、Adobe After Effects、会声会影、Final Cut Pro 等。

（一）Adobe Premiere

Adobe Premiere 是一款常用的视频编辑软件，由 Adobe 系统公司推出。Adobe Premiere Pro 可以提升创作能力和创作自由度，提供了采集、剪辑、调色、美化音频、字幕添加、输出、DVD 刻录的一整套流程，并和其他 Adobe 软件高效集成，满足创建高质量作品的要求（图 1-1-9）。

Adobe Premiere 以其合理化界面和通用高端工具，兼顾了广大视频用户的不同需求，提供了前所未有的生产能力、控制能力和灵活性，被广泛应用于电视台节目制作、广告制作、电影剪辑等领域。

（二）Adobe After Effects

Adobe After Effects 简称“AE”，是 Adobe 系统公司推出的一款图形视频处理软件，适用于从事设计和视频特技的机构，包括电视台、动画制作公司、个人后期制作工作室以及多媒体工作室，属于层类型后期软件（图 1-1-10）。

Adobe After Effects 相对于 Adobe Premiere 软件更侧重于特效处理，可以实现高效且精确地创建无数种引人注目的动态图形和震撼人心的视觉效果。利用与其他 Adobe 软件无与伦比的紧密集成和高度灵活的 2D 和 3D 合成，以及数百种预设的效果和动画，

图 1-1-9　Adobe Premiere 启动页

图 1-1-10　Adobe After Effects 制作页面

为电影、视频、DVD 和 Macromedia Flash 作品增添令人耳目一新的效果。

Adobe After Effects 应用广泛，涵盖电影、广告、多媒体以及网页等。在影视后期处理方面，通过 Adobe After Effects 可以对拍摄完成的影视作品进行后期合成处理，制作出天衣无缝的合成效果。

（三）会声会影

会声会影是 Corel 公司制作的一款功能强大的视频编辑软件，其英文名为 Corel Video Studio。该软件具有图像抓取和编修功能，可以抓取、转换 MV、DV、V8、TV 和实时记录抓取画面文件，并提供有超过 100 多种的编辑功能与效果，可导出多种常见的视频格式，甚至可以直接制作成 DVD 和 VCD 光盘。

会声会影主要的特点是：操作简单，适合家庭日常使用，拥有完整的影片编辑流程解决方案，从拍摄到分享，新增处理速度加倍。它不仅符合家庭或个人所需的影片剪辑功能，甚至可以挑战专业级的影片剪辑软件。

会声会影有影片制作向导模式，只要三个步骤就可快速做出 DV 影片，入门新手也可以在短时间内体验影片剪辑；同时其编辑模式从捕获、剪接、转场、特效、覆叠、字幕、配乐，到刻录，全方位剪辑出好莱坞级的家庭电影。

（四）Final Cut Pro

Final Cut Pro 是苹果公司开发的一款专业视频非线性编辑软件，包括导入并组织媒体、编辑、添加效果、改善音效、颜色分级以及交付，所有操作都可以在该应用程序中完成。

Final Cut Pro 软件的界面设计相当友好，按钮位置得当，拥有标准的项目窗口及大小可变的双监视器窗口。它运用 Avid 系统中含有的三点编辑功能，在 preferences 菜单中进行所有的 DV 预置之后，采集视频相当快速，用软件控制摄像机，可批量采集。时间线简洁容易浏览，程序的设计者选择邻接的编辑方式，剪辑是首尾相连放置的，切换（如淡入淡出或划变）是通过在编辑点上双击指定的，并使用控制句柄来控制效果的长度以及入和出。

在 Final Cut Pro 中有许多项目都可以通过具体的参数来设定，这样就可以达到非常精细的调整。Final Cut Pro 支持 DV 标准和所有的 QuickTime 格式，凡是 QuickTime 支持的媒体格式在 Final Cut Pro 都可以使用，这样就可以充分利用以前制作的各种格式的视频文件，还包括 Flash 动画文件。

五、动画设计工具

动画是一种综合艺术，它是集合了绘画、电影、数字媒体、摄影、音乐、文学等众多艺术门类于一身的表现形式，它与电视、电影一样，都是视觉错觉原理，通过连续播放一系列画面，给人留下一种流畅的视觉变化效果。

动画设计一般分为三维动画、二维动画，通常三维动画使用以下软件：3D Studio Max、Maya、Cinema 4D 等，而二维动画则以 Adobe Animate、TVPaint 为主。下面分别介绍各软件的功能特点。

（一）3D Studio Max

3D Studio Max，常简称为3D Max或3ds MAX，是Discreet公司开发的（后被Autodesk公司合并）基于PC系统的三维动画渲染和制作软件。

在应用范围上，3D Studio Max被广泛应用于广告、影视、工业设计、建筑设计、多媒体制作、游戏、辅助教学以及工程可视化等领域。例如片头动画和视频游戏的制作。

在国内发展比较成熟的建筑效果图和建筑动画制作中，3D Max更是占据了绝对的优势。根据不同行业的应用特点对3D Max的掌握程度也有不同的要求，建筑方面的应用相对来说局限性大一些，它只要求单帧的渲染效果和环境效果，只涉及比较简单的动画。片头动画和视频游戏应用中动画占的比例很大，特别是视频游戏对角色动画的要求较为严格。

（二）Cinema 4D

Cinema 4D由德国Maxon Computer公司开发，以极高的运算速度和强大的渲染插件著称。

Cinema 4D包括高级渲染器、MOCCA角色系统、Thinking Particles粒子系统、动力学、BodyPaint 3D、网络渲染、卡通渲染、毛发系统、运动图形、布料系统等模块，实现建模、实时3D纹理绘制、动画、渲染（卡通渲染、网络渲染）、角色、粒子、毛发、动力系统以及运动图形的完美结合。

在角色动画方面，Cinema 4D具有全新基于Joint（关节系统）的骨骼系统、全新的IK算法（反向骨骼关节运动）和自动蒙皮权重等完整独立的角色模块。可以说它不仅吸取了目前XSI与Maya两大角色动画软件的骨骼系统的优点，而且在搭建骨骼时流程更加简单，加上功能强大的约束系统，完全可以在不用编写任何表达式、脚本的基础上就能构建出非常高级复杂的Rig（角色运动装配）。

（三）Adobe Animate

Adobe Animate CC由原Adobe FlashProfessional CC更名得来，维持原有Flash开发工具支持外新增HTML 5创作工具，为网页开发者提供更适应现有网页应用的音频、图片、视频、动画等创作支持。

Adobe Animate CC提供众多实用设计工具，可帮助使用者不用写代码的情况下完成简单的交互动效实现，让网页设计人员轻松制作适用于网页、数字出版、多媒体广告、应用程序、游戏等用途的互动式HTML动画内容。

（四）TVPaint

TVPaint Animation是一款非常专业的二维动画制作的位图软件。

该软件集多种技术于一身，可实现动画制作的快速化、低成本化；它为创建动画项目所涉及的初期草图，分镜头脚本设计，背景绘画，摄像机移动和特效，还有完整的手绘动画提供了所有必备工具。

TVPaint Animation 带有无限多个图层的时间线，数字灯光板，带轴孔配准的扫描清除器，鼠标单击可进行即时线条测试回放，用于对口型和手写注释的时间线控制条等，所有这些设计都是为了摆脱传统动画绘制中乏味、耗时的任务，从而能使用户更好地专注于自己当前的绘画。

第二节　主流富媒体工具介绍

主流的几款富媒体制作工具，包括超媒体制作工具 Diibee、专注于 H5 开发的 Cellz、针对专业化创意制作的 Epub360、高互动课程开发软件 Articulate Storyline、打造全新逻辑的 AxeSlide。下面就一起了解各个工具的特点。

一、Diibee

Diibee 是一款基于 Windows 系统的超媒体排版与制作工具，制作的电子书可以在 iPad、iPhone 以及 Android 平台上播放，是国家新闻出版广电总局指定的超媒体电子书工具。它通过智能化的界面，操作简易，可以让设计不再受到时间、人员、技术的限制。

二、Cellz

Cellz 是一款免费的交互多媒体制作工具，支持基本的图文编排与交互设计运用。该工具有多种特效内置模板，可进行调用制作，并且在页面上可叠加多重交互效果。多平台发布的特性使得 Cellz 适用于各种网络应用设计。

三、Epub360 工具

Epub360 是 H5 交互设计的利器，具有专业功能满足个性设计。Epub360 采用由简到难的递进式产品设计模式，尊重用户已有的软件使用习惯。在保证专业度的同时，该工具将常用效果组件化，最大程度上减少用户上手难度，提高设计效率。

Epub360 作为一款专业级交互设计软件，除了丰富的动画设定、触发器设定功能外，还研发了众多强大的交互组件，包括拖拽交互组件、HTML 组件、SVG 路径动画等交互模式。该工具在全国率先支持无编程调用微信高级接口，满足用户不同的设计场景，实现快速设计交付。

四、Articulate Storyline

Articulate Storyline 是由美国 Articulate 公司开发的 E-learning 课件制作工具。以其独特的设计、人性化的操作界面、丰富的素材库和简洁的设置方法受到用户的欢迎。

软件中内嵌常见互动，模板库可自制和扩充，其持续更新的模板可以快捷定制互动课程。同时，Articulate Storyline 含有丰富的角色，可以省去到处找人物素材的麻烦。动画人物 + 照片人物的姿势与表情组合总计有 47 500 种人物、表情和动作，点击鼠标就可以选择你想要的人物，并可以改变他们的动作和表情。

五、AxeSlide

AxeSlide（斧子演示）基于 HTML5 开发，是一款简单有趣的演示文稿制作软件。

斧子演示采用全新的演示方式，完全颠覆 PPT 式的线性演示思维，其所有内容都在一张大画布上，内容组织方式类似思维导图。利用平移、旋转和缩放，该工具达到镜头推进和拉出的演示效果。同时也支持导入各种图片、视音频文件，并提供了海量形式各样的模板，让演示更简单、生动。

六、富媒体工具横向对比

通过功能模块对主流超媒体制作工具进行一个横向对比分析，直观全面了解在各项功能模块下各工具的优缺点、侧重点（表 1-2-1）。

表 1-2-1　富媒体工具对比

名　称	Diibee	Epub360	Cellz	Storyline	AxeSlide
内置模板	提供模板库	提供各类模板	提供 12 种模板	提供 20 种题目模板	提供各类模板
素材格式	图片：JPG、PNG、GIF 视频：MP4 音频：MP3	图片：JPG、PNG、GIF 视频：MP4 音频：MP3	图片：JPG、PNG、GIF 视频：MP4 音频：MP3	图片：JPG、PNG、GIF 视频：MP4	图片：JPG、PNG、GIF 视频：WEBM、OGG 音频：MP3
发布格式	html、SDK、RAR	html、ios、Android	html、ios、Android	html	PDF、MP4

（续表）

名　称	Diibee	Epub360	Cellz	Storyline	AxeSlide
阅读数据分析	浏览量统计	数据上传、浏览量统计、事件分析	无	无	无
储存方式	自动生成素材文件夹 Res 文件夹	云端存储	云端存储	本地	本地 DBK 工程文件

第二章　Diibee 概述

第一节　Diibee Author 概述

Diibee Author（简称 DB）是睿泰集团自主研发的以智媒体技术为核心，以自然语言处理、知识服务、大数据、云计算、人工智能等技术为支撑，建立智媒体服务生态系统的内容聚合工具（图 2-1-1）。

图 2-1-1　Diibee Author

工具融合了移动交互内容、仿真场景排版制作，能够实现 3D 动画、点击事件、移动活动等复杂场景快速创建，通过视、听、触觉全面结合展现沉浸式触屏体验。其简单的制作流程，让设计不再受到时间、人员及技术的限制。

Diibee Author 提供智媒体的设计、制作、发布、管理为一体的技术平台，涵盖工具端、播放器、内容管理平台三大业务模块（图 2-1-2）。

Diibee 制作的作品能够在移动端、PC 端进行跨平台阅读，真正实现随时随地阅读。该工具集合了移动交互功能模块、仿真场景、3D 模型导入、排版制作、动态效果、多

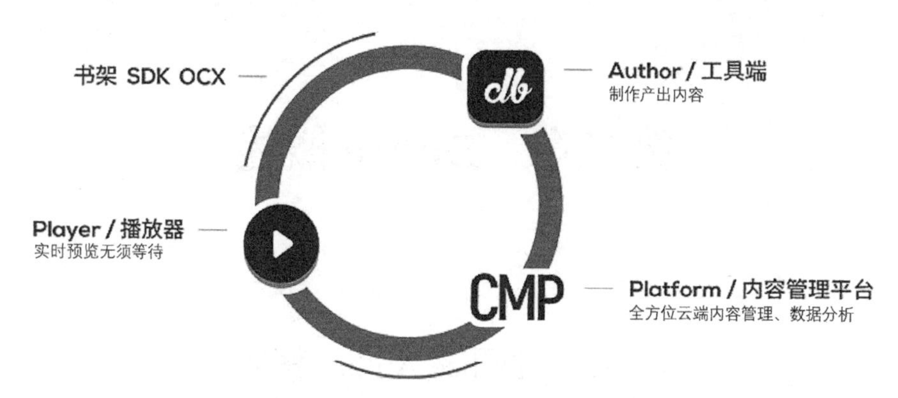

图 2-1-2　Diibee Author4.1 业务模块

媒体自定义化插入、特效模块等多种独创性技术功能，实现在数字出版物中置入三维渲染、点击事件、交互动画等复杂交互效果。

第二节　Diibee Author 特性

一、零代码开发

Diibee Author 工具界面对象组件全部可视化呈现，模块化事件动画编辑窗体，取代以往的代码编程。其增设素材快速调用通道，通过简易操作步骤即可生成智媒体作品。

二、自研引擎

Diibee Author 自研创新超媒体处理引擎内核，减少创作卡顿，支持所有常用媒体格式导入，创新数字出版标准化制作规范，更专业、更严谨。

三、智慧互动

Diibee Author 打破传统屏媒的单一视听阅读模式，凭借自研引擎带来的创新体验，融合 3D 创作空间，实现内容动态展示、智能交互。

四、创意发挥

Diibee Author 内置丰富的屏媒互动样式效果，多样的交互动作事件类型，帧动画细腻创建，预留 JS 拓展通道，创意发挥无限制。

第三节 Diibee Author 优势

一、可视化创作与排版

Diibee Author 无须进行编码或自定义开发，操作简便、易学易用。它独有的游戏处理引擎、OpenGL ES2.0、强大的文件兼容能力、融合了移动交互内容、仿真场景排版制作、丰富的动态效果、多媒体自定义化插入、多种特效模块等独创性技术，支持实现三维渲染、3D 动画、点击事件、移动活动等复杂场景快速创建，同时支持混合模式（一般图文模式和智媒体）的数字内容制作，让操作人员的创造力不受拘束。

二、多平台全面覆盖

Diibee Author 支持 web 端、移动终端，支持高清晰触摸屏、智能电视等，可实现真正随时随地的碎片化阅读。用低成本且有效的方法把原来移动和分散的读者凝聚起来，与读者实现更加亲密和高效的互动。

三、大数据调用管理

Diibee Author 能提供各项 API 的调用，方便用户将数据收集到后台。此外它还拥有账户管理接口、图书管理接口、数据分析接口，可以检查和展示超媒体内容。

四、云服务同步协作

海量空间的特色云服务，全方位云端管理协同；融合数字版权授权和保护方案，轻松实现数字作品的云端更新并同步多平台应用程序。

第四节 Diibee Author 发展方向

近年，市面上应用于超媒体排版与制作的工具种类繁多、功能各异，主要分为大众化工具和面向专业人士的技术含量较高的工具。超媒体制作工具目前处于各自发展、各有所长的阶段，并且行业内也尚未有超媒体制作工具的规范和标准出台。

在 Diibee Author 推广落地方案中将未来产品分为专业版、教育版和大众版三大类。

一、专业版

该版本针对出版机构的专业编辑，提供工具、阅读器等相关产品，可实现超媒体内容排版、制作、发布，非编程聚合，智能化界面，支持实现三维渲染、3D 动画、点击事件、移动活动等复杂场景快速创建等功能。针对数字媒体、数字编辑等相关专业的学生，提供培训、认证，帮助大家成为未来数字产业需要的数字出版专门人才与高端复合型人才。

二、教育版

该版本针对教育行业的老师，提供工具、资源库、素材、标准模板等服务，帮助老师轻松实现视、听、触觉全面结合的富媒体教育，增加老师与学生之间的科技互动。

三、大众版

该版本针对想要了解、学习使用富媒体工具的人群，免费提供大众极简版工具。其方便使用者了解富媒体制作工具的实现效果、使用操作方法，提高大家对社会数字化潮流的认知，培养交互富媒体创作的能力。

该版本通过实现对数字资源实时的信息模块的管理，为用户搭建智慧型、交互型的认知环境，进而完成对数据资源的深度挖掘，实现对用户行为的实时分析，从而增加用户黏性、改进和提高信息管理方式、持续完善资源体系内容、扩大品牌影响力，为政府、企事业单位、出版单位、高校、大众用户在数字化前行的路上保驾护航。

第三章　Diibee4.0 基础功能

第一节　界 面 结 构

Diibee Author 打开后的界面如图 3-1-1 所示，下面将逐一对每个功能区进行介绍，并对每个功能区域的图标功能进行详细描述。

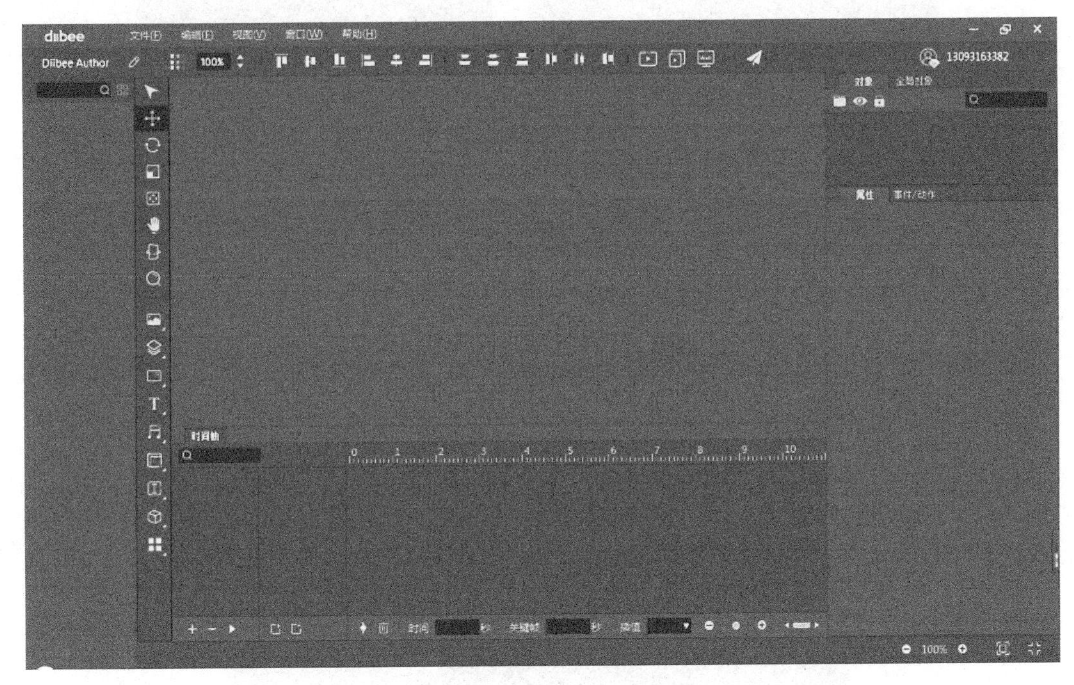

图 3-1-1　主界面

一、主菜单

Diibee Author 界面的主菜单在界面的左上方。在这个菜单栏中，包含文件、编辑、视图、窗口、帮助功能，如图 3-1-2 所示。

图 3-1-2　主菜单

（一）文件

文件主要负责新建、打开、保存、另存、文件导入导出、信息修改、发布、退出和关闭等与文件内容相关的操作（图 3-1-3）。

（二）编辑

编辑主要负责的是对制作内容的编辑，以及设置对象操作（撤销、复制、剪贴等）的基本功能（图 3-1-4）。

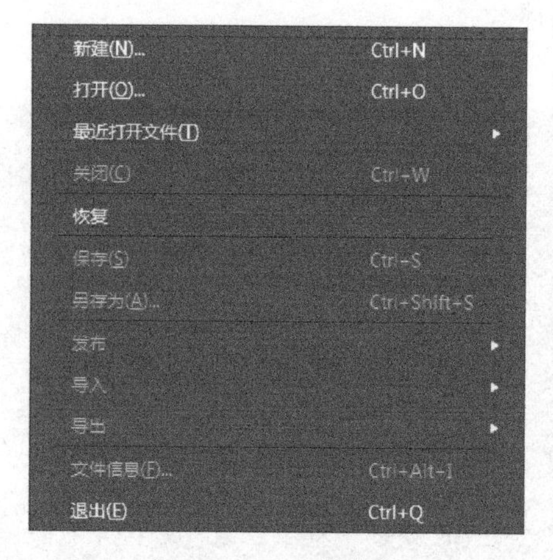

图 3-1-3　文件菜单

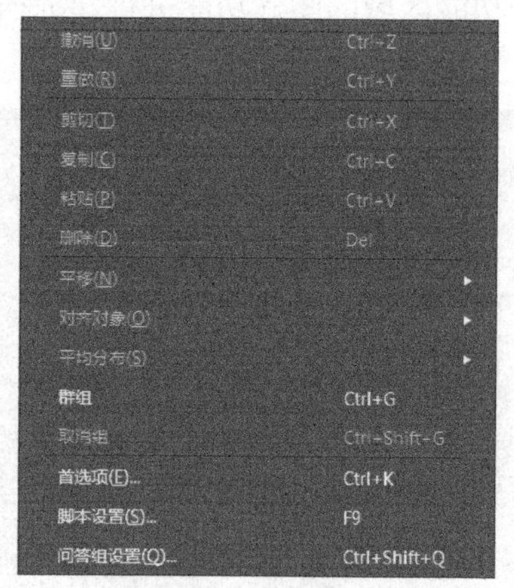

图 3-1-4　编辑菜单

1. 首选项

首选项是 Diibee Author 软件的常规设置。如图 3-1-5 所示，在这里可以实现修改界面语言、播放器储存位置以及画布边框、网格线等功能。

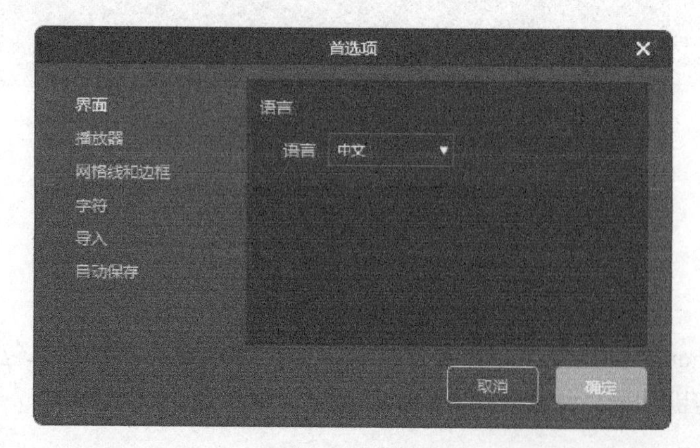

图 3-1-5　首选项

2. 脚本设置

对于技术高手来说，简单的模板式特效已经无法满足他们的创造力。因此，在脚本设置中可以加入写好的脚本程序对页面进行控制，以此获得更好的页面效果（图 3-1-6）。

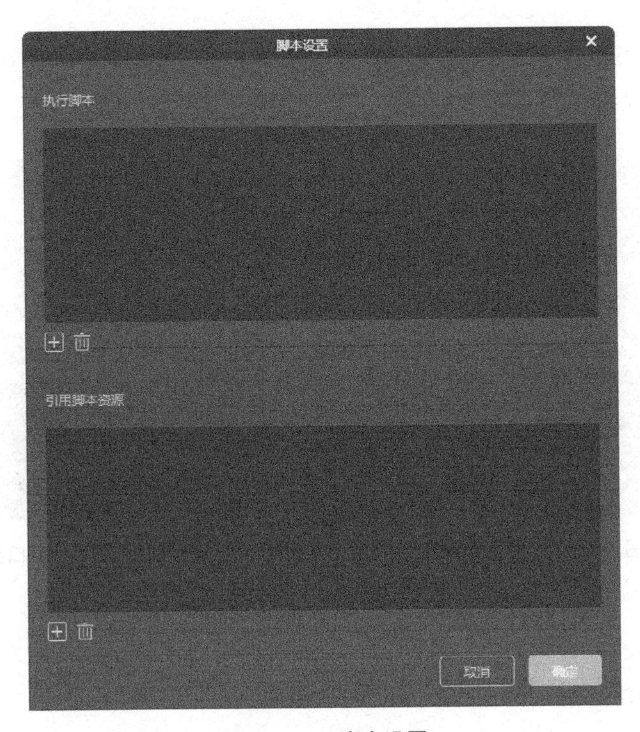

图 3-1-6　脚本设置

3. 问答组设置

将问题对象设置为群组的菜单（图 3-1-7）。在此菜单下将问题对象设置为群组后，可以使用“提交按钮”“重做按钮”来解答问题。

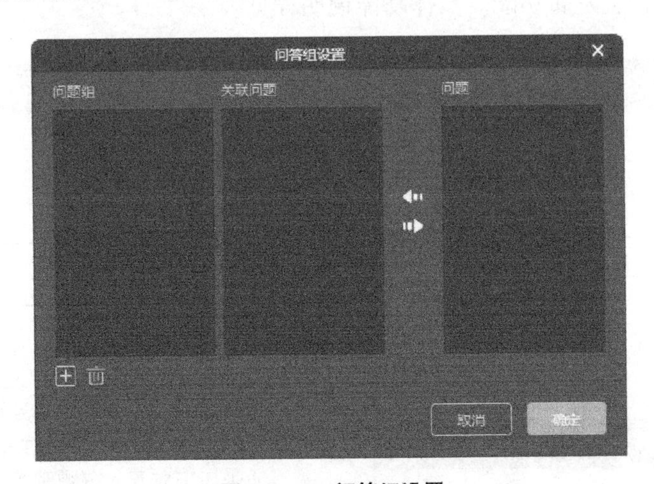

图 3-1-7　问答组设置

（三）视图

视图主要提供画布的放大、缩小、参考线设置等功能（图 3−1−8）。

（四）窗口

窗口菜单中可以设置各个功能（页面列表、对象、属性、全局对象、事件、时间轴）开启或关闭显示（图 3−1−9）。

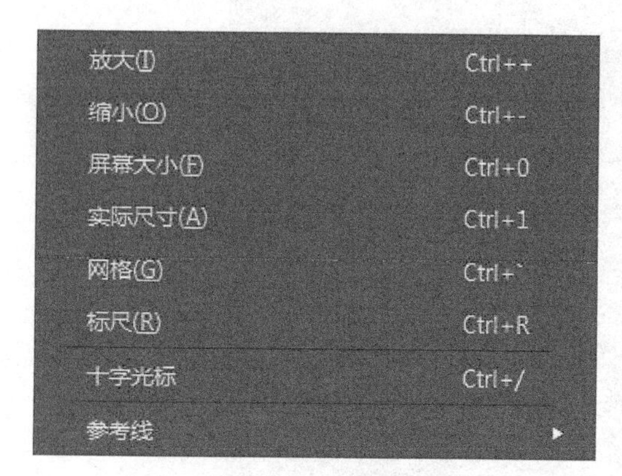

图 3−1−8 视图菜单

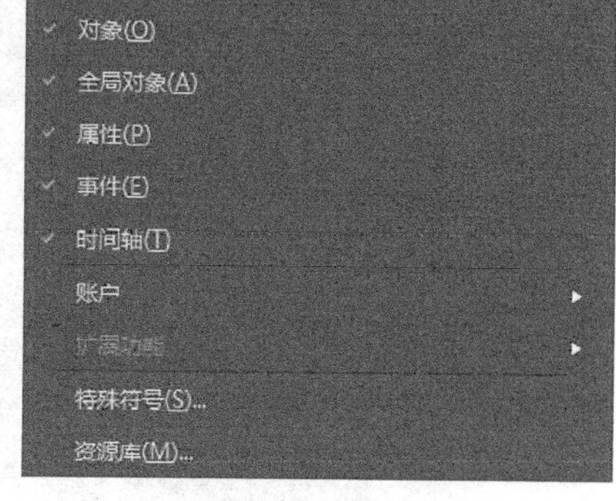

图 3−1−9 窗口菜单

（五）帮助

帮助可提供检查更新、查看版本信息功能。

二、快捷工具栏

快捷工具栏由使用频率高的功能图标组成，如图 3−1−10 所示，包含命名、对齐方式、平均分布、预览发布功能。具体功能说明详见表 3−1−1。

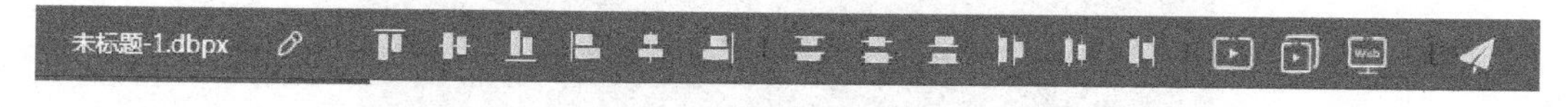

图 3−1−10 快捷工具栏

表 3−1−1 快捷工具栏说明

序号	工具图标	工具名称	说明
1		命名	修改文件名称
2		对齐方式	对象的对齐方式选项分别为顶端对齐、垂直居中对齐、底端对齐、左侧对齐、水平居中对齐、右侧对齐

（续表）

序　号	工　具　图　标	工具名称	说　　明
3		平均分布	多对象平均分布方式选项分别为顶端分布、垂直居中分布、底端分布、左侧分布、水平居中分布、右侧分布
4		预览模式	项目的预览模式，分别为预览（从首页开始预览全部）、预览当前页和移动端预览。预览当前页必须在杂志模式下才能执行
5		发布模式	工程文件的发布

三、工具栏

工具栏里是 Diibee Author 的基本工具，包括编辑工具和对象工具，如图 3-1-11 所示。

（一）编辑工具

编辑工具主要指辅助进行对象编辑的工具，具体说明详见表 3-1-2。

表 3-1-2　编辑工具栏说明

序号	工具图标	工具名称	说　　明
1		选择	可自由选择对象
2		平移	可以在 *X*/*Y*/*Z* 轴上移动对象的位置
3		旋转	对象围绕轴心进行旋转（轴心默认左上端顶点）
4		缩放	将对象进行拉伸和缩小
5		中心轴	分为 *X*/*Y*/*Z* 轴三个方向，点击按钮可以对轴位置进行查看和调整；选择 *X*/*Y*/*Z* 轴，对其进行拖动，即可更改中心轴位置
6		移动画布	可以将画布的位置进行移动
7		旋转画布	可以将画布进行 720° 旋转
8		缩放画布	将画布进行拉伸和缩小

图 3-1-11　工具栏

（二）对象工具

工具图标右下方有小三角符号的，可通过单击鼠标右键或长按鼠标左键进行工具的切换，具体说明详见表 3-1-3。

表 3-1-3　对象工具栏说明

序　号	工具图标	工具名称	说　　明
1		图片	包含图片、交互图片、图片切换、序列图和全景图五种
2		序列动画	包含序列动画、GIF 两种
3		矩形	包含矩形和按钮两种
4		文本	包含文本、文本编辑和公式三种
5		音频	包含音频、视频和录音三种
6		超长页	包含超长页、切换、子页面和页面切换四种
7		填空题	包含填空题、判断题、选择题、连线题、简答题、提交按钮和重做按钮七种
8		边界框	包含边界框、镜头、模型三种
9		全局对象	可将图像置于视频上层

四、页面与列表编辑栏

界面最左侧为页面与列表编辑栏，用来查看制作页面缩略图和页面名列表，如图 3-1-12 所示。点击按钮，可在缩略图和列表间进行切换；点击按钮，可在该页面组内进行滑动方向的控制，分为横向滑动和竖向滑动，点击即可切换。新建文件时，此部分显示一张空白页面。

在此栏空白处，点击鼠标右键，即可剪切、复制、粘贴已存在的页面，删除、替换页面，调整页面顺序，预览当前页面以及更改页面属性功能。

五、动画编辑栏

界面下方为动画编辑栏。在这个区域，可以为对象创建序列帧动画，创建简单的动画效果，使智媒体数字资源内容的呈现形式更丰富。

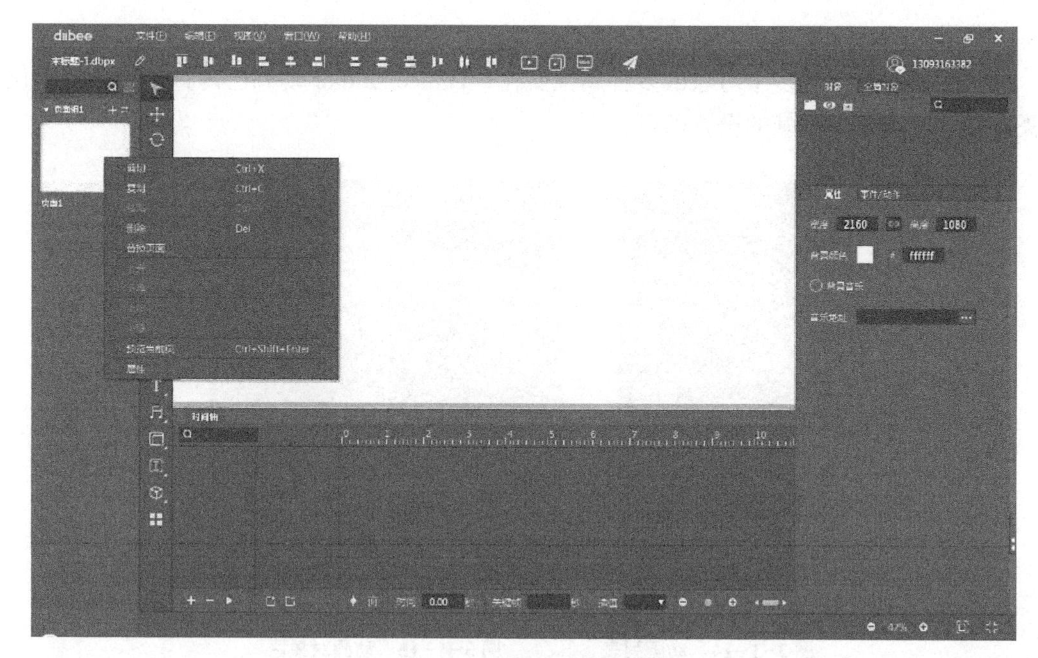

图 3-1-12 页面与列表编辑栏

整个区域主要分为三个子区域，如图 3-1-13 所示，这里将逐一进行简单介绍（在本章第七节中会详细说明）。

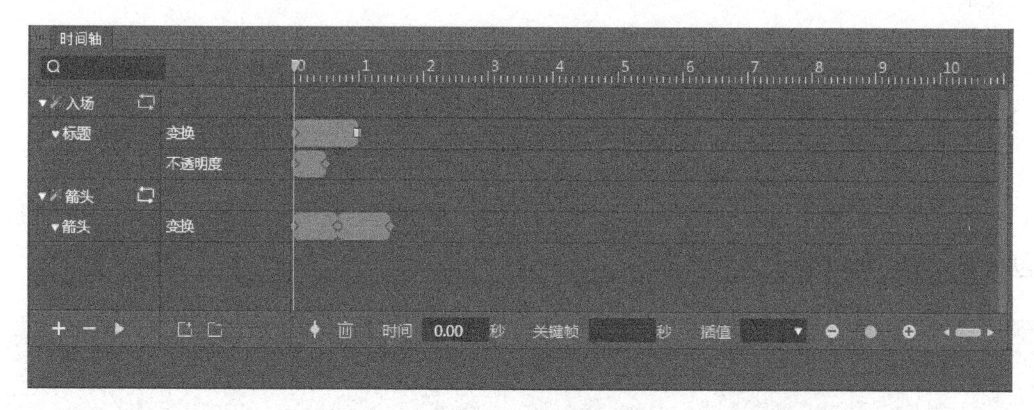

图 3-1-13 动画编辑栏

（一）动画列表

如图 3-1-14 所示为动画列表。用户可以自由新建动画（动画名称），仅需点击时间轴左下角的“+”号，即可实现动画的新建。选中动画后点击“−”号，可删除该动画。点击箭头，可播放动画。单击▣按钮，设置动画循环播放。

（二）动画对象区

先选择需要进行动画设置的对象，点击下方的添加按钮，将动画与对象建立对应关系，如图 3-1-15 所示。

一个动画可对应多个对象的多种属性变化，Diibee Author 动画已内置常用功能，仅需在功能区进行关键帧的设置即可。

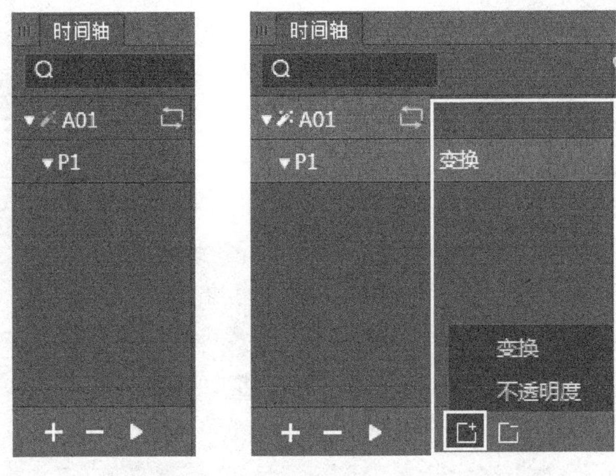

图 3-1-14　动画列表　　　　图 3-1-15　动画对象区

1. 变换

通过关键帧设置，达到当前选择对象位置坐标、旋转、缩放、轴心坐标等变换的动画效果。

2. 不透明度

通过关键帧设置，达到当前选择对象透明度变化的动画效果。

（三）编辑区域

如图 3-1-16 所示，在此区域内，可对动画对象的属性进行具体的设置。这个区域包括时间轴、关键帧和插值效果。

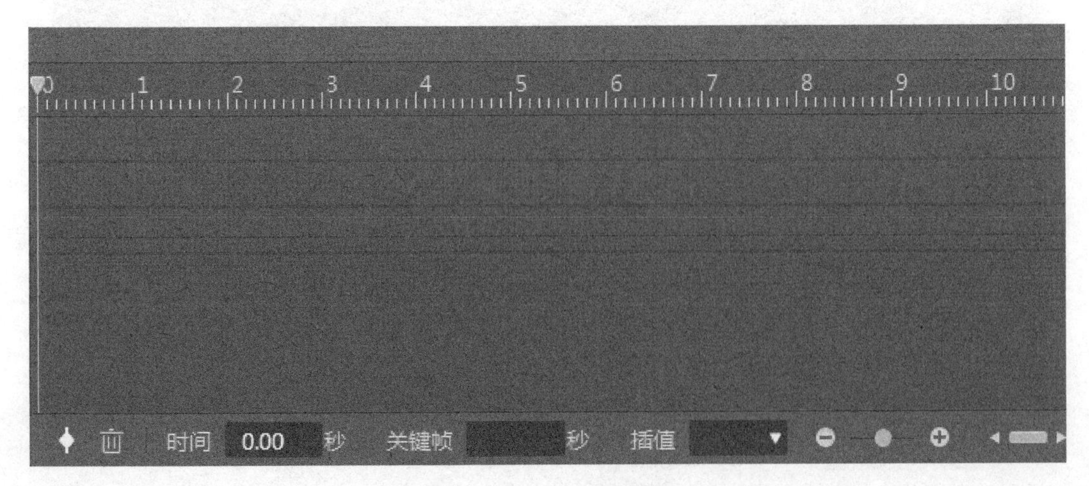

图 3-1-16　关键帧设置区

六、对象列表编辑栏

（一）对象列表栏

界面右侧为对象列表编辑栏。如图 3-1-17 所示，通过对象列表栏，可以查看当前选择页上的所有对象。在这里点击对象名称，画布上也会同时定位到该对象。

技巧提示：在单页内容对象过多无法选择的时候，使用对象列表进行选择定位将会更方便。

如图 3-1-18 所示，单击鼠标右键，可以对选择对象进行剪切、复制、粘贴、删除、群组或取消群组、显示或隐藏、上下移动的操作。

图 3-1-17　对象列表栏

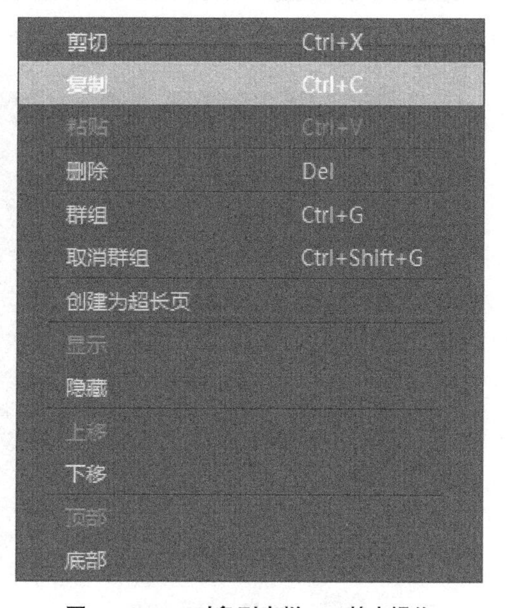

图 3-1-18　对象列表栏——基本操作

在列表中拖动对象名称，可以对当页对象进行层级顺序调整。按住 Ctrl 并点击对象名称，可同时选中列表中的多个对象。点击文件夹按钮，如图 3-1-19 所示，进行建组或者选中需要建组的对象后右击选择建组。

如图 3-1-20 所示，选择对象名称，可选择一个或多个，点击可见性按钮，设置对象可见性。此操作在实际制作中，便于调整层级顺序较后的对象。

如图 3-1-21 所示，选择对象名称，可选一个或多个，点击锁按钮，对选定对象进行锁定。

锁定后，在对象名称后方会出现小锁的标记，表示此对象已被锁定如图 3-1-22 所示。若要解锁，点击对象名称后方的小锁即可（图 3-1-23）。

图 3-1-19　对象列表栏——建组

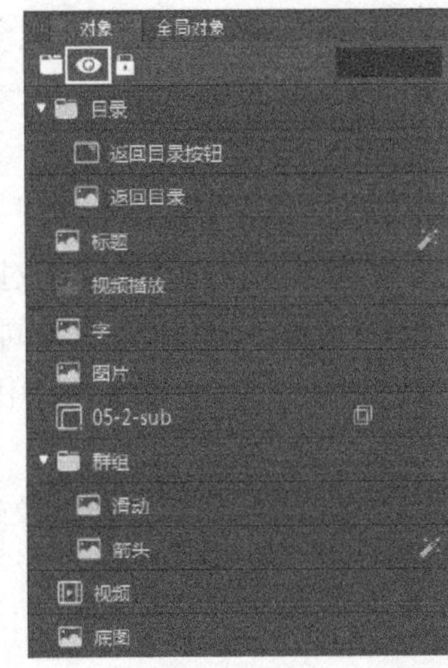

图 3-1-20　对象列表栏——可见性

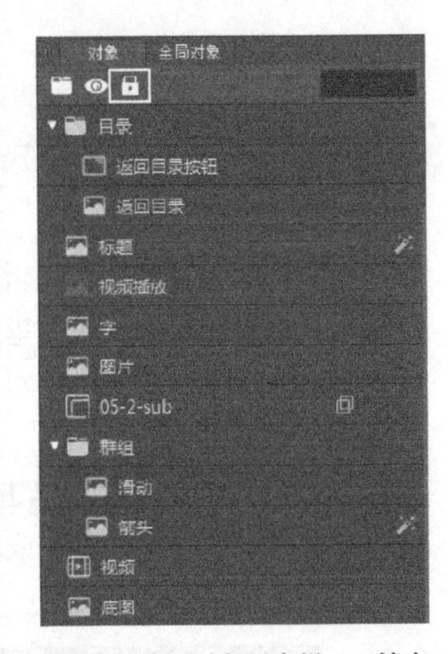

图 3-1-21　对象列表栏——锁定

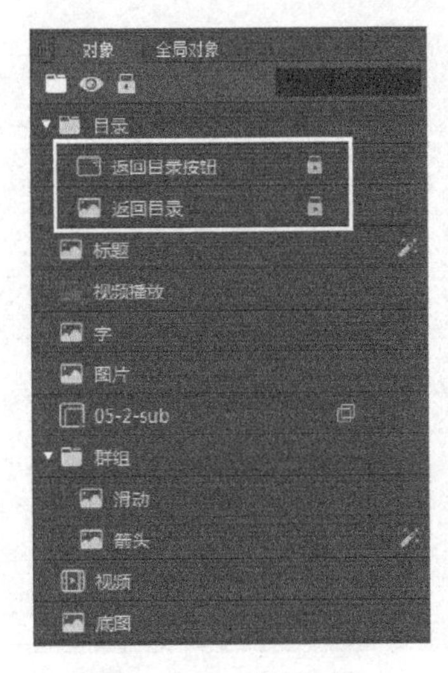

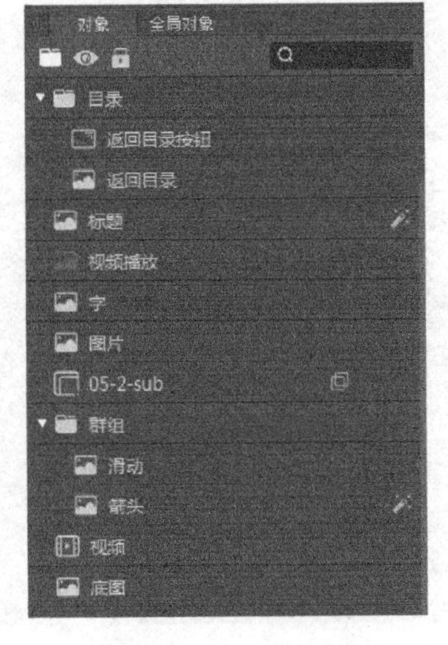

图 3-1-22　锁定对象　　　　图 3-1-23　解锁对象

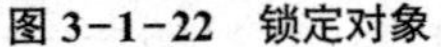

（二）全局对象列表栏

全局对象列表栏，如图 3-1-24 所示。全局图像的对象会在这一栏中显示，只有可见性的设置。

图 3-1-24　全局对象列表

如图 3-1-25 所示，选中对象单击鼠标右键，可以对全局对象进行剪切、复制、粘贴和删除操作。

图 3-1-25 全局对象列表——基本操作

七、属性编辑栏

为了方便用户的快捷操作，Diibee Author 在界面右侧设置了属性编辑栏。点击按钮，即可打开相应的功能属性模块。

（一）页面属性栏

在页面与列表编辑栏中点击页面，或点击画布中的空白部分，点击属性按钮，可打开页面属性编辑栏，如图 3-1-26 所示，在这里可以调节当前选择画布的大小、背景颜色等。

（二）通用属性栏

点击画布中的任意对象，点击属性按钮，可打开通用属性编辑栏，如图 3-1-27 所示，显示的是当前选中对象的透明度和移动位置属性参数。

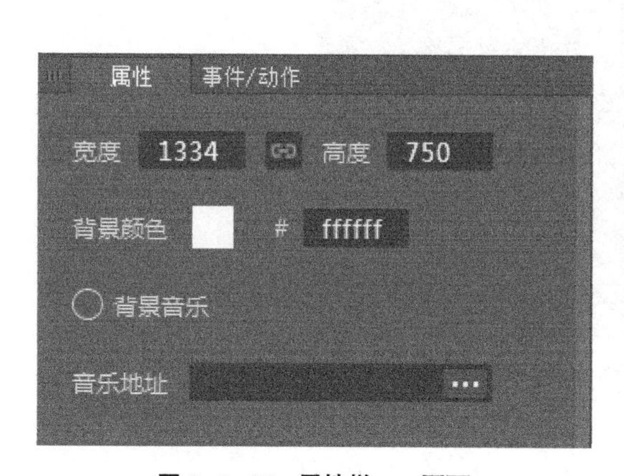

图 3-1-26 属性栏——页面

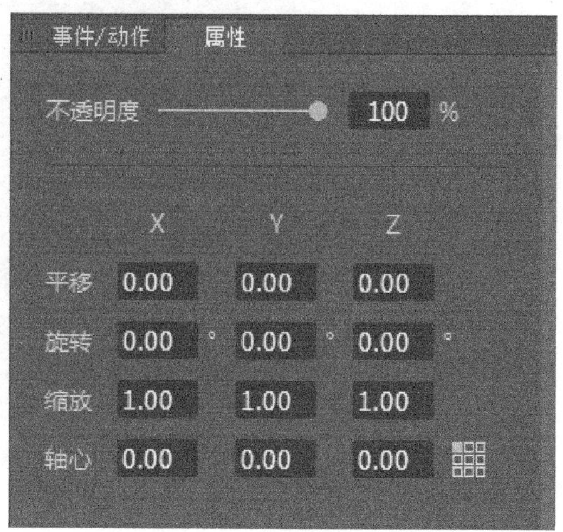

图 3-1-27 属性栏——通用

（三）资源属性栏

资源属性栏显示的是当前选择对象的属性参数，资源属性会根据资源对象的类型而不同，如图 3-1-28 所示，具体介绍详见本章第五节。

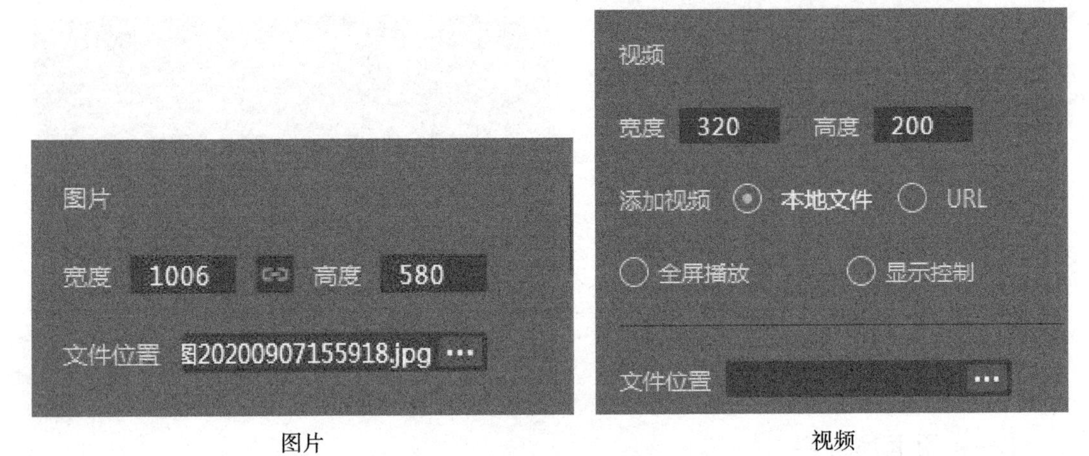

图片　　视频

图 3-1-28　不同资源的属性栏

八、事件 / 动作编辑栏

点击事件 / 动作按钮，即可打开对应编辑栏，如图 3-1-29 所示，在这里可以对页面进行事件、动作的设置。

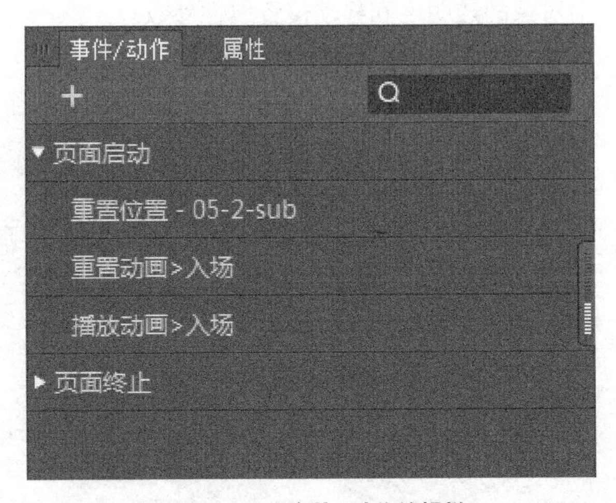

图 3-1-29　事件 / 动作编辑栏

(一) 创建页面的事件、动作

为当前页面创建事件、动作，可以对页面上所有交互效果进行总控制。

1. 新建事件

首先，点击画布外任意位置，默认选择对象为当前页面。点击事件窗口上的添加按钮，可为该页面添加事件，弹出如图 3-1-30 所示的事件界面。选择事件，点击确定后，列表上出现所添加的事件名称。

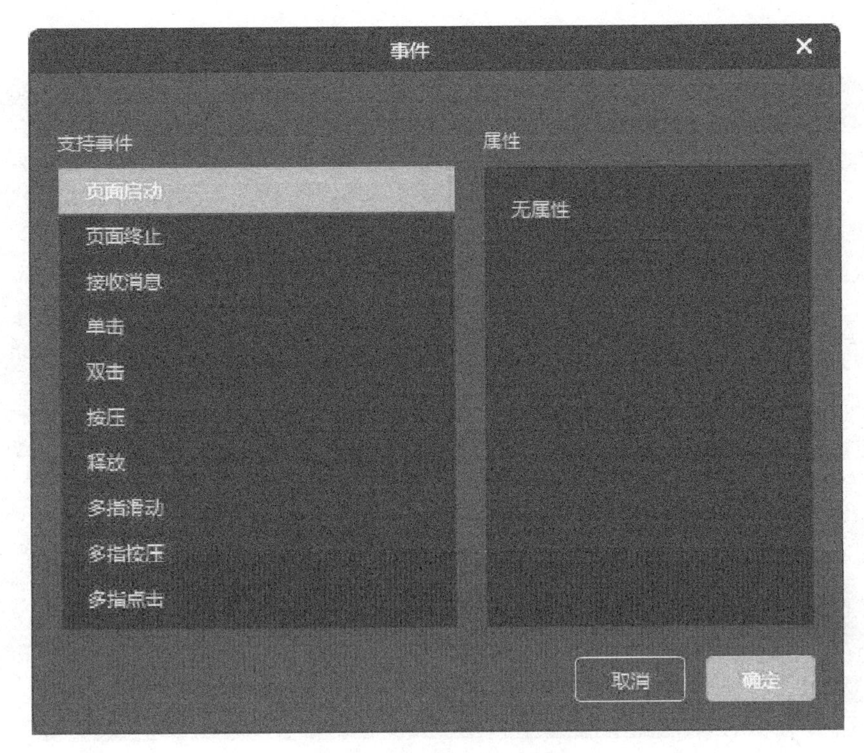

图 3-1-30 新建页面事件

2. 新建动作

点击鼠标右键，打开功能选项，选择“新建动作”，如图 3-1-31 所示，选中需要添加动作的事件，就能为该事件创建动作了。

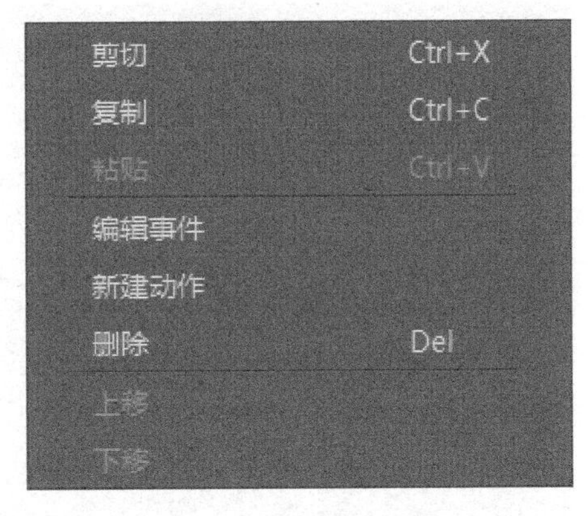

图 3-1-31 新建动作

弹出的动作窗口包含四个部分：动作目标列表、支持动作列表、序列动作列表和属性列表（图 3-1-32 至图 3-1-36）。

（1）动作目标列表：动作目标分为“无目标”和“有指定对象”两类。“无目标”指的是一些没有特定对象的触发行为，而“有指定对象”则在对有针对性的动作对象进行设置时使用。

（2）支持动作列表：支持动作列表展示了该动作目标下所有支持的动作，内置了对动画、音乐等进行控制的多种动作。选择所需要的支持动作并双击鼠标，即可将动作添加到序列动作列表中。这里支持多个动作的添加。

（3）序列动作列表：在序列动作列表中，可以拖动鼠标对动作的顺序进行排列。如果需要删除某个添加的动作，选中该动作，鼠标右击选择“删除”，或敲击键盘上的“Delete”键即可。

（4）属性列表：属性列表中展示的是选中的序列动作的属性，包括目标对象等。

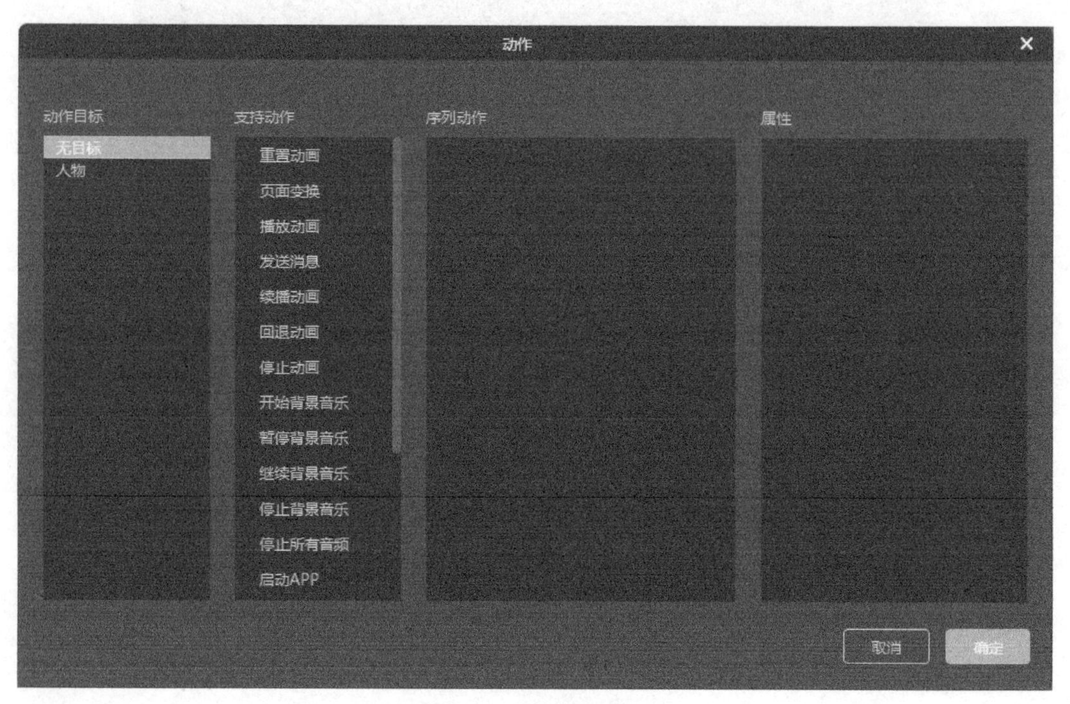

图 3-1-32　动作窗口

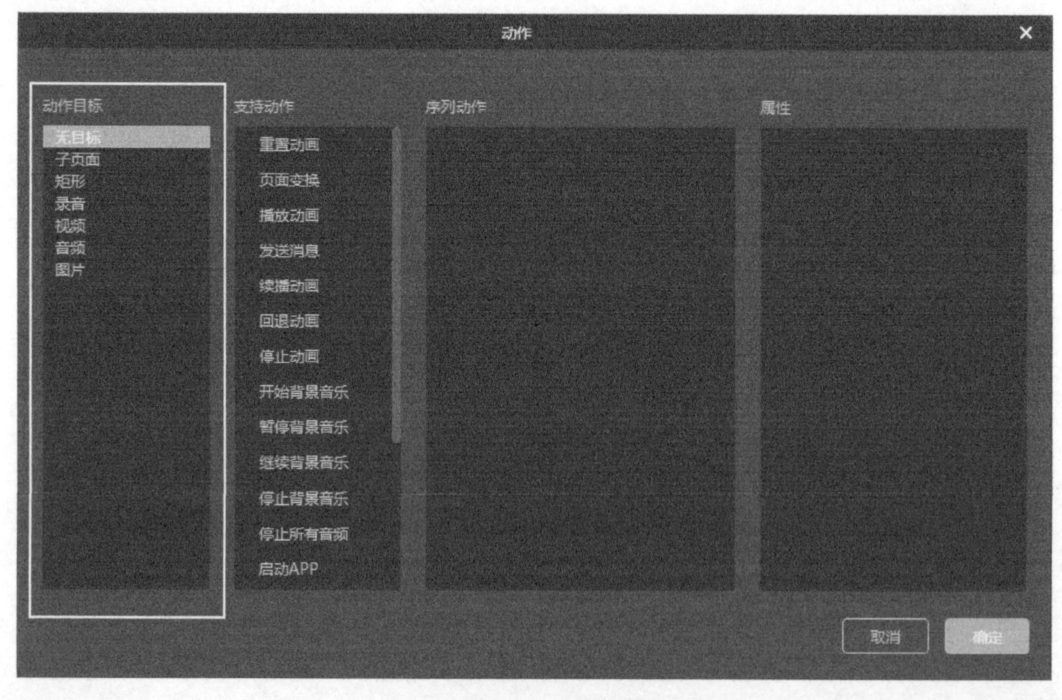

图 3-1-33　动作目标列表

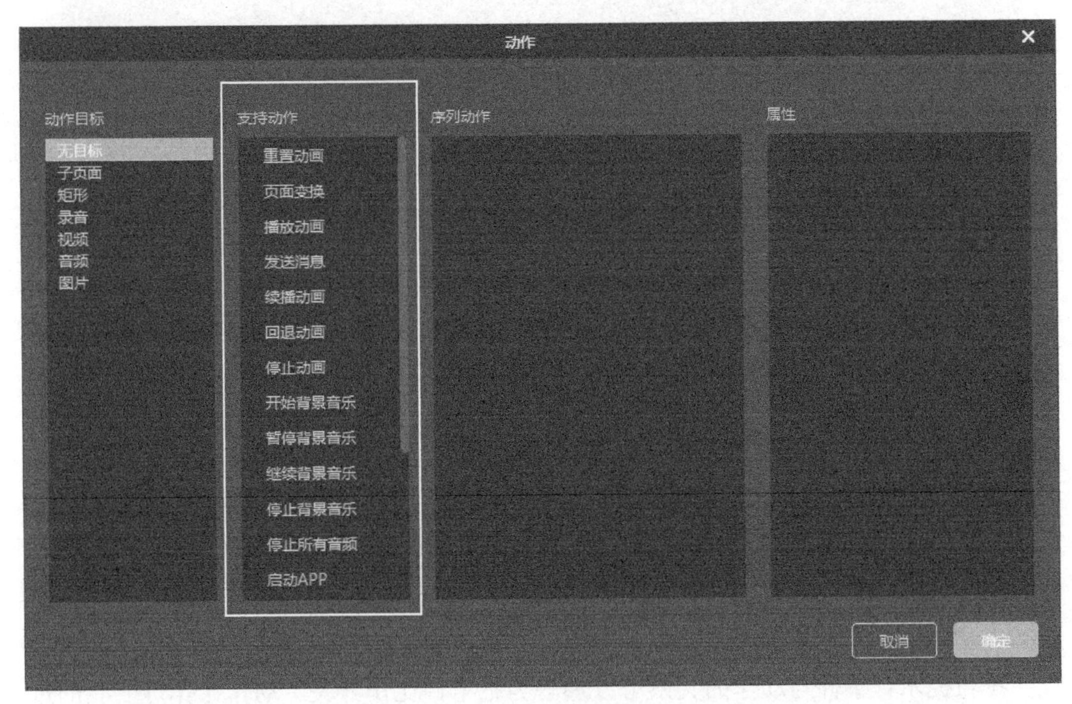

图 3-1-34　支持动作列表

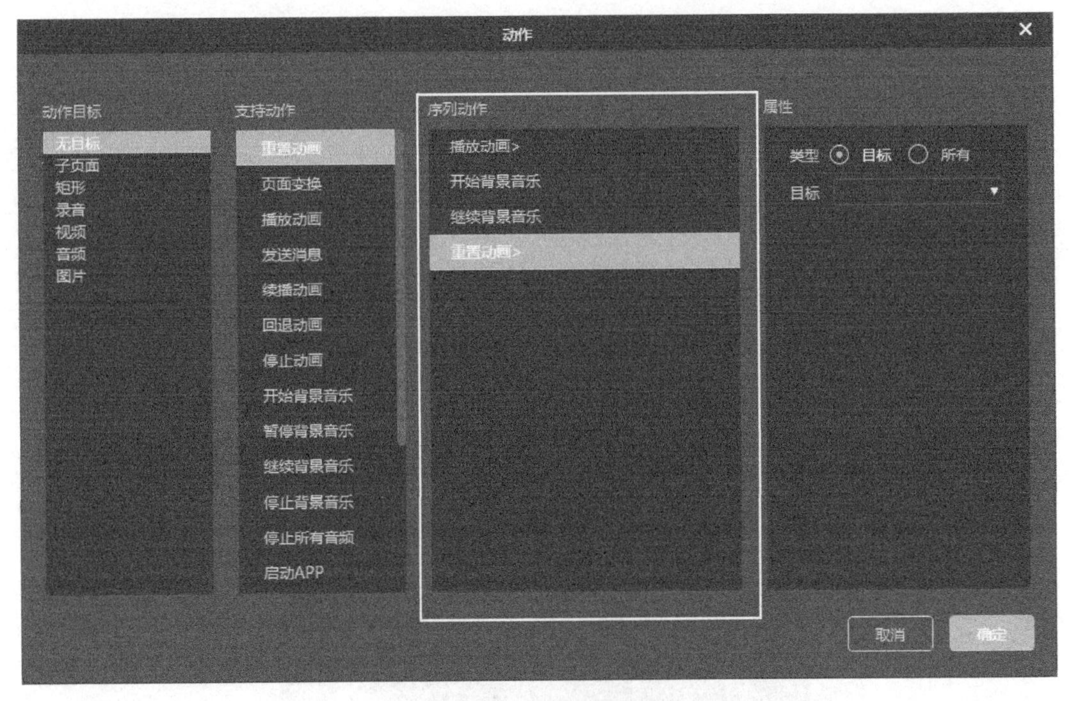

图 3-1-35　序列动作列表

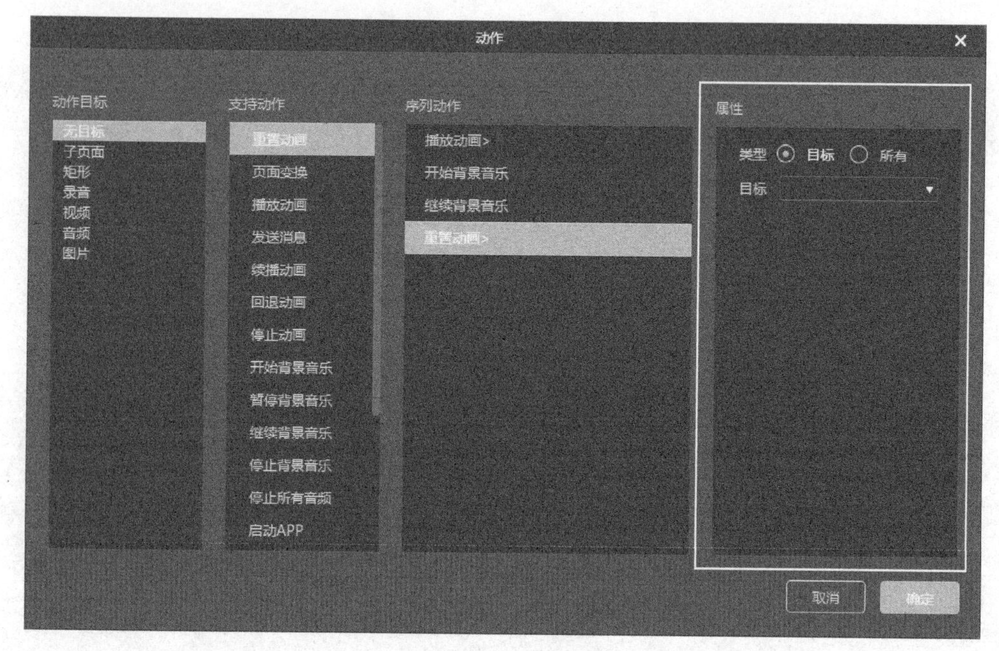

图 3-1-36 属性列表

技巧提示：事件与动作的关系可以理解为把事件比作开关、动作比作灯变亮的过程。需要先打开开关，然后灯才会亮。因此，在操作中需要先建立事件，进行触发，然后才能创建动作来实现变化过程。

（二）创建对象的事件、动作

为当前页面中的对象创建事件、动作，从而对页面中对象的交互效果进行总控制。

1. 添加事件

选择页面上的对象，点击事件窗口上添加按钮，可为该对象添加事件。如图 3-1-37

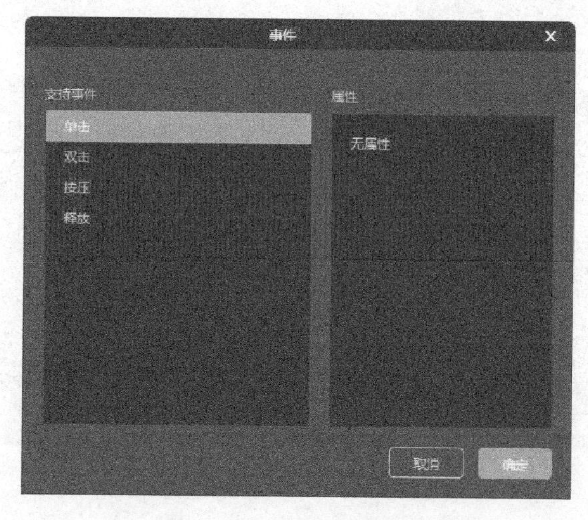

图 3-1-37 新建对象事件

所示，当前对象的事件创建界面与页面创建事件界面不完全相同。

2. 添加动作

在创建好的事件上单击鼠标右键，选择“新建动作”，即可针对该事件新建动作，如图 3-1-38 所示。

此时会弹出动作设置窗口，其界面与页面事件是相同的，如图 3-1-39 所示。选择相应的支持动作进行添加即可，这里不再赘述。

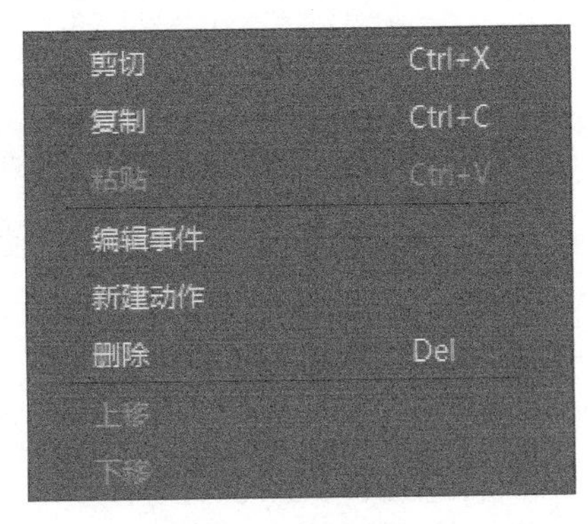

图 3-1-38 新建动作

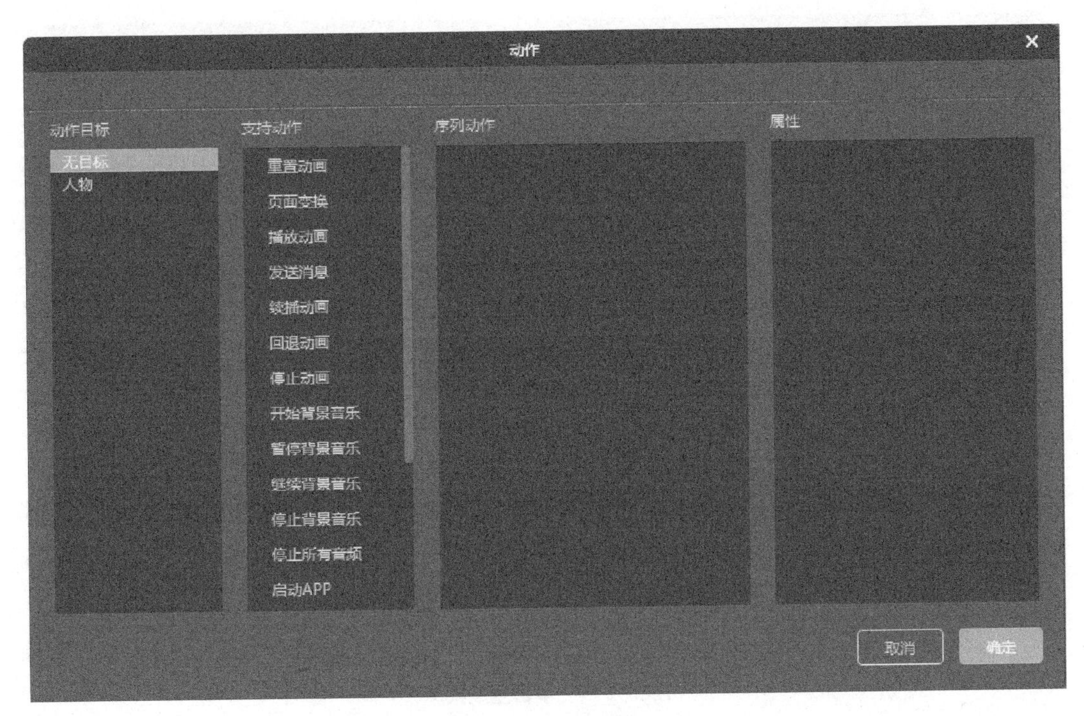

图 3-1-39 动作窗口

第二节 工程创建

本节主要学习 Diibee Author 的基本制作流程，从整体上了解数字资源内容制作环节与制作逻辑，有利于学习者在后续制作过程中能够合理分配资源进行实践学习。每个制作流程环节均有其各自的制作技巧以及需要注意的地方，学习后运用到实际制作中，将会起到事半功倍的效果。

一、新建项目

和大多数设计类软件类似，使用 Diibee Author 进行制作首先需要新建一个工程文档，具体的步骤如下所述。

（一）打开新建项目菜单

点击主菜单上的“文件”→“新建”，就会弹出“新建项目”菜单。也可以通过快捷键“Ctrl+N”的方式，直接打开“新建项目”菜单（图 3-2-1）。

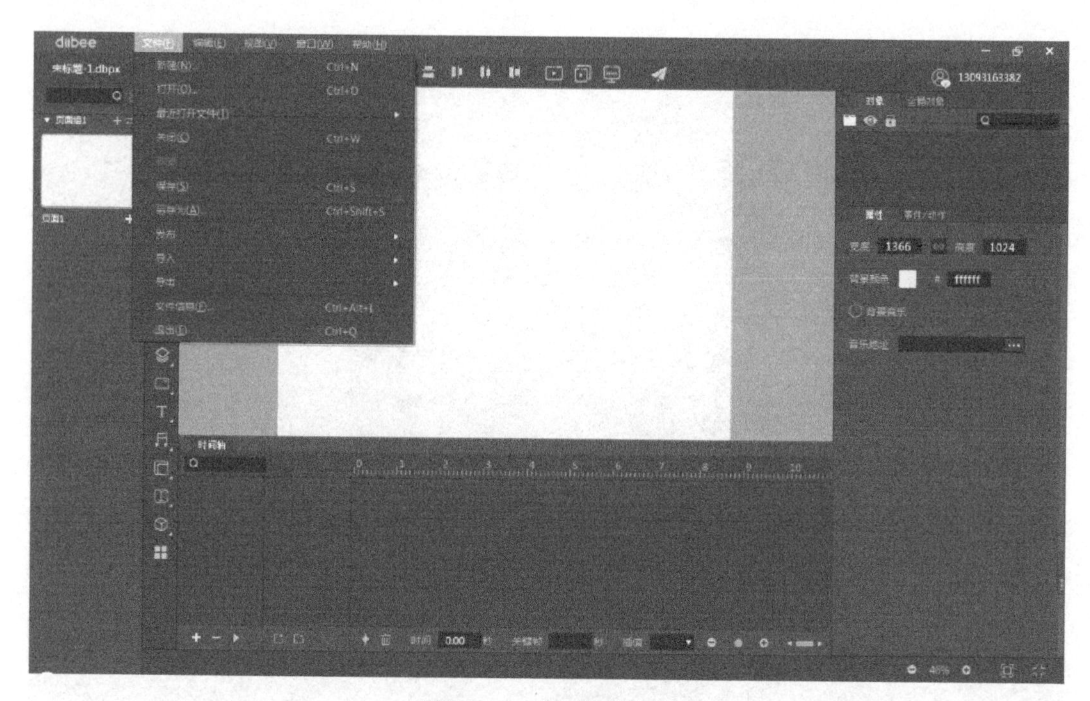

图 3-2-1　项目生成菜单

（二）填写项目信息

在新建项目菜单中提供了常见多种预设（手机、iPad、网页），学习者可根据工程文件需求，创建合适的尺寸（图 3-2-2）。同时，也可对预设进行调整，在右侧修改项目名称、保存路径、方向、分辨率信息，点击“创建”按钮保存信息。若点击“取消”操作，则所填信息将无法保存，也不能完成项目文档的新建。

分辨率大小是根据阅读终端设备的屏幕尺寸来确定的。由于用户使用的终端设备存在不同品牌型号显示屏尺寸的各种差异，在通常情况下，我们优先以目标用户的大概率使用终端设备的屏幕分辨率作为数字资源内容制作的分辨率设置依据。通常我们将 768 × 1 024 像素作为平板设备的制作尺寸；1 080 × 1 920 像素作为移动设备的制作尺

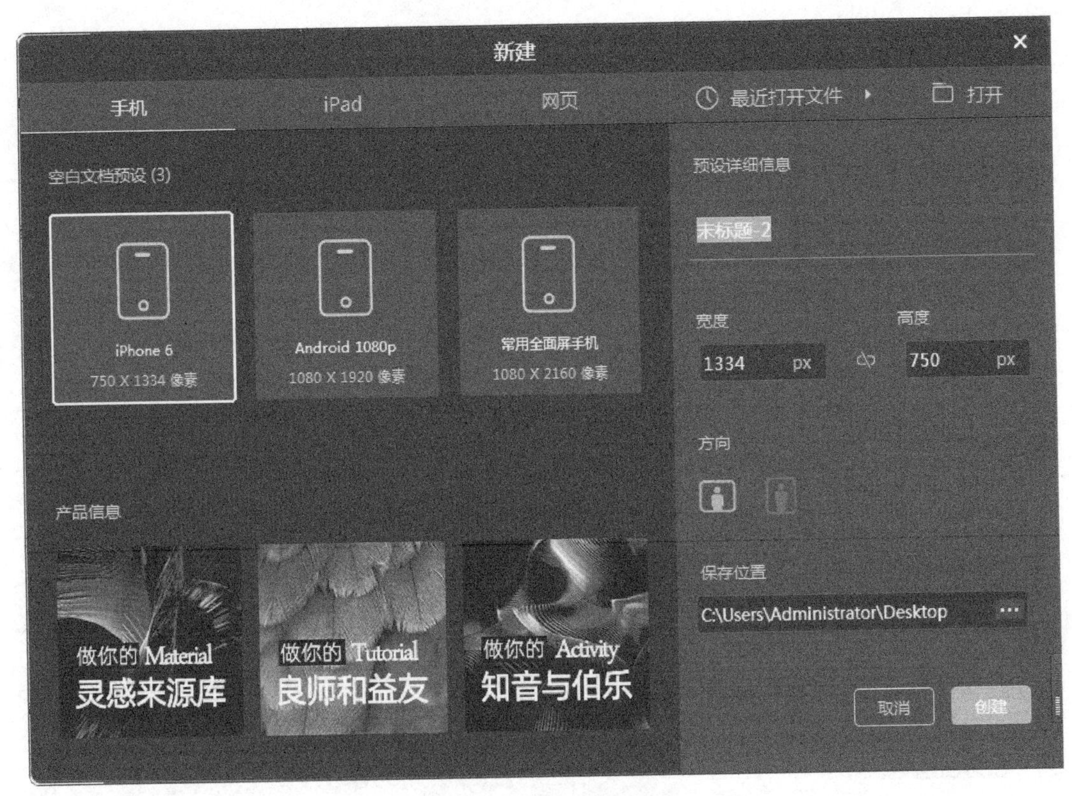

图 3-2-2 新建项目菜单

寸。表 3-2-1 列举常用的分辨率设置尺寸，以供制作前参考。

表 3-2-1 常用分辨率设置尺寸

设备名称	分辨率
iPad Mini	768 × 1 024 像素 72 ppi
iPad Retina	1 536 × 2 048 像素 72 ppi
iPad Pro	2 048 × 2 732 像素 72 ppi
iPhone 6	750 × 1 334 像素 72 ppi
Android 1080P	1 080 × 1 920 像素 72 ppi
常用全面屏手机	1 080 × 2 160 像素 72 ppi
常规网页	1 366 × 1 024 像素 72 ppi
大网页	1 080 × 1 920 像素 72 ppi
最小尺寸	1 024 × 768 像素 72 ppi

毫无疑问，即便使用一样的平板设备进行阅读体验，设置 1 536 × 2 048 像素分辨率的作品比设置 768 × 1 024 像素时明显更清晰。因此，若数字资源内容需要高清表现时，需要对运用到的所有图片资源（包括转换成图片的文字部分）切图，切图时均需要做适

当的放大处理（建议放大为原有尺寸的 2 倍），置入工具后再将其缩小 0.5 倍，方能获得高清展现。

技巧提示：项目文件的大小会影响项目预览和播放时的打开和加载速度，所以不要盲目地为了追求高清的效果设置过大的分辨率，而影响阅读的顺畅性。

（三）生成新项目

新项目生成完毕后将显示画布与操作界面。之后，就能开始制作了。

1. 项目文件夹的位置

如图 3-2-3 所示，新项目生成后，会在之前设定的保存路径下生成一个以用户所输入名称命名的文件夹。

图 3-2-3　生成的项目文件夹

2. 项目文件夹的构成

Diibee 文件夹由项目基本素材文件夹“Res”、缩略图文件夹“Thumbs”、项目文件“*.dbpx”和资源列表“Resource”构成（图 3-2-4）。

Res	2020/9/9 10:51	文件夹	
Thumbs	2020/9/9 10:51	文件夹	
_bookmarks.dat	2020/9/9 10:51	DAT 文件	1 KB
loadingpage_back.jpg	2020/9/9 10:51	看图王 JPG 图片...	906 KB
loadingpage_fore.gif	2020/9/9 10:51	看图王 GIF 图片...	23 KB
Resource.xml	2020/9/9 10:51	XML 文档	1 KB
未标题-2.dbpx	2020/9/9 10:51	DBPX File	4 KB

图 3-2-4　生成的项目文件夹结构

Res 文件夹里是保存项目中所有的素材文件的位置。即使移动了项目，只要 Res 文件夹里没动，那么打开的项目文件（*.dbpx）都不会受到影响，都能按照原本的设计顺利阅读 / 再编辑。

二、打开项目

面对未完成的工程项目，再次打开则需通过“打开”来执行项目的打开动作。通过“文件”→“打开”方式，如图 3-2-5 所示，从电脑中选取工程文档打开即可。

另外，Diibee 能够记录之前制作的文档路径，如图 3-2-6 所示，将鼠标悬停在“文件”→“最近打开文件”上，可以看到工程历史打开记录。从中点选想要再次编辑的工程名称，即可快速打开历史制作工程。当然，这种情况需在历史制作工程文档未改变其位置的情况下才能打开成功。

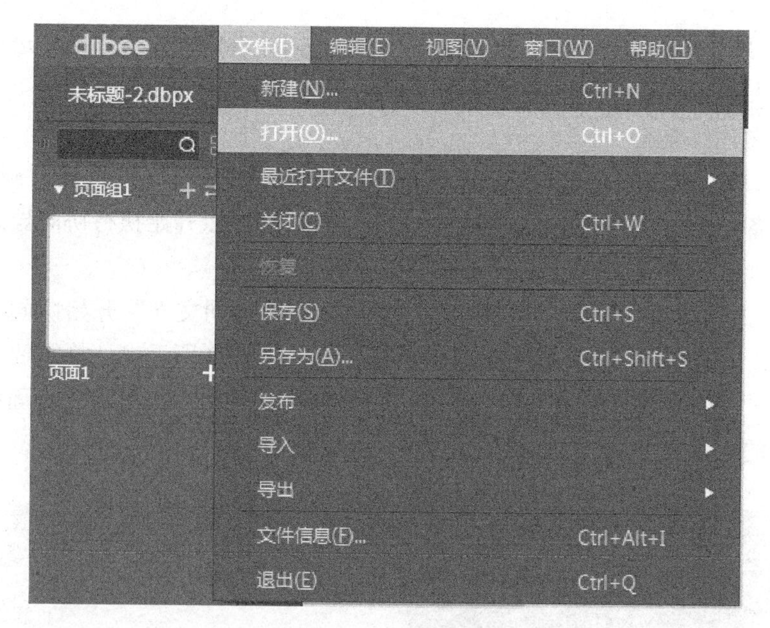

图 3-2-5 打开工程文档

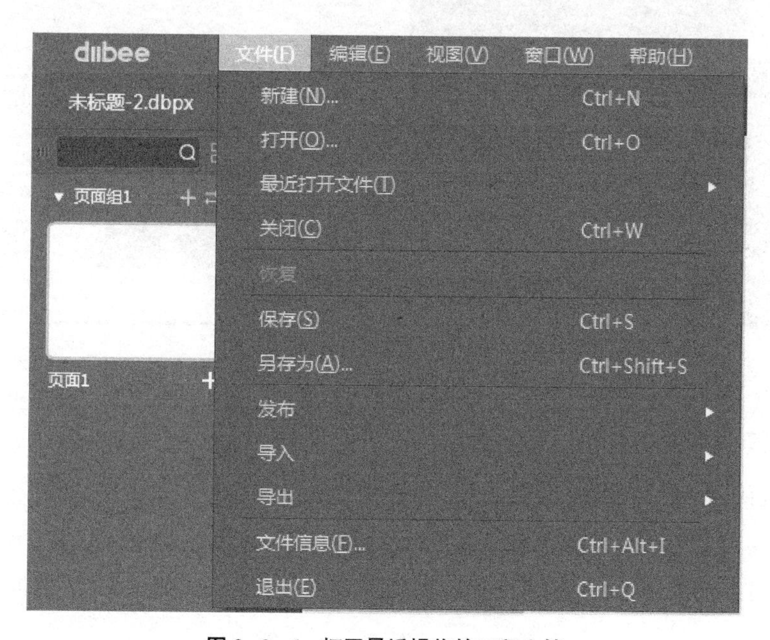

图 3-2-6 打开最近操作的工程文档

三、导入项目

（一）协同导入

Diibee Author 支持协同文件的导入，当工程需要多个人员配合完成时，可以使用这种方式进行文件的合并，以此达成协同制作的效果。协同文件是一种快速、便捷的工程组合模块，可以迅速地插接到其他的工程文档中，因此常作为模板或范本进行应用，让制作效率大大提高。

1. 协同文件的准备

可以通过自行导出协同文件，或至 Diibee 门户网站素材模板页面下载模板文件，作为即将准备导入的协同文件。准备好协同文件后，就可以开始执行协同导入操作。

2. 协同文件的导入

如图 3-2-7 所示，使用“文件”→“导入”→“协同文件”开始协同操作；如图 3-2-8 所示，选择需要进行协同操作的文件；如图 3-2-9 所示，选择需要协同合并的页面后进行“确定”导入，工具会自动导入操作，导入完毕后即可看到页面已被合并进入当前打开的工程文档中。

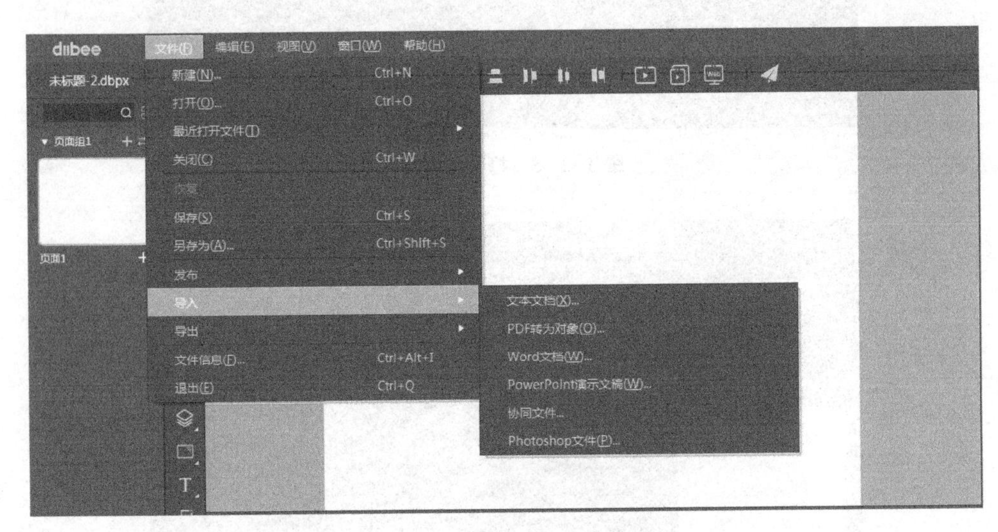

图 3-2-7 协同导入操作位置

（二）其他导入

除了协同文件，用户还可使用“文件”→“导入”，选择其他格式进行导入，Diibee Author 兼容 *.txt、*.Pdf、*.word、*.PowerPoint，与 Photoshop 的 *.Psd 格式的导入，提供基于原始材料的高效转换通道，让资源实现数字化应用的高效转换。

第三节 页面编辑

一、新建页面

页面的数量通常由智媒体数字资源内容的多少来决定。在页面与列表编辑栏

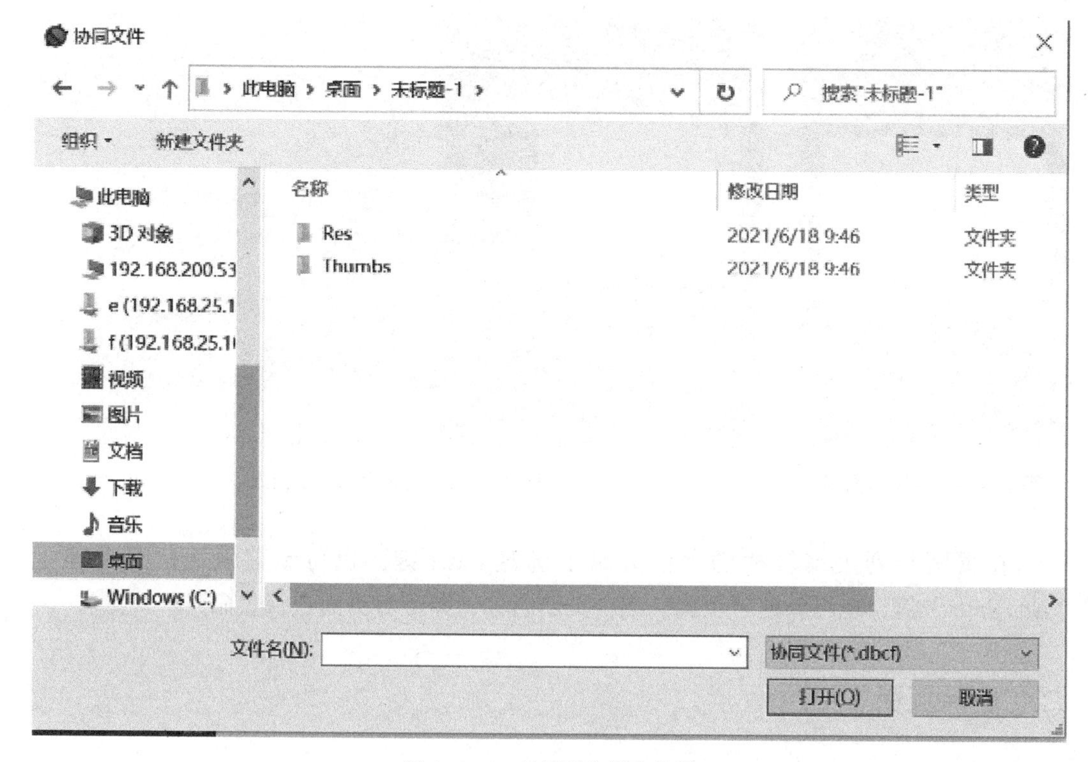

图 3-2-8 协同导入操作位置

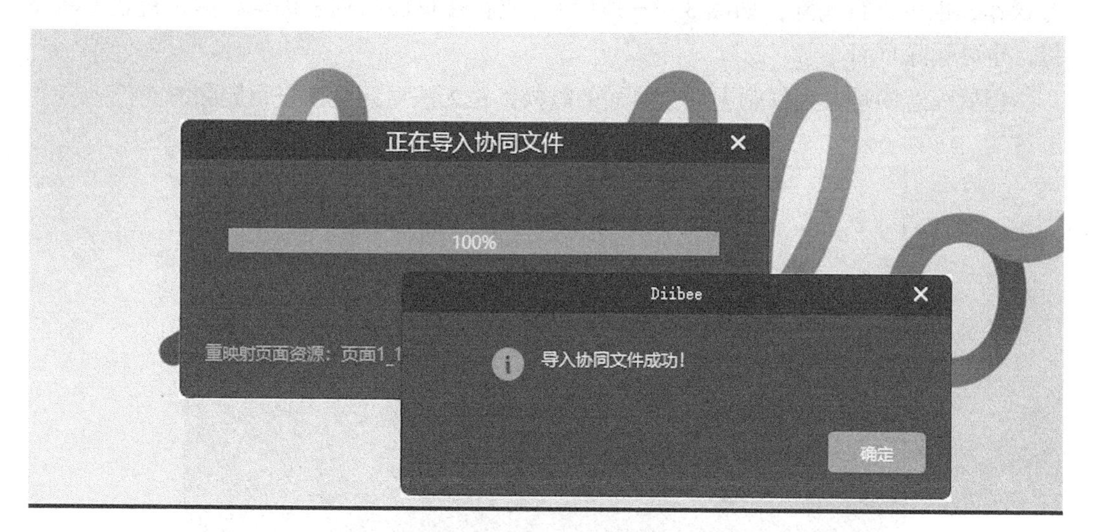

图 3-2-9 需要协同的页面选择

中，可以对页面进行编辑。点击页面右上方的新建按钮，可新建页面组，如图 3-3-1 所示。

点击页面右下方的新建按钮，可选择新建页面或新建子页面，如图 3-3-2 所示。

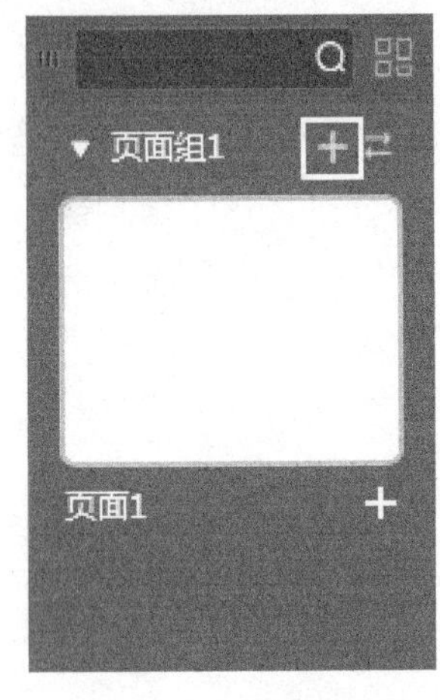

图 3-3-1　新建页面组

图 3-3-2　新建页面与子页面

在页面与列表编辑栏的空白处敲击键盘 Enter 键，也可新建页面；敲击键盘“Alt+Enter”键，也可新建子页面；双击页面名称，即可对页面进行重命名。

二、删除页面

选择要删除的页面，点击鼠标右键弹出窗口，可对该页面进行剪切、复制、替换等操作，也可进行删除，如图 3-3-3 所示。或者在页面与列表编辑栏敲击键盘 Delete 键，也可删除页面。

但要注意的是，当仅剩下一个页面的时候，是无法对该页面进行删除的。

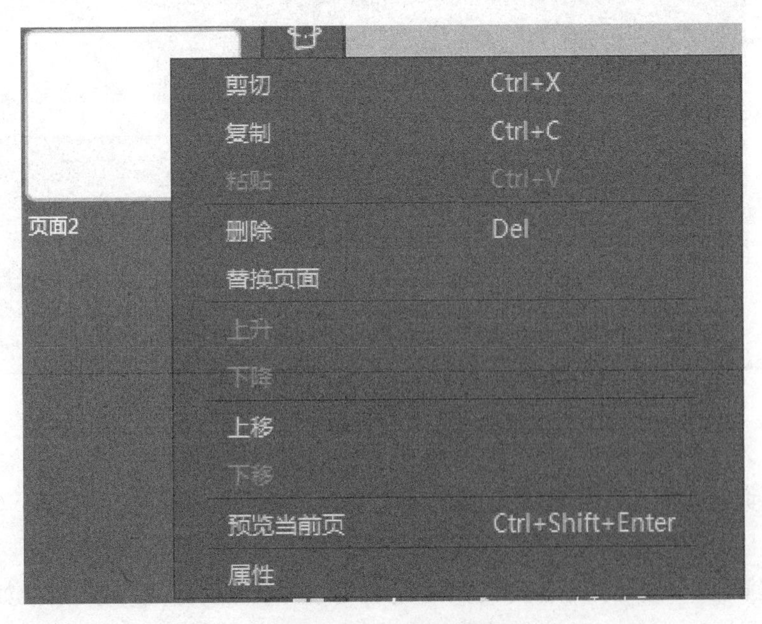

图 3-3-3　删除页面

第四节　对 象 编 辑

一、图片

图片是最常见的素材类型，是版面最通用的展示元素。智媒体资源中的图片对象除了静态的图片之外，还包含了图片切换、全景图、序列图、序列动画、Gif 动图等多种展现形式，动态图片展示可以赋予作品精彩的画面动态与灵活的交互体验。

（一）图片对象

1. 打开图片

如图 3-4-1 所示，在“工具栏”中单击图片工具的图标，会弹出资源库窗口。

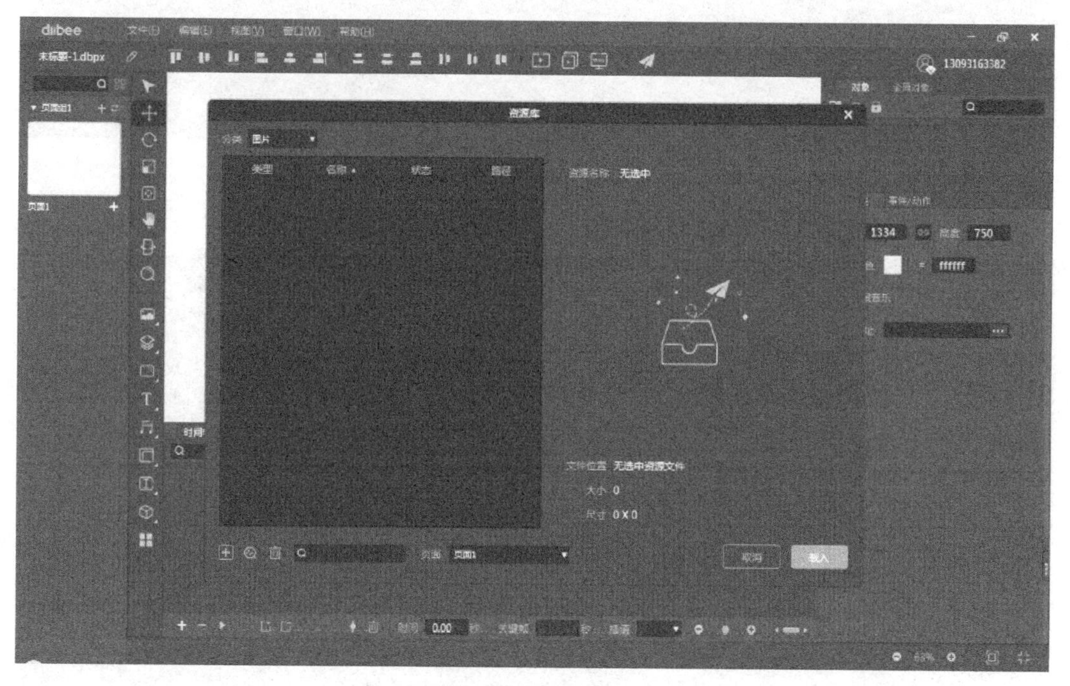

图 3-4-1　资源库窗口

2. 添加图片资源

如图 3-4-2 所示，在资源库窗口中点击添加资源按钮，弹出浏览窗口。如图 3-4-3 所示，在窗口中选择资源后，点击“打开”按钮，就能将其导入资源库中。

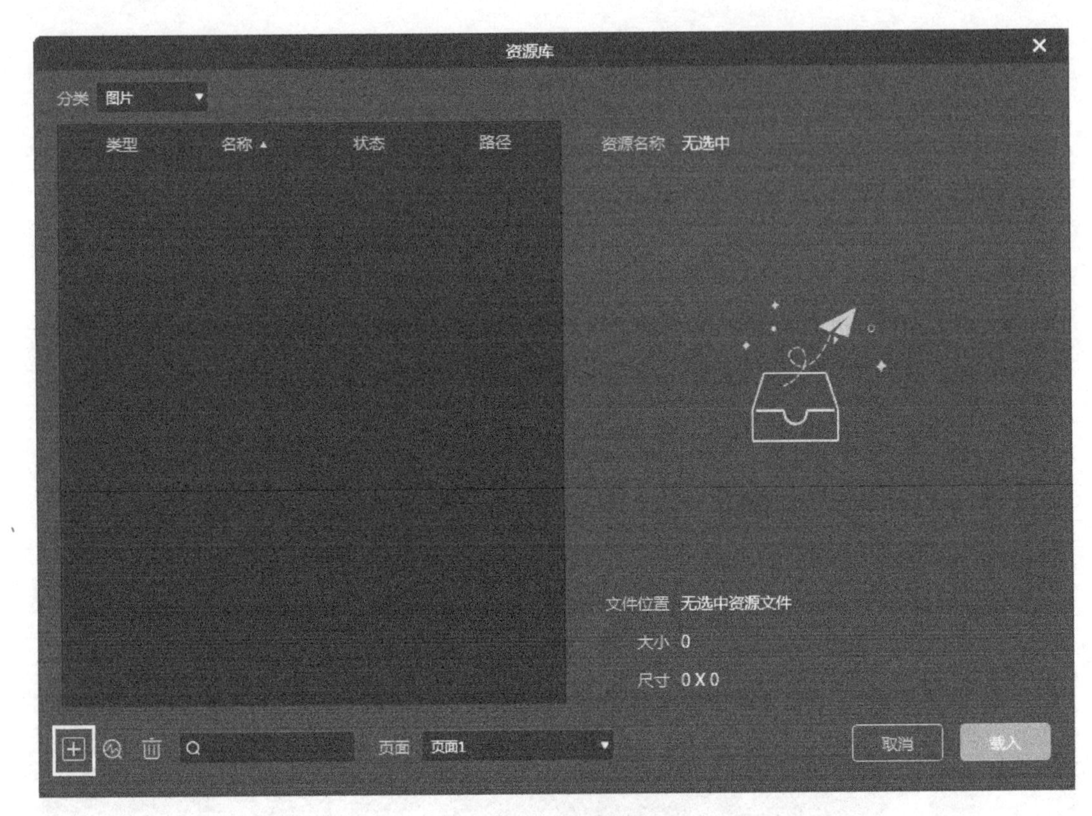

图 3-4-2　资源库窗口

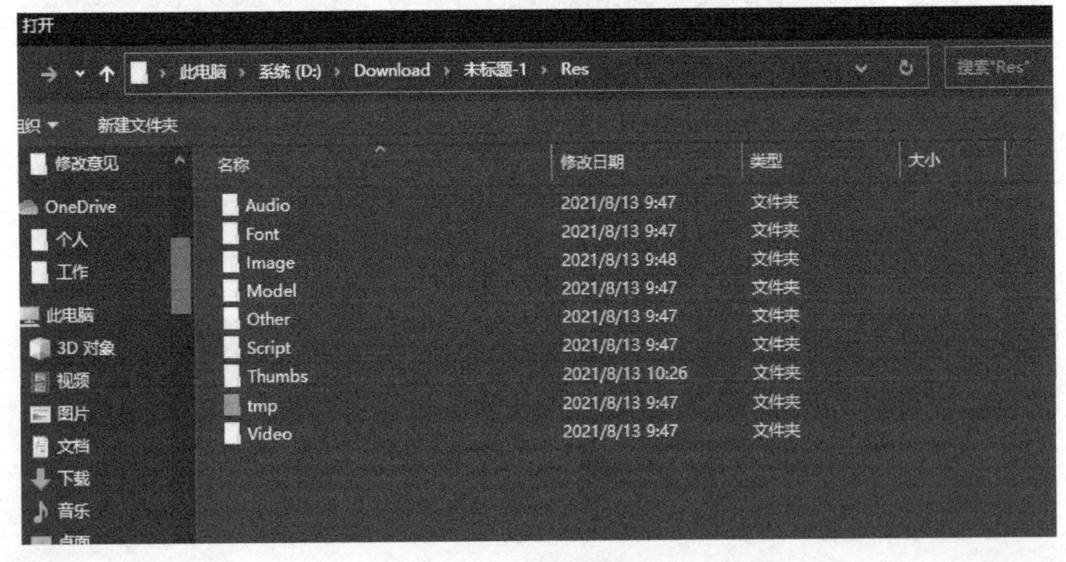

图 3-4-3　浏览窗口

3. 载入图片

如图 3-4-4 所示，选中需要添加到画布中的资源对象，点击“载入”按钮后，就能将该资源添加到画布中。

图 3-4-4 资源库导入菜单

4. 修改图片属性

如果要修改图片的元素属性，先在画布中选中该图片，然后在图片属性栏中设置，如图 3-4-5 所示。在该栏中，在宽度和高度栏中直接可以修改图片大小；点击文件位置栏右侧的按钮，会弹出浏览窗口，可以查看文件位置或更改文件。

（二）交互图片

1. 打开交互图片

在“工具栏”中单击交互图片的图标，会弹出交互图片窗口，如图 3-4-6 所示。

2. 添加和删除交互图片

如图 3-4-7 所示，在资源库窗口中，选择合适的图片作为交互图片。图片选择无误后，点击“确定”导入资源。图片文件可以单张选择后点击“载入”添加图片，也可以按住 Shift 键选择多张图片后点击“载入”添加图片。完成图片添加后，点击“确定”，保存设置。

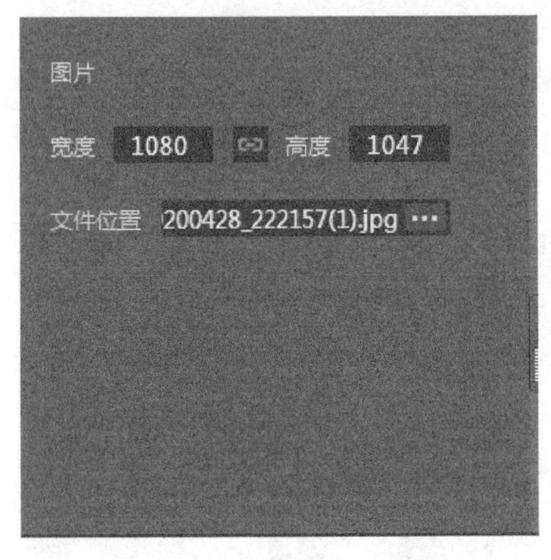

图 3-4-5　属性栏——图片

图 3-4-6　交互图片窗口

若要删除图片，先选中要删除的图片文件，之后点击“删除”按钮即可。

3. 修改交互图片属性

如果要修改交互图片的大小、拖拽和标示，先在画布中选中图片，然后在交互图片属性栏中修改，如图 3-4-8 所示。属性栏的交互图片属性，见表 3-4-1。

图 3-4-7　添加和删除交互图片

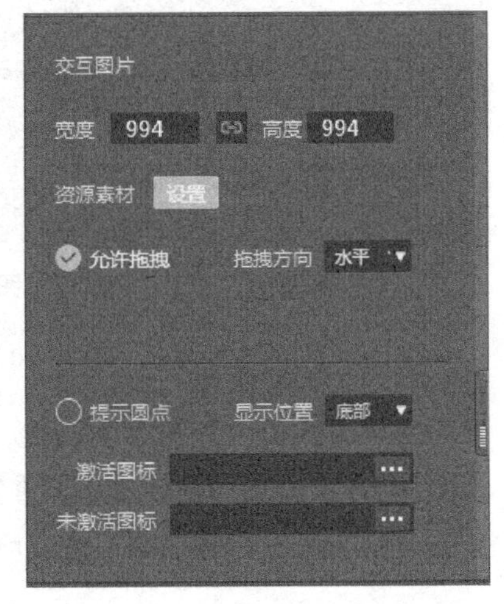

图 3-4-8　属性栏——交互图片

表 3-4-1　交互图片属性说明

序　号	属性名称	说　　明
1	宽度	对象的宽度
2	高度	对象的高度
3	资源素材	图片切换时展示的图片，点击“设置”添加或删除图片文件
4	允许拖拽	是否激活拖拽功能

（续表）

序 号	属性名称	说 明
5	拖拽方向	分为水平和垂直两种方向
6	提示圆点	显示是否使用导航标记
7	显示位置	导航标记的位置，分为左部、顶部、右部、底部四种位置
8	激活图标	激活标记时显示的图片，点击右侧按钮，在弹出资源库菜单中进行设置
9	未激活图标	未激活标记时显示的图片，点击右侧按钮，在弹出资源库菜单中进行设置

（三）图片切换

图片切换是可以将多张图片制作成相册形态，进行图片切换的对象。

1. 打开图片切换

在工具栏的图片工具图标上，点击鼠标右键，在弹出菜单中单击如图 3-4-9 所示的图片切换工具图标。

单击工具栏如图 3-4-10 所示的图片切换工具图标，会弹出图片文件窗口。

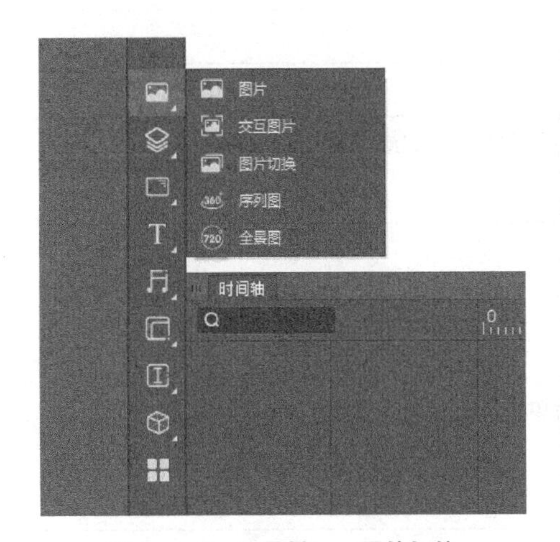

图 3-4-9 工具栏——图片切换

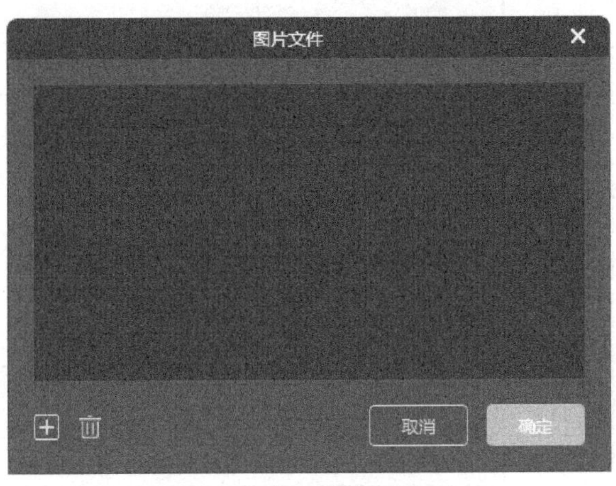

图 3-4-10 图片文件窗口

2. 添加和删除图片切换

在资源库菜单中，选择合适的图片作为图片切换时展示的图片。图片选择无误后，点击“确定”导入资源。图片文件可以单张选择后点击“载入”添加图片，也可以按住 Shift 键选择多张图片后点击“载入”添加图片。完成图片添加后，点击“确定”，保存设置（图 3-4-11）。

若要删除图片，先选中要删除的图片文件，之后点击“删除”按钮即可。

3. 修改图片切换属性

如果要修改图片切换的大小、样式和标示，先在画布中选中图片切换对象，然后在图片切换属性栏中修改，如图 3-4-12 所示。属性栏的图片切换属性，见表 3-4-2。

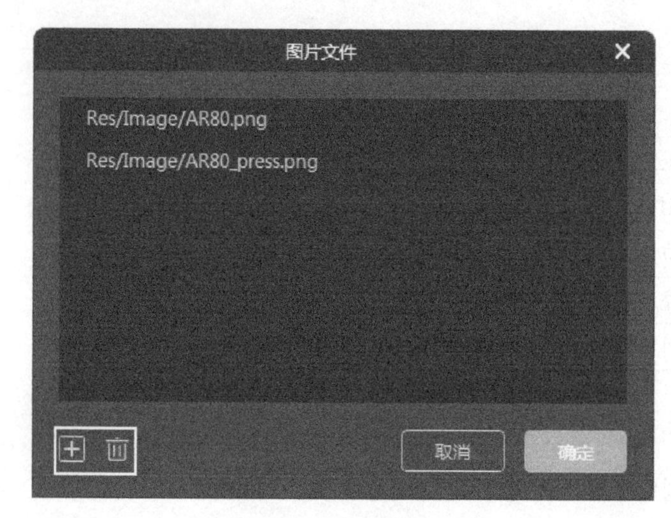

图 3-4-11　添加图片

图 3-4-12　属性栏——图片切换

表 3-4-2　图片切换属性说明

序　号	属性名称	说　　　明
1	宽度	对象的宽度
2	高度	对象的高度
3	资源	图片切换时展示的图片，点击“设置”添加或删除图片文件
4	允许拖拽	是否激活拖拽功能
5	拖拽方向	分为水平和垂直两种方向
6	循环	是否重复播放
7	自动播放	是否自动播放
8	播放间隔	图片自动转换的时间（以秒为单位），输入秒数后，会对应指定时间自动进行图片切换
9	提示圆点	显示是否使用导航标记
10	显示位置	导航标记的位置，分为左部、顶部、右部、底部四种位置
11	激活图标	激活标记时显示的图片，点击右侧按钮，在弹出资源库菜单中进行设置
12	未激活图标	未激活标记时显示的图片，点击右侧按钮，在弹出资源库菜单中进行设置

（四）序列图

可以导入使之进行旋转的连续图片对象。

1. 打开序列图

在工具栏的序列动画工具图标上，点击鼠标右键，在弹出菜单中单击如图 3-4-13 所示的序列图图标。

单击工具栏的序列图图标，会弹出图片文件窗口（图 3-4-14）。

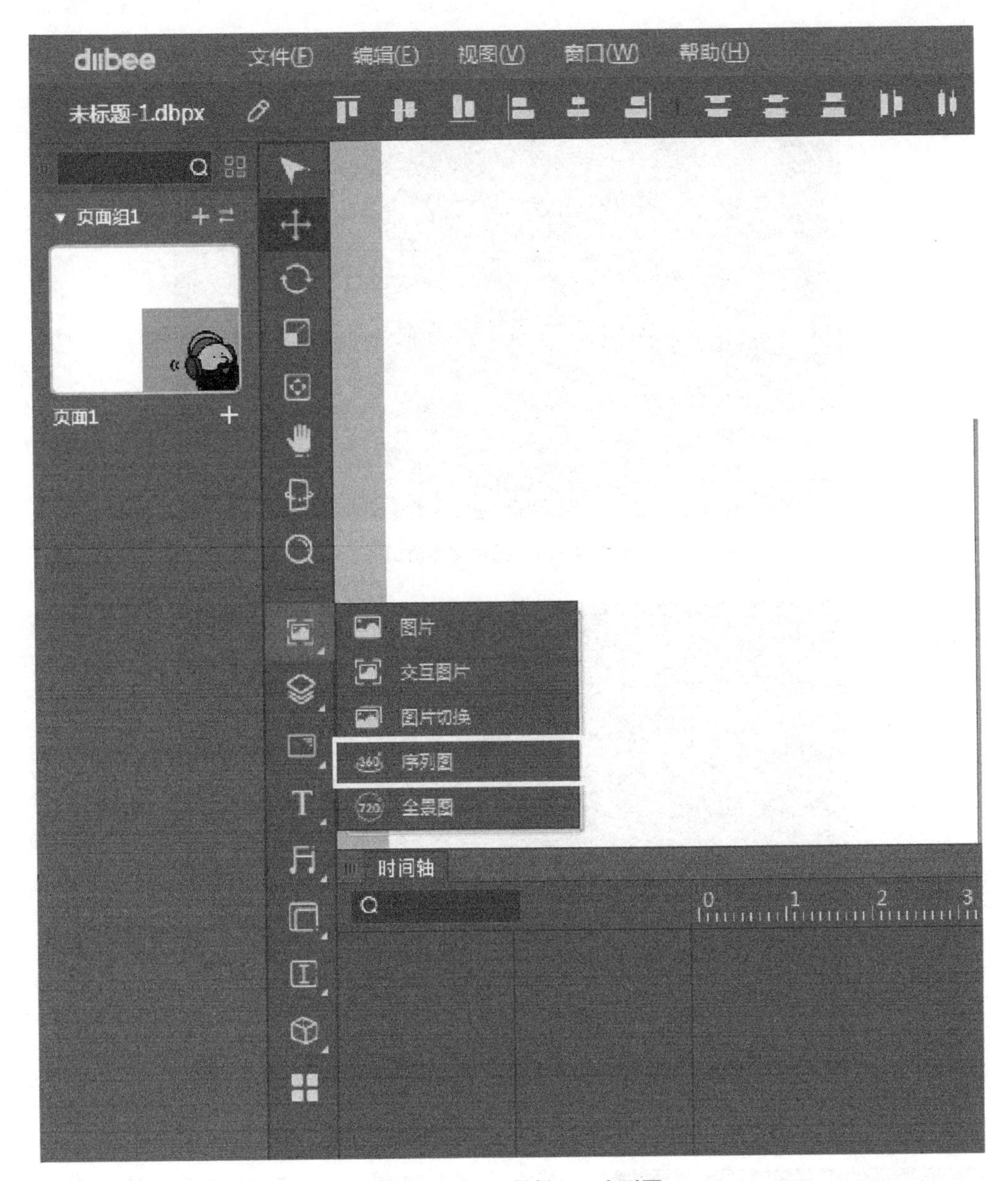

图 3-4-13 工具栏——序列图

2. 添加和删除序列图

在图片文件菜单中，点击“添加”按钮，会弹出资源库菜单。在资源库菜单中选择合适的图片作为旋转时展示的图片。图片选择无误后，点击“确定”保存设置（图 3-4-15）。图片文件可以单张选择后点击“打开”添加图片，也可以按住 Shift 键选择多张图片后，点击“打开”添加图片。

若要删除图片，先选中要删除的图片文件，之后点击“删除”按钮即可。

3. 修改序列图属性

如果要修改序列图的大小和样式，先在画布中选中该对象，然后在序列图属性栏中

图 3-4-14 图片文件窗口

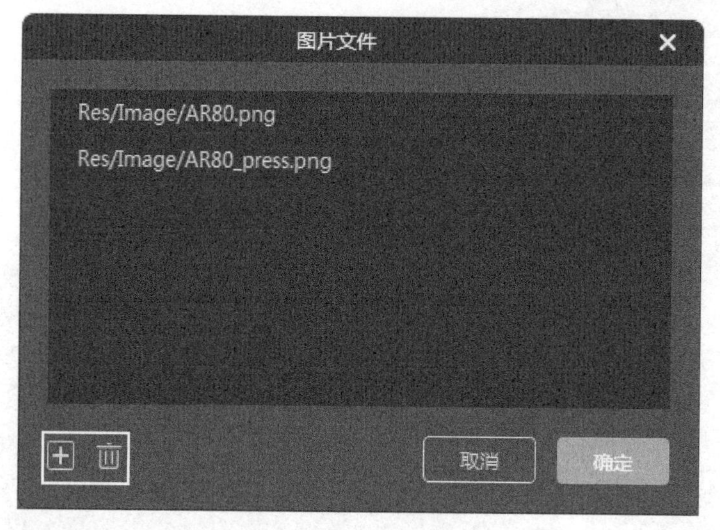

图 3-4-15 添加图片

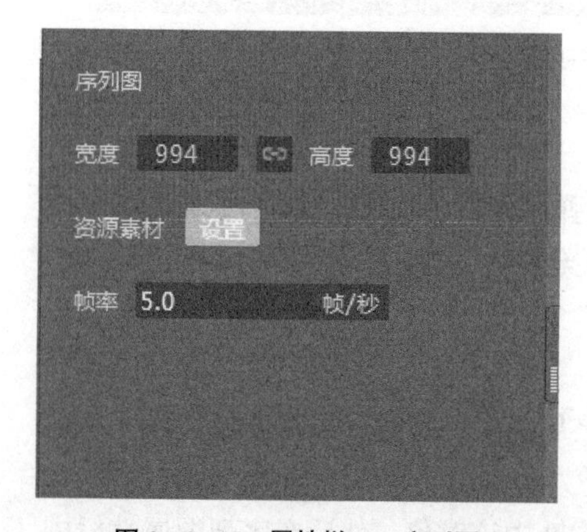

图 3-4-16 属性栏——序列图

修改。宽度和高度栏中直接填数值就可以修改其大小，如图 3-4-16 所示。

（五）全景图

选择六张上下、左右、前后的图片进行全景图合成，旋转图片，连接变换的场景或全景。

1. 打开全景图

在工具栏的图片工具图标上，点击鼠标右键，在弹出菜单中单击全景图工具图标，会弹出全景图显示框（图 3-4-17）。

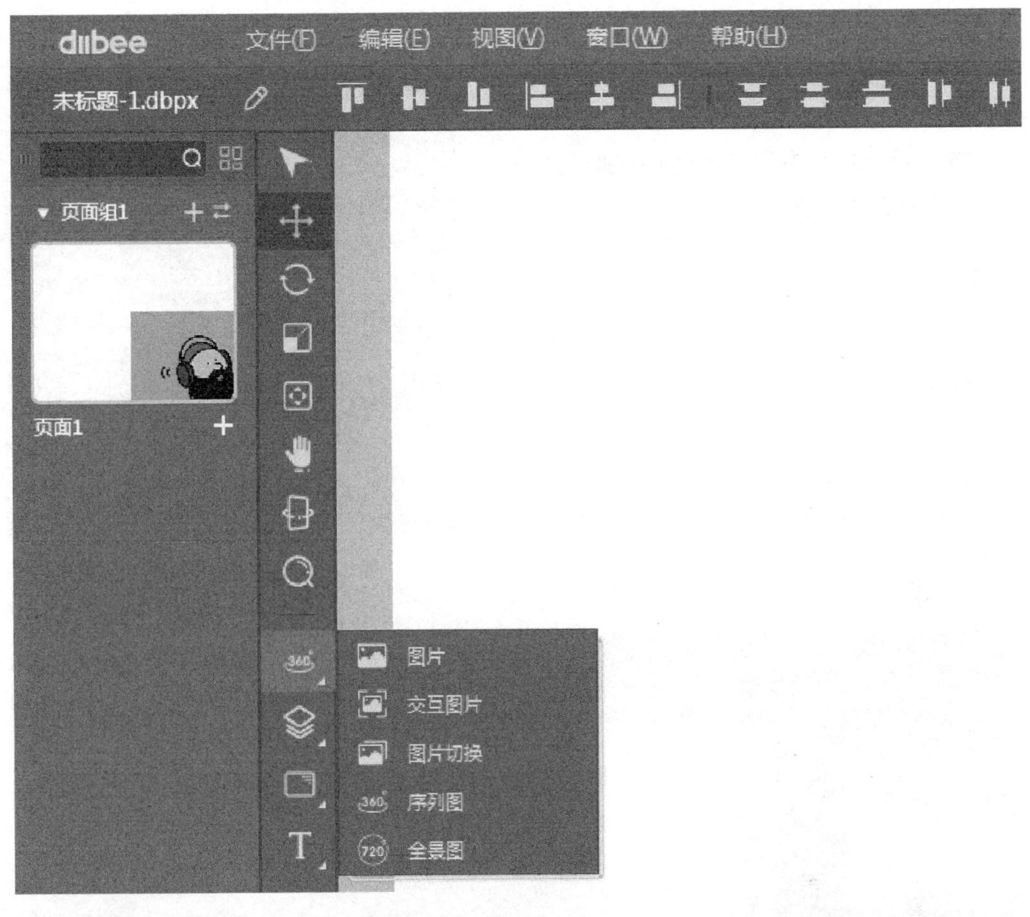

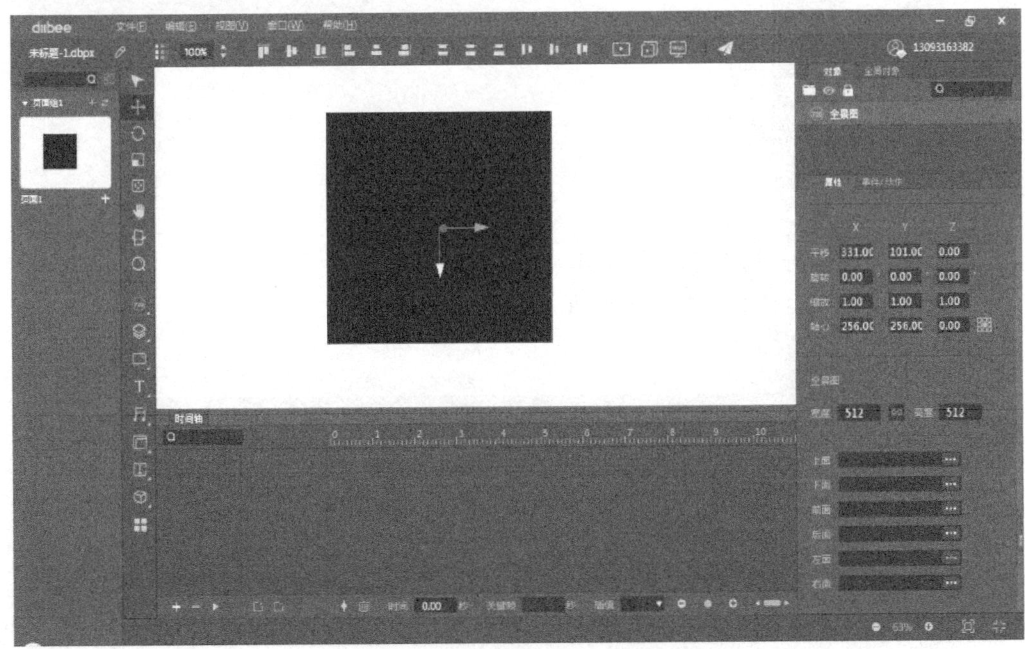

图 3-4-17　工具栏——全景图

2. 全景图属性

如图 3-4-18 所示，先点击全景图对象，在属性栏中会显示其大小和样式。在“上、下、前、后、左、右”六个面分别插入图片，完成全景的设置。

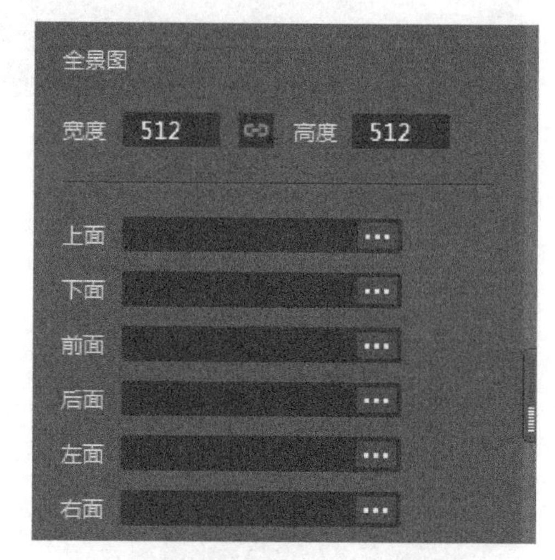

图 3-4-18 属性栏——全景图

（六）序列动画

使用序列动画，可以使多张图片按顺序进行播放。

1. 打开序列动画

如图 3-4-19 所示，在工具栏中单击序列动画工具的图标，会弹出序列动画窗口。

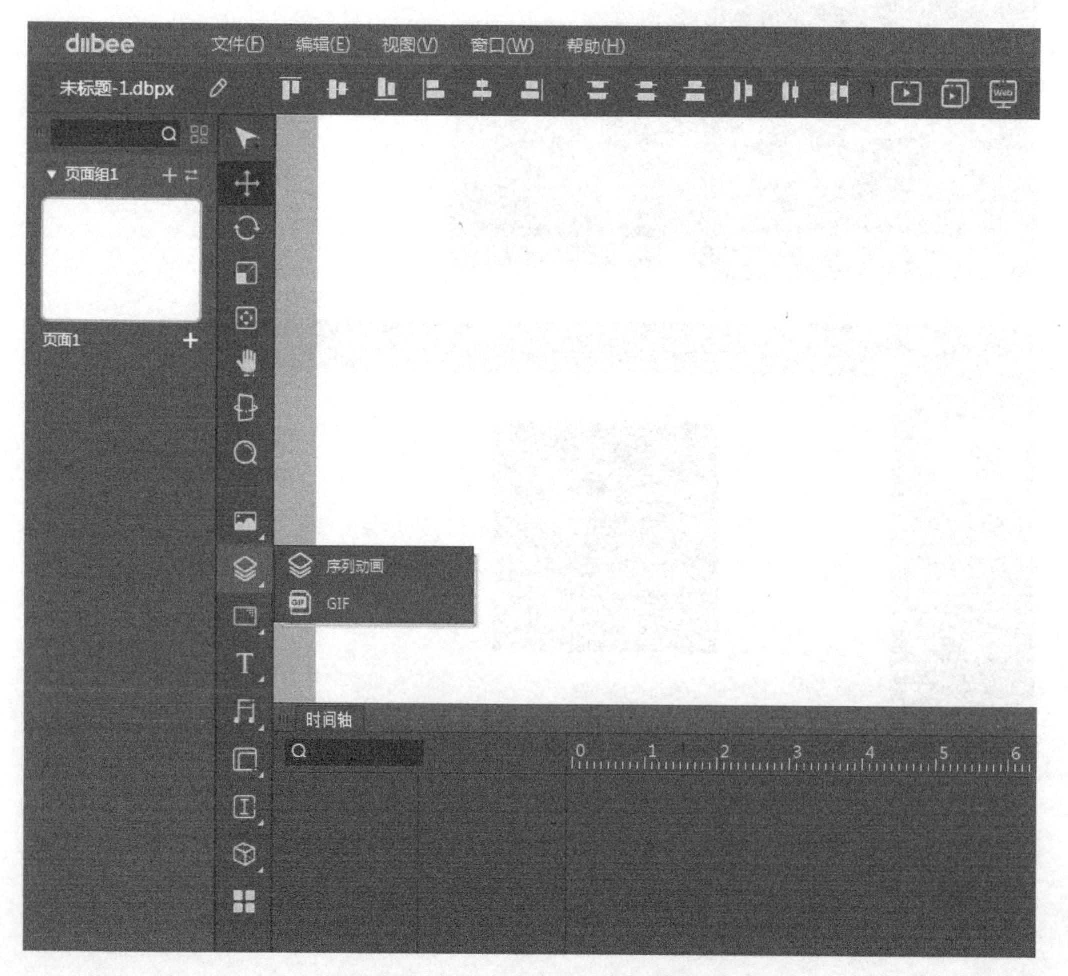

图 3-4-19 工具栏——序列动画

2. 添加和删除序列动画

如图 3-4-20 所示，在图片文件菜单中，点击“+”号按钮，会弹出资源库菜单。在资源库中选择合适的图片作为序列动画时展示的图片。图片选择无误后，点击“确定”导入资源。图片文件可以单张选择后点击“载入”添加图片，也可以按住 Shift 键选择多张图片后点击“载入”添加图片。图片添加后，点击“确定”，保存设置。

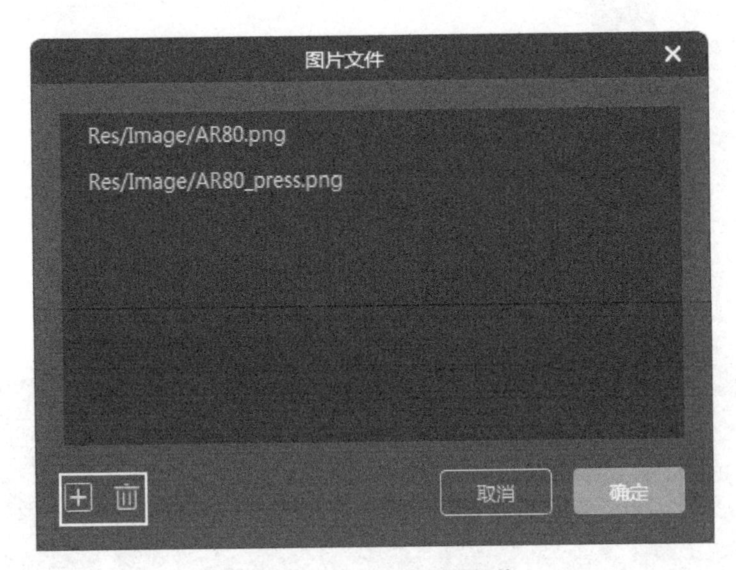

图 3-4-20 添加和删除图片

3. 修改序列动画属性

如果要修改序列动画的大小和样式，先在画布中选中该对象，然后在序列动画属性栏中修改，如图 3-4-21 所示。宽度和高度栏中直接填数值可以修改序列动画的大小；点击“设置”按钮，会弹出图片文件菜单，可以修改序列动画播放时展示的图片。

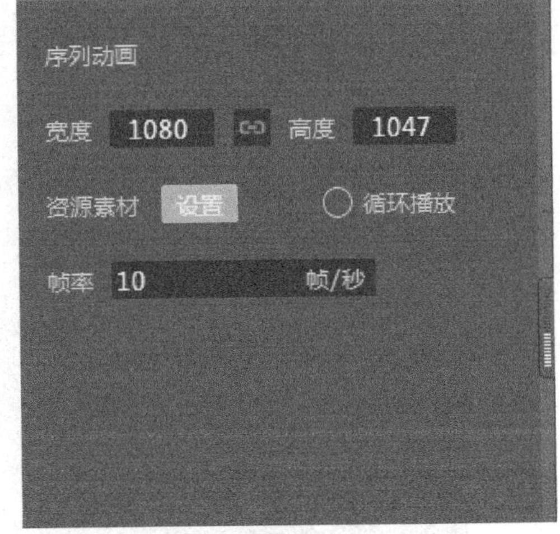

图 3-4-21 属性栏——序列动画

（七）GIF 图

Diibee 可直接导入 GIF 图。

1. 打开 GIF 图

如图 3-4-22 所示，在工具栏中单击 GIF 工具的图标，会弹出 GIF 菜单。

2. 添加和载入资源

在图片文件菜单中，点击“+”号按钮，会弹出资源库菜单。在资源库中选择需要添加的 GIF。图片选择无误后，点击“确定”导入资源。图片文件可以单张选择后点击“载入”添加 GIF，也可以按住 Shift 键选择多张图片后点击“载入”添加 GIF（图 3-4-23）。

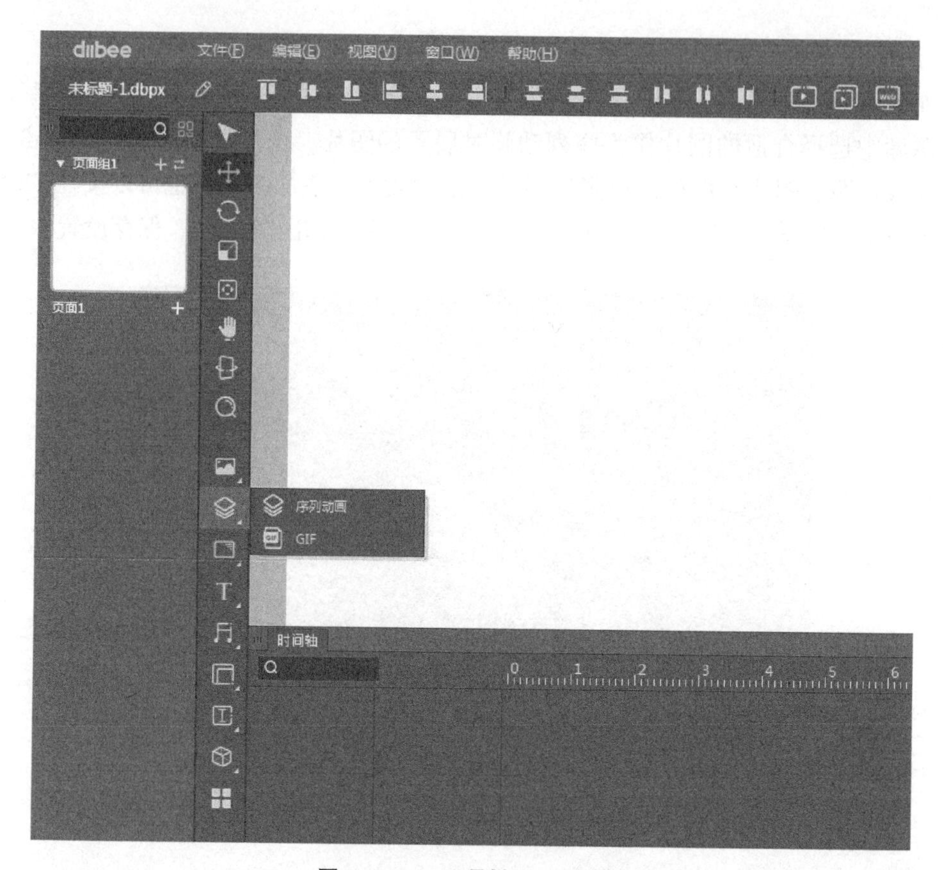

图 3-4-22 工具栏——GIF 图

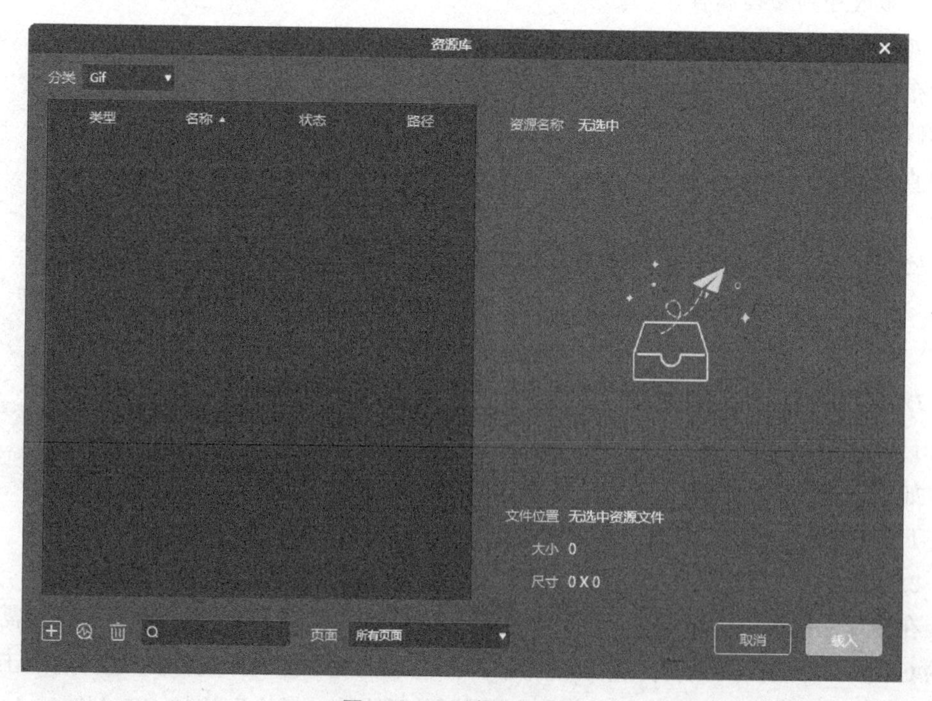

图 3-4-23 资源库窗口

图片添加后，点击“确定”，保存设置。

3. 修改 GIF 属性

如果要修改 GIF 的大小、样式和标示，先在画布中选中该对象，然后在 GIF 属性栏中修改。宽度和高度栏中直接填数值可以修改 GIF 的属性，如图 3-4-24 所示。

图 3-4-24　属性栏——GIF 图

二、图形

（一）矩形

矩形是用于编辑矩形图形的对象。

1. 新建矩形

如图 3-4-25 所示，在工具栏中单击矩形工具的图标，新建一个矩形。

图 3-4-25　工具栏——矩形

2. 修改矩形属性

如果要修改矩形的大小和样式，先在画布中选中矩形，然后在矩形属性栏中修改，如图 3-4-26 所示。

在该栏目中，宽度和高度栏中直接填数值可以修改矩形的大小；点击颜色的显示框，会弹出设置颜色窗口，可以修改矩形的显示颜色。

颜色指对象的颜色。如图 3-4-27 所示，在弹出的设置颜色窗口中，可以在基本颜色中选择，也可以自定义颜色，或者直接输入颜色数值。在选好颜色后，点击“确定”按钮保存设置。

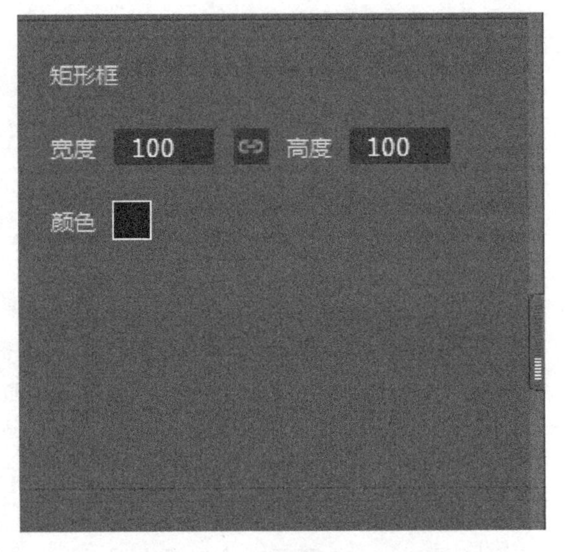

图 3-4-26　属性栏——矩形

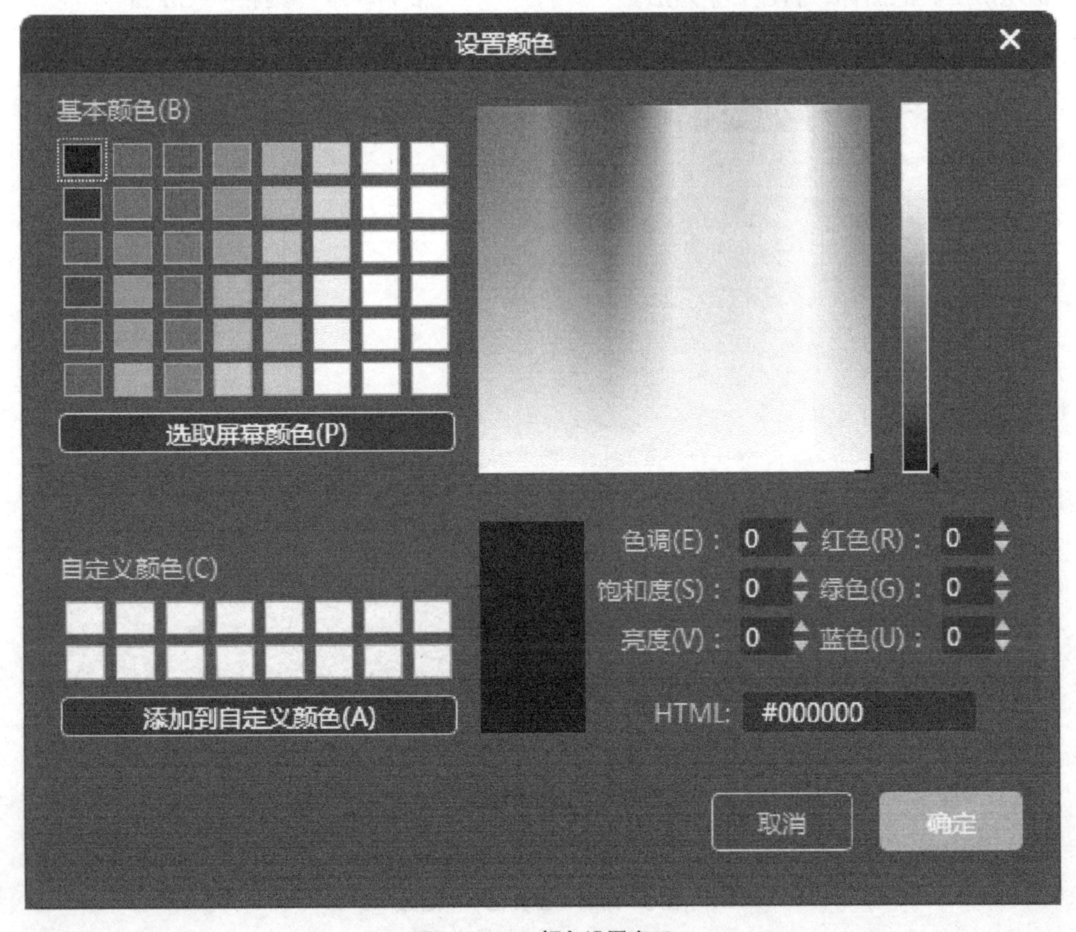

图 3-4-27　颜色设置窗口

（二）按钮

在场景中可添加自定义按钮对象，并能设置按钮对象不同点击状态下的图片。按钮是使用两个图片文件就可以轻易制作的对象。

1. 打开按钮图片菜单

在工具栏的矩形工具图标上，点击鼠标右键，会弹出如图 3-4-28 所示的按钮工具图标。单击工具栏的按钮工具图标，会弹出按钮图片菜单。

2. 设置按钮图片

如图 3-4-29 所示，在按钮图片菜单中，点击按钮，会弹出资源库窗口。按钮属性说明可见表 3-4-3。在资源库中，分别为默认图片和按压图片选择合适的图片，图片选择无误后，点击“确定”导入资源。

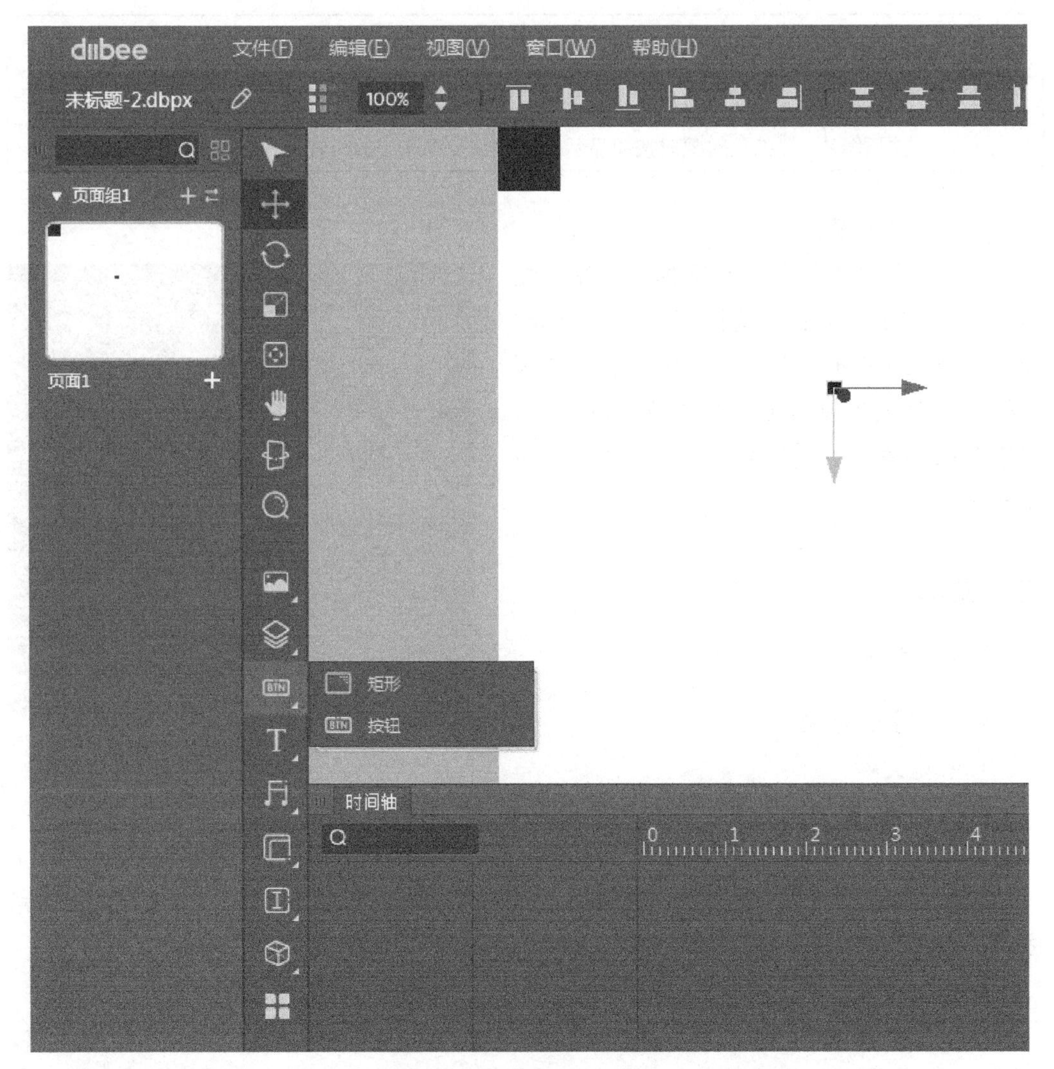

图 3-4-28　工具栏——按钮

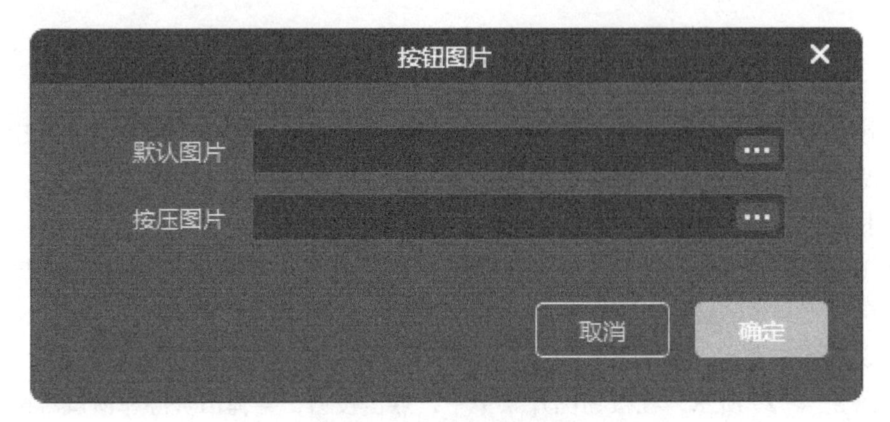

图 3-4-29　设置按钮图片

表 3-4-3　按钮属性说明

序　号	属性名称	说　　明
1	默认图片	未按压对象时按钮显示的图片在资源库中的位置
2	按压图片	按压对象时按钮显示的图片在资源库中的位置

3. 修改按钮属性

如果要修改按钮的大小和样式，先在画布中选中按钮，然后在按钮属性栏中修改，如图 3-4-30 所示。在该栏目中，宽度和高度栏中直接填数值就可以修改按钮的大小；点击按钮，会弹出浏览窗口，可以修改按钮图片样式。

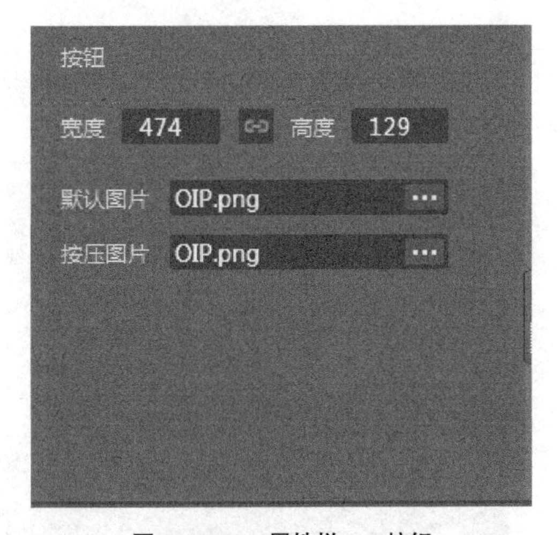

图 3-4-30　属性栏——按钮

三、文本

（一）文本

输入文字的对象。

1. 新建文本

如图 3-4-31 所示，在工具栏中单击文本工具的图标新建文本。

2. 编辑文本内容

双击文本，文本框中出现如图 3-4-32 所示的闪动光标，可以修改文本内容；输入完成后点击空白区域退出文本编辑模式。

3. 修改文本属性

如果要修改文本的大小和样式，先在画布中选中文本，然后在文本属性栏中修改，如图 3-4-33 所示。在该栏中会显示文本的属性，包括大小、样式、段落样式和是否合

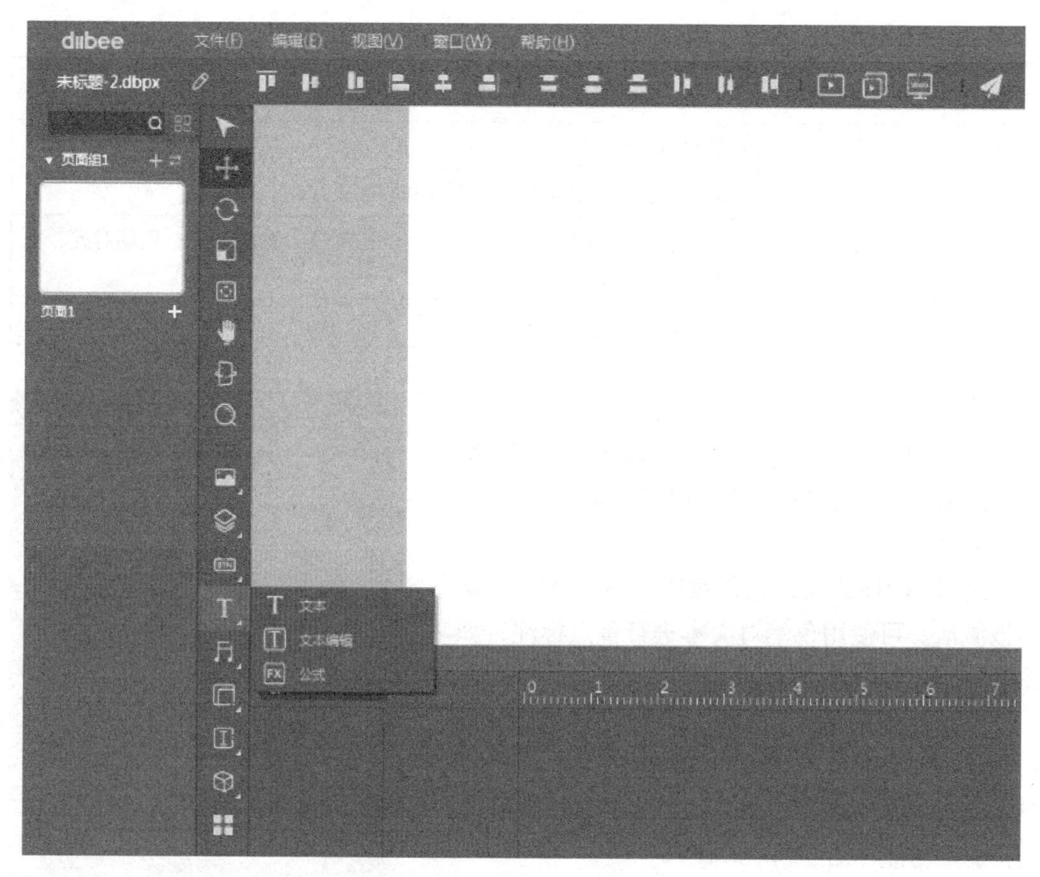

图 3-4-31　工具栏——新建文本

并。属性栏的文本属性说明，见表 3-4-4。

需要注意的是字体文件需要存放到素材文件夹中，否则移动项目后无法显示该字体。

图 3-4-32　编辑文本内容

表 3-4-4　文本属性说明

序　号	属性名称	说　明
1	宽度	对象的宽度
2	高度	对象的高度
3	资源表字体	显示的字体所处的位置。字体为 ttf 或 oft 或 ttc 格式。字体文件需要存放到素材文件夹中，否则移动项目后无法显示该字体
4	行距	文字行与行之间相隔的距离，可选择自动或自定义数值
5	字距	文字与文字相隔的距离，可选择自动或自定义数值
6	字符宽高比	文字显示的宽度是正常宽度的多少倍
7	颜色	文字显示的颜色，可以点击色彩框在弹出的设置颜色菜单中重新选择
8	系统字体	系统自带的字体，如宋体等

（续表）

序　号	属性名称	说　　　明
9	字号	文字显示的大小
10	显示风格	分为加粗、斜体、删除线、下划线和阴影五种
11	显示位置	段落左移、段落右移；左对齐、居中、右对齐、两端对齐；顶端对齐、垂直居中、底端对齐
12	合并文本	可以同时选中多个文本进行合并

技巧提示：若用户输入宽高度指定值，则边框区域被固定，若将边框区域值输入为“0”，则边框区域会根据文本长度进行相应调整。

4. 预览文本

运行 PC 播放器，长按编辑好的文本，则文本被激活。可使用色笔对文本进行重点标注，如图 3-4-34 所示。

此外，如图 3-4-35 所示，可使用笔记功能对选择的区域标注信息。点击搜索图标，则可以显示当前的标注信息，方便查看、跳转，同时也支持删除功能（图 3-4-36）。

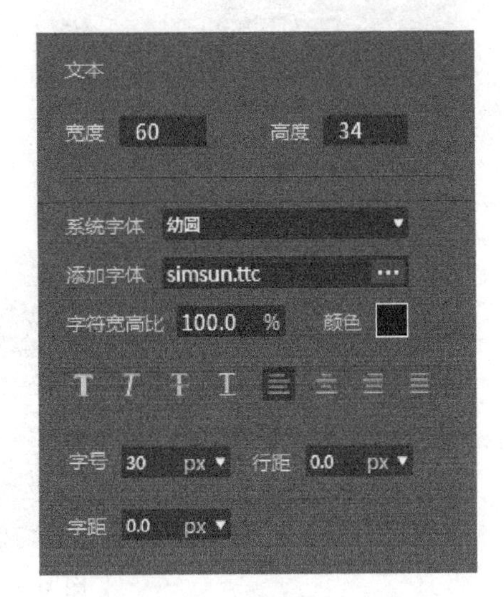

图 3-4-33　属性栏——文本

（二）文本编辑

在播放器状态时输入信息的对象，主要用于填空题、简答题时输入答案的区域。

1. 新建文本编辑

在工具栏的文本工具图标上，点击鼠标右键，在弹出菜单中单击如图 3-4-37 所示的文本编辑工具图标。

2. 文本编辑属性

如图 3-4-38 所示，先点击文本编辑对象，在文本编辑属性栏中会显示其属性，包括大小、样式和段落样式。

图 3-4-34　标注重点

图 3-4-35　笔记功能

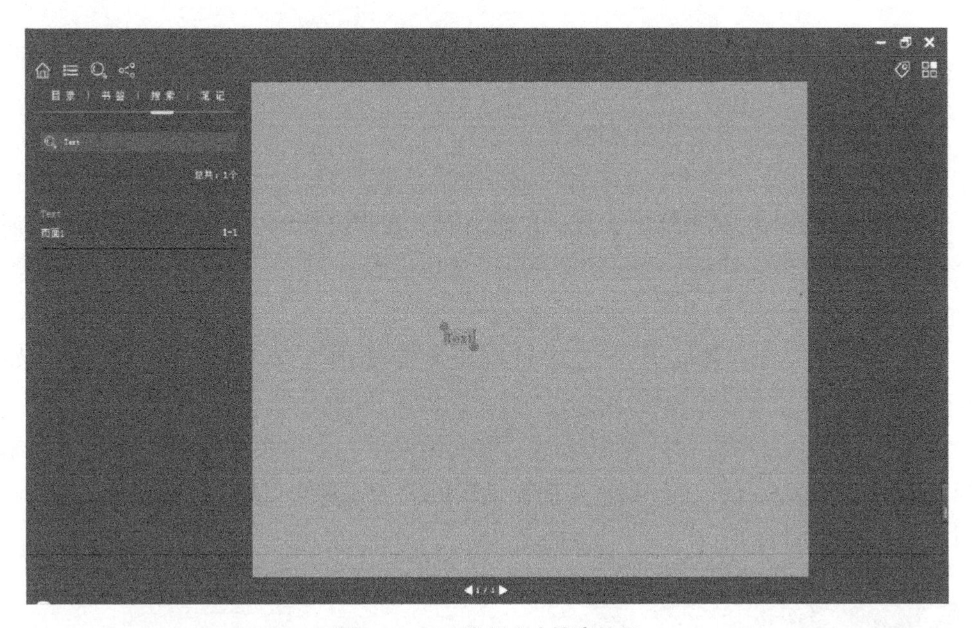

图 3-4-36 显示文本搜索结果

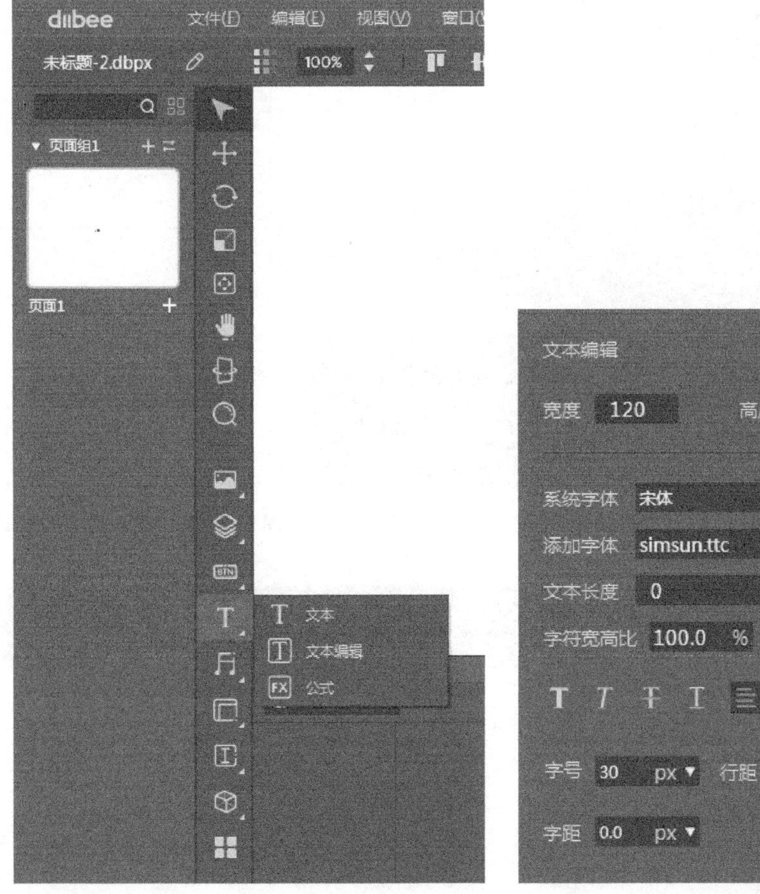

图 3-4-37 工具栏——文本编辑

图 3-4-38 属性栏——文本编辑

（三）公式

在页面中可以添加化学公式和数学公式。

1. 新建公式

在工具栏的文本工具图标上，点击鼠标右键，在弹出菜单中单击如图 3-4-39 所示的公式工具图标。

2. 编辑公式

点击“公式”，会跳转至公式编辑模板（需提前安装 Microsoft Office）。如图 3-4-40 所示，在公式编辑模板中使用工具，编辑需要的公式。

编辑完成后，点击空白处退出编辑。确认无误后，点击关闭按钮，退出公式编辑模板，返回 Diibee Author 工具编辑界面，编辑好的公式将会以图片的方式插入文本中，如图 3-4-41 所示。

图 3-4-39 工具栏——公式

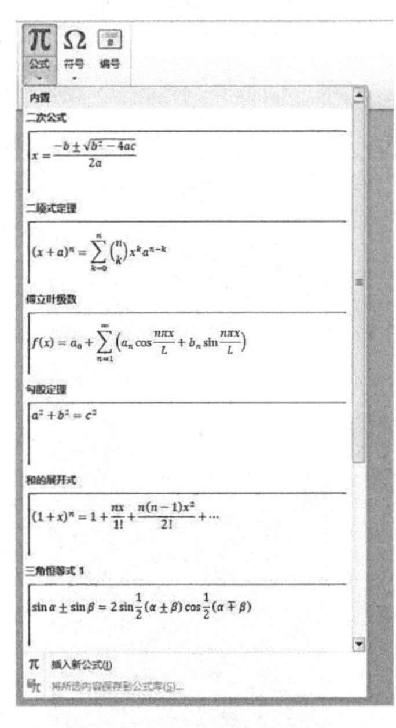

图 3-4-40 在 Office 中编辑公式

图 3-4-41 公式编辑效果图

四、多媒体资源

（一）音频

音频是指音频文件对象，包含本地音频文件和 URL 对象。

1. 新建音频对象

如图 3-4-42 所示，在工具栏中单击音频工具的图标，新建一个音频对象。

2. 编辑音频属性

点击音频对象，在音频属性栏中会显示其属性。音频文件分为本地文件和 URL 两

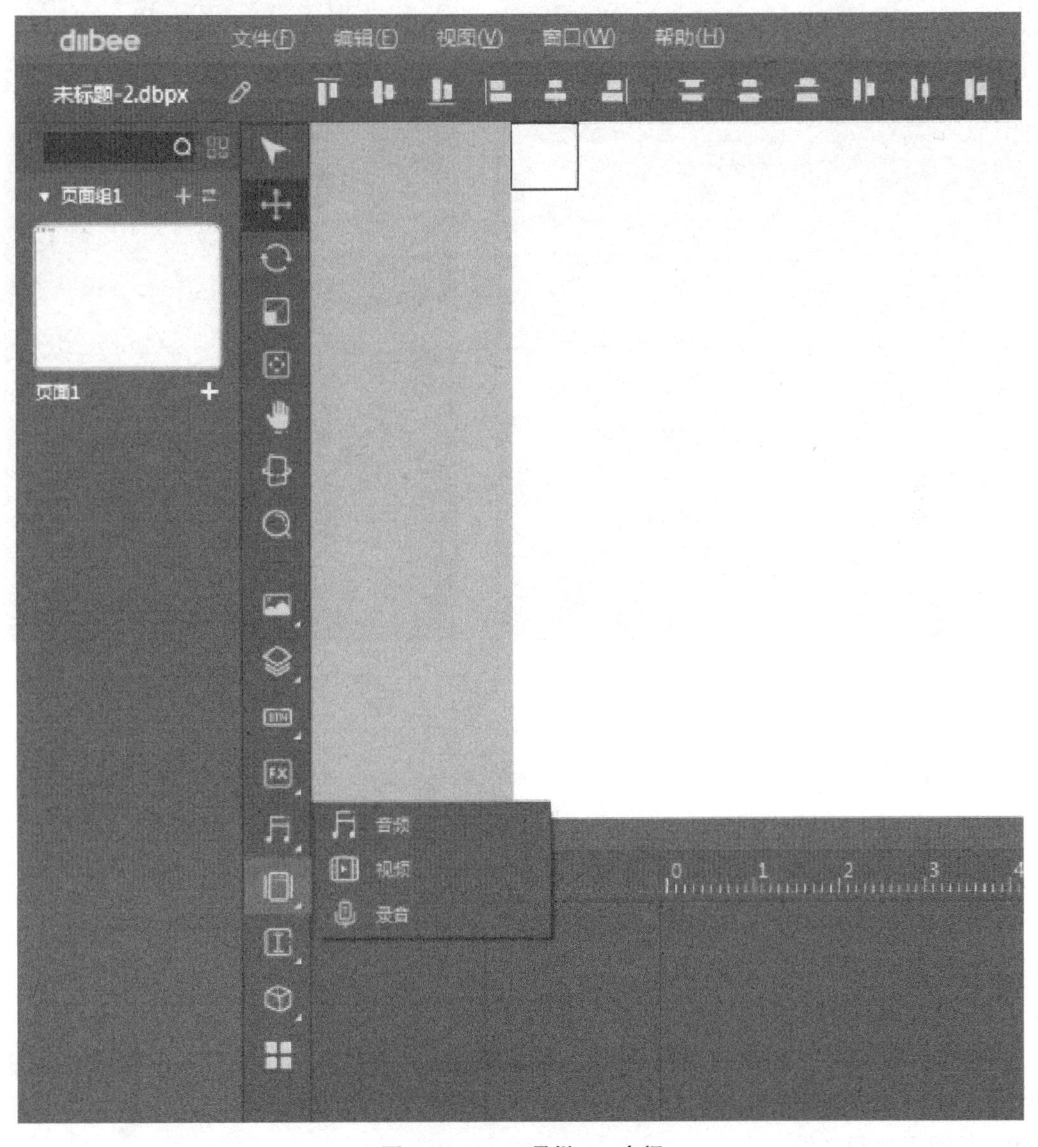

图 3-4-42 工具栏——音频

种，本地文件指的是一般的音频文件，URL 是网页音频文件。

（1）本地音频文件：选中画布中的音频对象，音频属性栏如图 3-4-43 所示。选中本地文件选项，可以在资源库中选择音频文件所在位置，并选择是否重复播放。

（2）添加 URL 文件：要添加 URL 文件，先选中画布中的音频对象，然后选择 URL，输入地址添加 URL 对象，并选择是否重复播放，如图 3-4-44 所示。

图 3-4-43　属性栏——本地文件

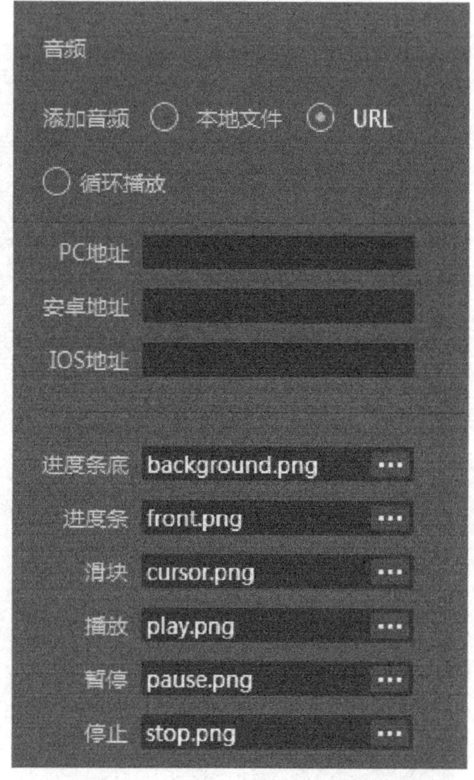

图 3-4-44　属性栏——URL

（二）视频

视频包含本地视频文件和 URL 对象。

1. 新建视频对象

在工具栏的音频工具图标上，点击鼠标右键，在弹出菜单中单击视频工具的图标，新建一个视频对象（图 3-4-45）。

2. 编辑视频属性

点击视频对象，在视频属性栏中会显示其属性，包括大小和类型。视频文件分为本地文件和 URL 两种，本地文件指的是一般的视频文件（视频文件格式必须是 mp4），URL 是网页视频文件。

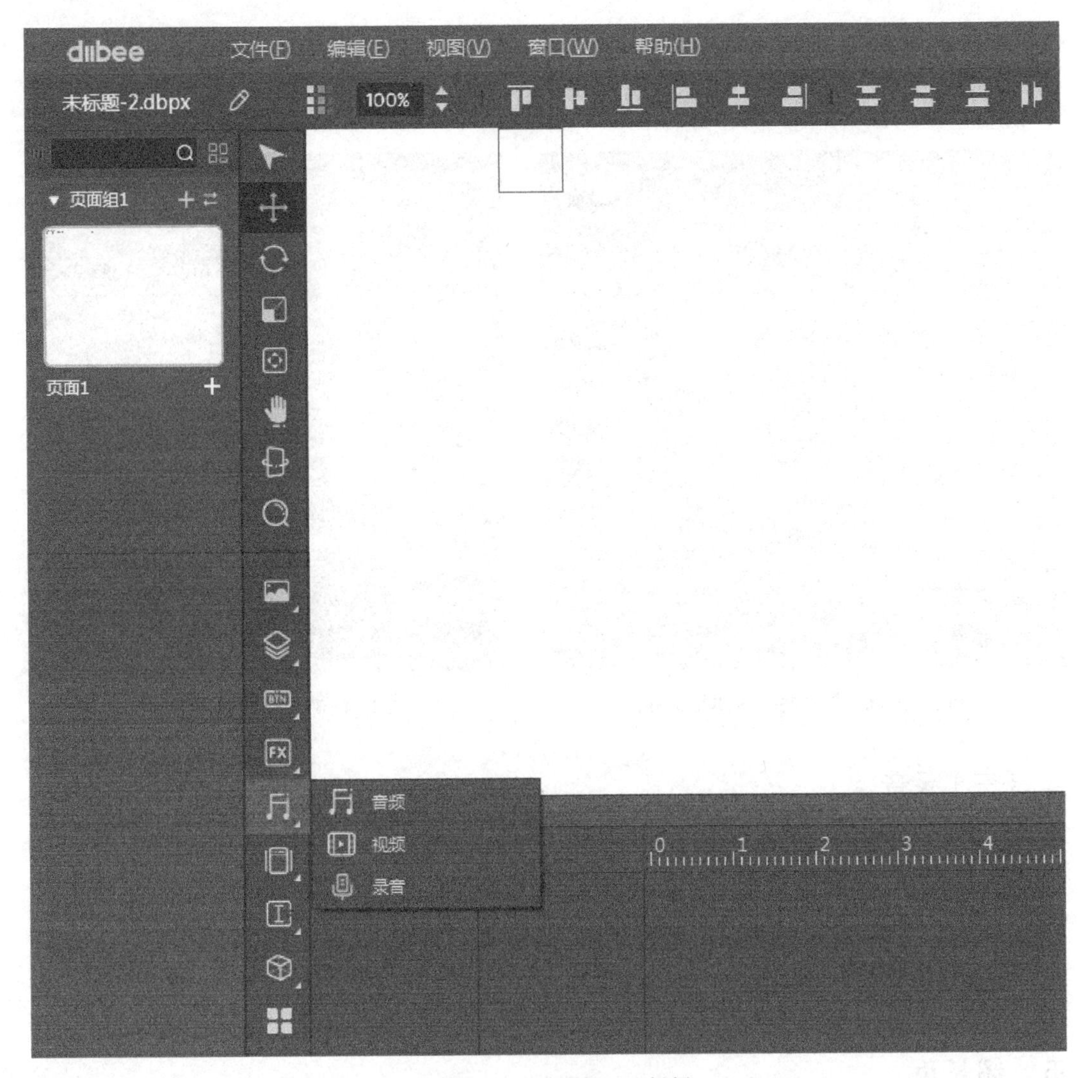

图 3-4-45 工具栏——视频

（1）本地视频文件：选中画布中的视频对象，视频属性栏如图 3-4-46 所示。选中本地文件选项，可以编辑本地文件属性。本地文件属性说明，见表 3-4-5。

表 3-4-5 本地文件属性说明

序 号	属性名称	说 明
1	宽度	对象的宽度
2	高度	对象的高度
3	文件位置	点击按钮在资源库菜单中选择视频文件
4	全屏播放	默认播放时窗口大小是否全屏，否则为区域播放
5	显示控制	是否显示控制条

（2）添加 URL 视频文件：要添加 URL 视频文件，先选中画布中的视频对象，然后选择 URL，输入地址添加 URL 对象，如图 3-4-47 所示。

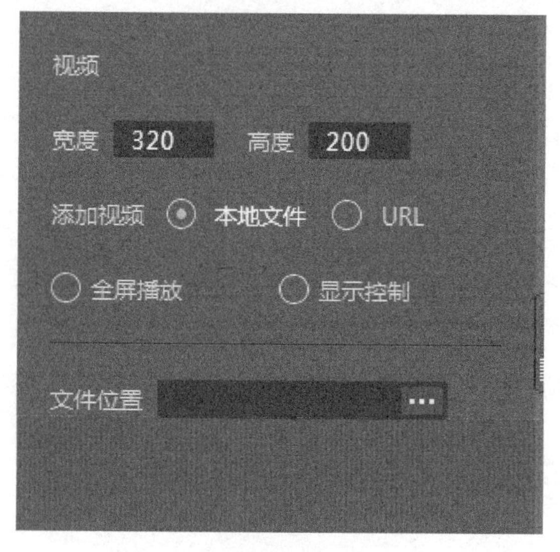

图 3-4-46　属性栏——本地文件

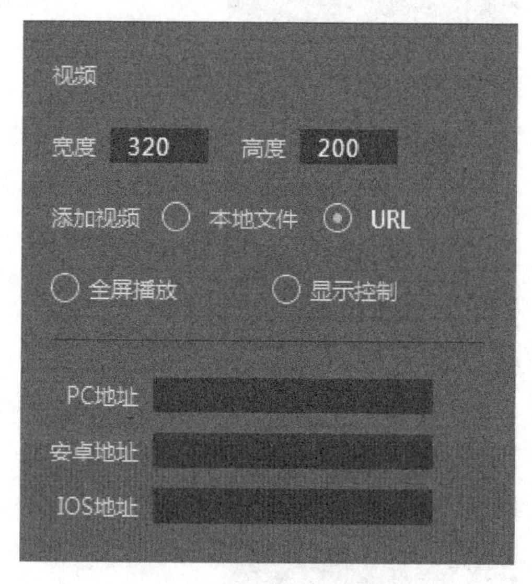

图 3-4-47　属性栏——URL

（三）录音

录音是指录制音频的功能。

如图 3-4-48 所示，在工具栏的音频工具图标上，点击鼠标右键，在弹出的菜单中单击录音工具图标，新建一个录音对象。点击录音对象，在录音属性栏中会显示其属性，设置是否重复，如图 3-4-49 所示。

五、超长页

（一）超长页

在超长页中可以添加自主设置尺寸的页面。

1. 新建超长页

如图 3-4-50 所示，在工具栏中单击超长页工具的图标，会弹出新建超长页菜单，单击新建超长页。

2. 修改超长页属性

如果要修改超长页的大小、样式和模式，先在画布中选中矩形，然后在属性栏的超长页属性中修改（图 3-4-51）。

（二）切换

在切换中可以添加自主设置尺寸的页面。

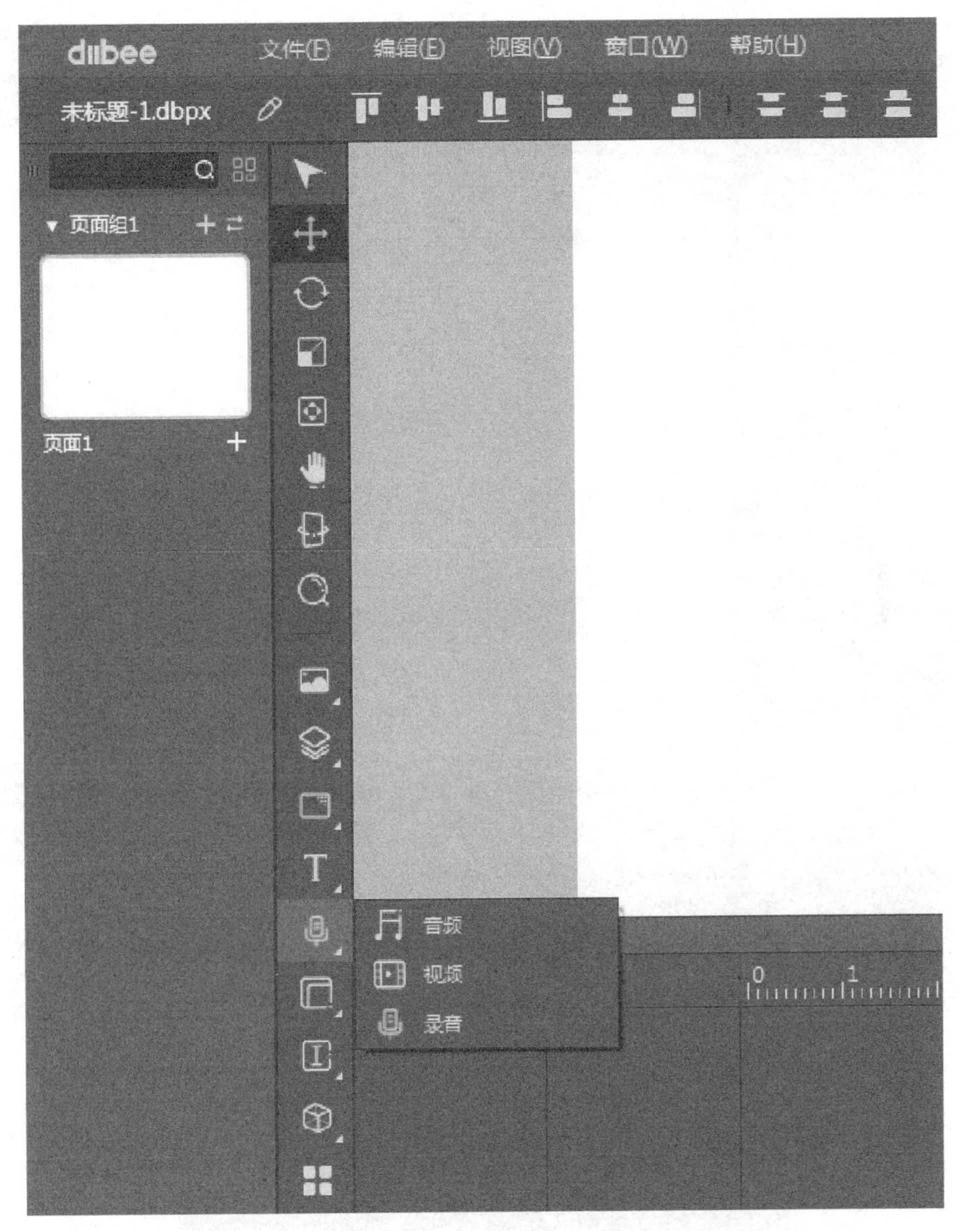

图 3-4-48 工具栏——录音

录音

循环播放

图 3-4-49 属性栏——录音

图 3-4-50 工具栏——超长页

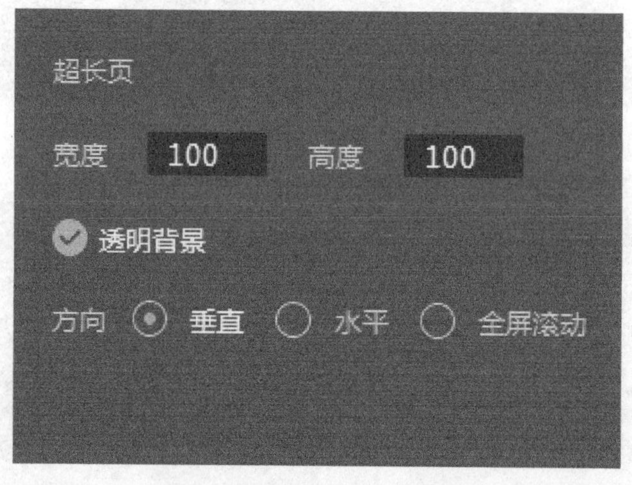

图 3-4-51 属性栏——超长页

1. 新建切换

如图 3-4-52 所示，在工具栏中单击超长页工具的图标，会弹出新建切换菜单，单击新建切换。

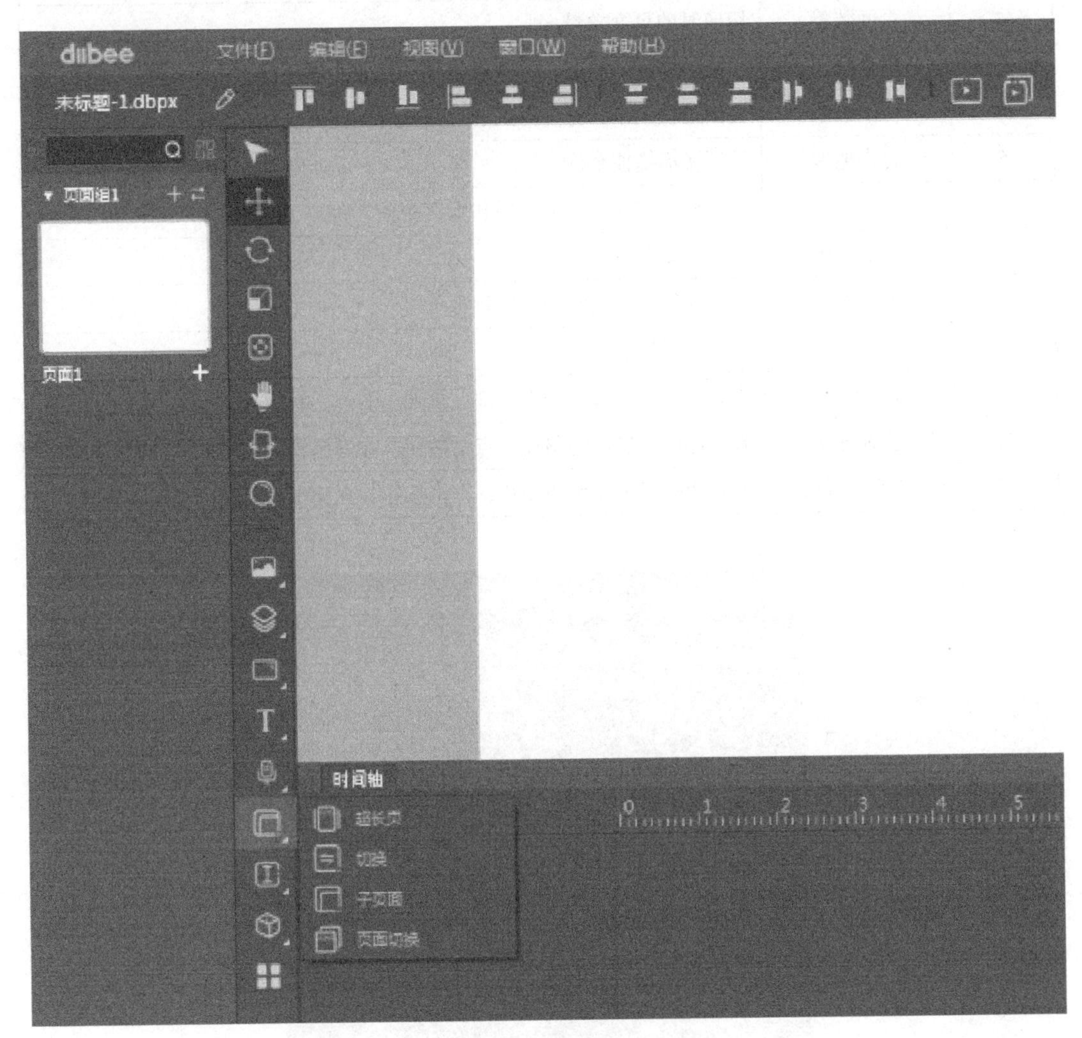

图 3-4-52　工具栏——切换

2. 修改切换属性

如果要修改切换的大小、样式和模式，先在画布中选中矩形，然后在属性栏的超长页属性中修改，如图 3-4-53 所示，具体说明详见表 3-4-6。

表 3-4-6　页面切换属性说明

序　号	属 性 名 称	说　　　明
1	宽度	对象的宽度
2	高度	对象的高度

（续表）

序　号	属 性 名 称	说　　明
3	透明背景	显示 / 隐藏背景颜色
4	页面数量	切换时的页面数量
5	默认状态	切换时的默认状态，分为状态 1 和状态 2 两种
6	切换效果	页面切换效果，分为滑入、反向旋转和翻转三种效果
5	允许拖拽	是否激活拖拽事件
6	拖拽方向	页面切换方向，分为水平和垂直两种方向
7	自动播放	是否自动播放
8	播放间隔	自动播放的时间间隔，以秒为单位
9	提示圆点	是否显示导航标记
10	显示位置	导航标记的位置，分为左部、顶部、右部、底部
11	激活图标	激活标记时显示的图片，点击按钮，在弹出浏览窗口中选择图片
12	未激活图标	未激活标记时显示的图片，点击按钮，在弹出浏览窗口中选择图片

图 3-4-53　属性栏——切换

(三) 子页面

在子页面中可以添加自主设置尺寸的页面。

1. 打开子页面菜单

如图 3-4-54 所示，在工具栏中单击超长页工具的图标，会弹出新建子页面菜单。

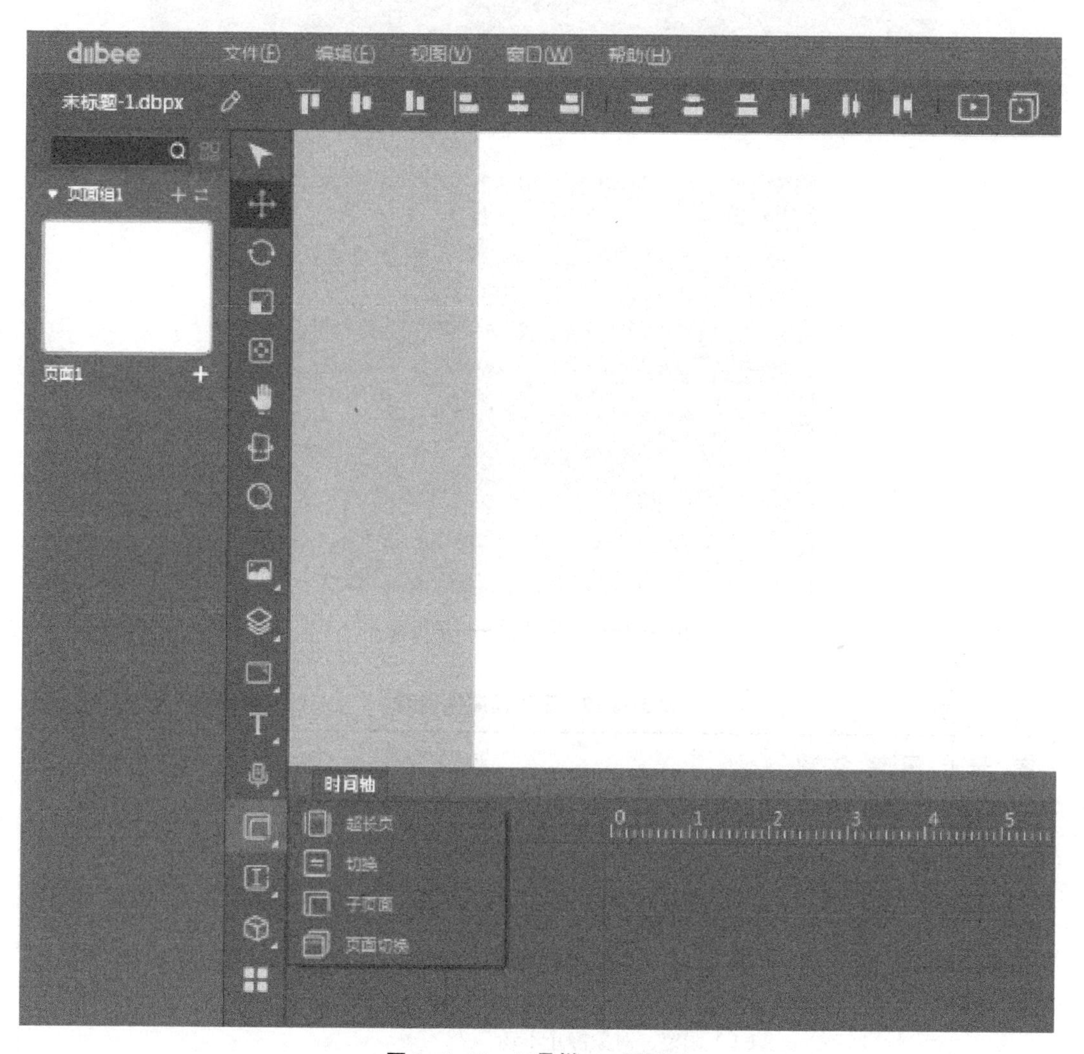

图 3-4-54 工具栏——子页面

2. 新建子页面

如图 3-4-55 所示，在页面栏中选择作为子页面导入的页面名，点击“确定”保存设置。

3. 修改子页面属性

如果要修改子页面的大小、样式和模式，先在画布中选中矩形，然后在属性栏的子页面属性中修改，如图 3-4-56 所示，具体说明见表 3-4-7。

图 3-4-55　新建子页面菜单

图 3-4-56　属性栏——子页面

表 3-4-7　子页面属性说明

序　号	属 性 名 称	说　　明
1	宽度	对象的宽度
2	高度	对象的高度
3	透明背景	是否选择本页原有素材作为子页面的背景进行展示
4	页面	设置本页子页面对象的页面名
5	模式	分为固定、滚动和拖拽三种模式 (1) 固定：对象静止不动 (2) 滚动：子页面内容可以跟随操作方向进行内容滚动。在此模式状态下，子页面的宽度和高度值可以进行设置 (3) 拖拽：在模式中选择拖曳，会看到拖拽属性的设置内容 　　可选择是否加入手势动作对子页面对象进行水平、竖直、平面方向的拖拽滑动，并且可以通过设置参数调整拖拽的区间。左面、右面、上面、下面为拖拽的起始区间值 ① 方向：选择拖拽模式时的拖动方向，分为水平、垂直和平面三种方向，方向和拖拽位置相对应。比如选择垂直方向，则只能设置顶部位置和底部位置

（续表）

序 号	属性名称	说 明
5	模式	② 手指拖拽：拖动模式时，在拖动后像磁石一样进行吸附的效果 ③ 左侧位置：拖拽模式时横向向左可拖动区域的值 ④ 右侧位置：拖拽模式时横向向右可拖动区域的值 ⑤ 顶部位置：拖拽模式时竖向向上可拖动区域的值 ⑥ 底部位置：拖拽模式时竖向向下可拖动区域的值

（四）页面切换

在页面切换中可以添加自主设置尺寸的页面。

1. 打开页面切换菜单

在工具栏的超长页面工具图标上，点击鼠标右键，在弹出菜单中单击如图 3-4-57 所示的页面切换工具图标。

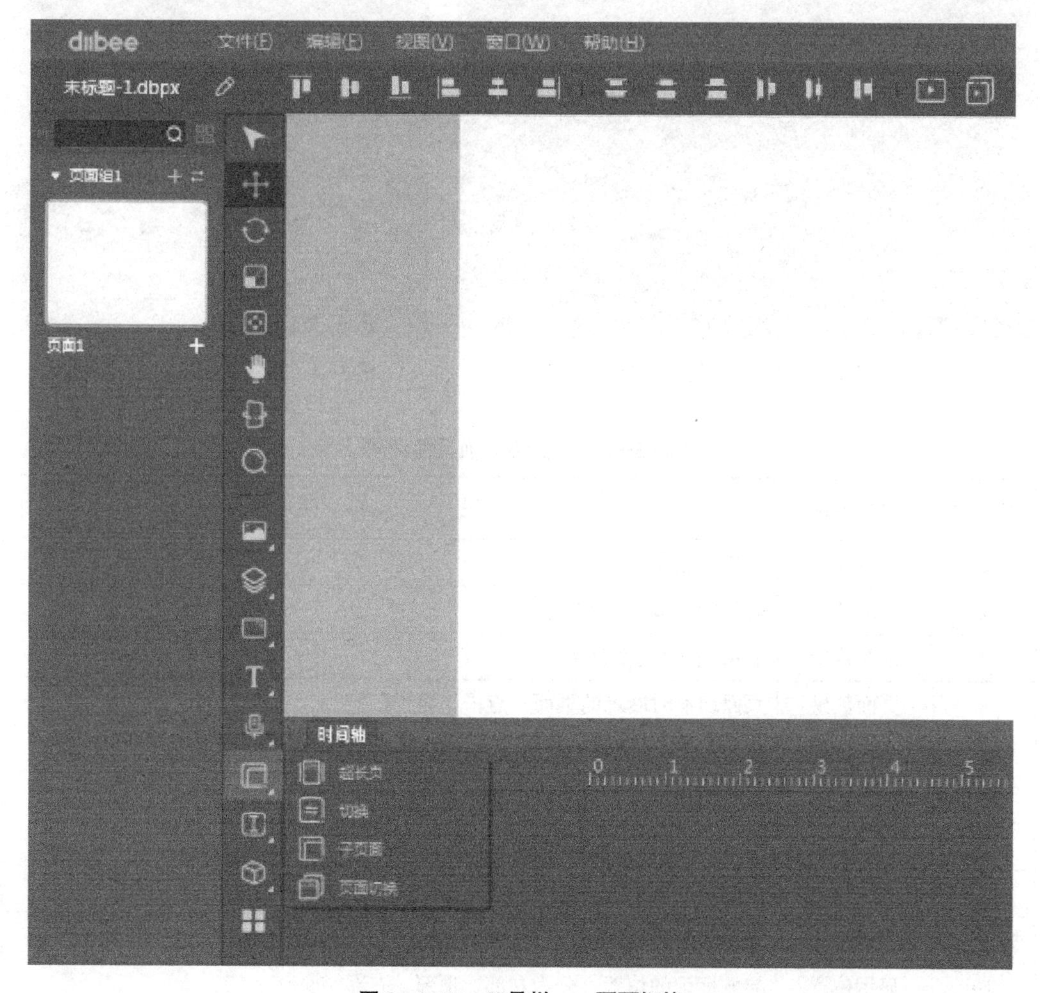

图 3-4-57 工具栏——页面切换

2. 添加和删除页面

在页面切换菜单中，先在“所有页面”栏选中要添加的页面，点击左箭头按钮添加页面到左侧窗口中，也可以双击要添加的页面进行添加。选中要删除的页面，再点击右箭头按钮则可将其删除，也可以双击要删除的页面进行删除。完成操作后，点击“确定”保存设置（图 3-4-58）。

3. 修改页面切换属性

如果要修改页面切换的大小和样式，先在画布中选中主页面上的页面切换对象，然后在属性栏中的页面切换属性中修改，如图 3-4-59 所示，具体说明详见表 3-4-8。

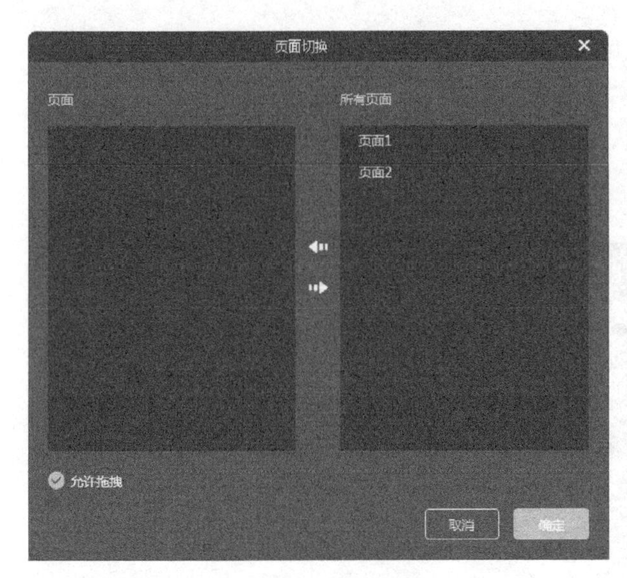

图 3-4-58　页面切换窗口

图 3-4-59　属性栏——页面切换

表 3-4-8　页面切换属性说明

序　号	属性名称	说　　　　明
1	宽度	对象的宽度
2	高度	对象的高度
3	透明背景	显示 / 隐藏背景颜色
4	页面数量	页面切换时展示的页面，点击“设置”
5	允许拖拽	是否激活拖拽事件
6	拖拽方向	页面切换方向，分为水平和垂直两种方向
7	预加载	是否预先加载当前页面的左 / 右页面
8	特效	页面切换效果，分为滑入、反向旋转和翻转三种效果
9	提示圆点点	是否显示导航标记
10	显示位置	导航标记的位置，分为左部、顶部、右部、底部

（续表）

序　号	属性名称	说　　　明
11	激活图标	激活标记时显示的图片，点击按钮，在弹出浏览窗口中选择图片
12	未激活图标	未激活标记时显示的图片，点击按钮，在弹出浏览窗口中选择图片

六、习题

Diibee Author 工具提供基本的问题类型，包括填空题、判断题、选择题、连线题、简答题、提交按钮和重做按钮（图 3-4-60）。下面以填空题和判断题为例，做详细说明，其他题型制作方法可借鉴前两种题型，后续不再赘述。

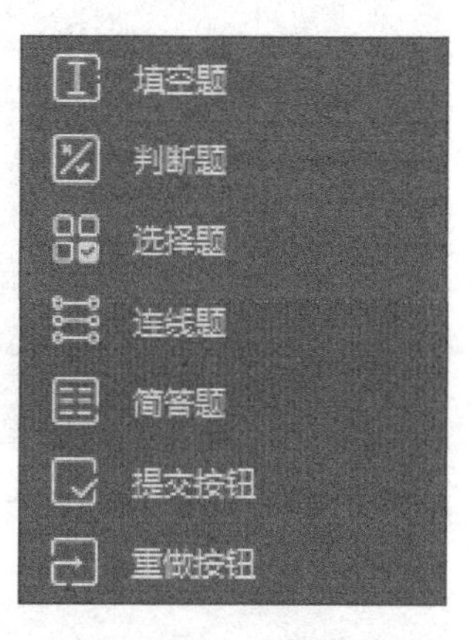

图 3-4-60　问题类型

（一）填空题

填空题，即空白问题，是在空白处输入答案类型的问题。

1. 打开填空题例题

在工具栏中单击填空题工具的图标，会弹出如图 3-4-61 所示的填空题例题。

01. "填空题" 例题，将正确答案填写在空白处.

A : You are wearing cast on your right arm. What【　　】ed to you?

B : I fell down and broke my arm.

A : Why did this【　　】?

B : I tried inline skating.

图 3-4-61　填空题例题

2. 填空题文本属性

选中填空题例题，在属性栏中会显示其大小，如图 3-4-62 所示。点击编辑按钮，进入填空题的属性，对题目进行具体设置。

双击文本区域，可以修改题目的内容。同时在文本属性栏中会显示其属性，包括大小、样式、段落样式和合并文本（图 3-4-63）。

3. 填空题答案属性

选中填空题，单击非文本的空白处，进入填空题的答案属性。在属性栏中会显示如图 3-4-64 所示的分值、问题数和答案。所有信息填写完毕后，点击“修改完成”保存设置，就能退出填空题编辑界面。

图 3-4-62　属性栏——填空题

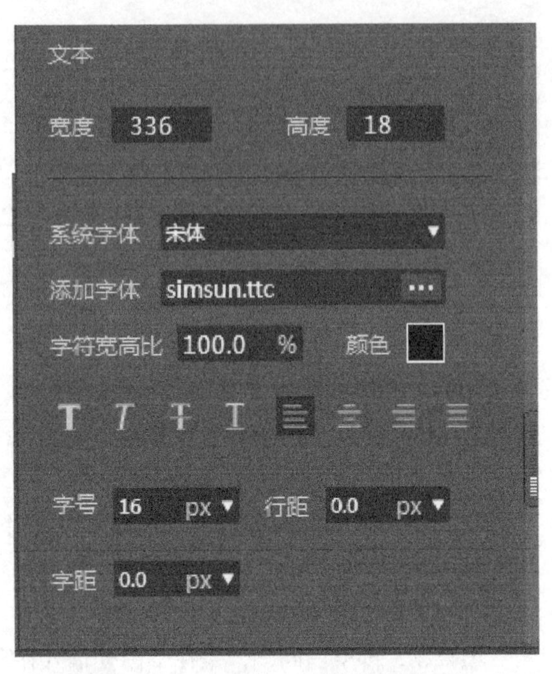

图 3-4-63　属性栏——填空题文本设置

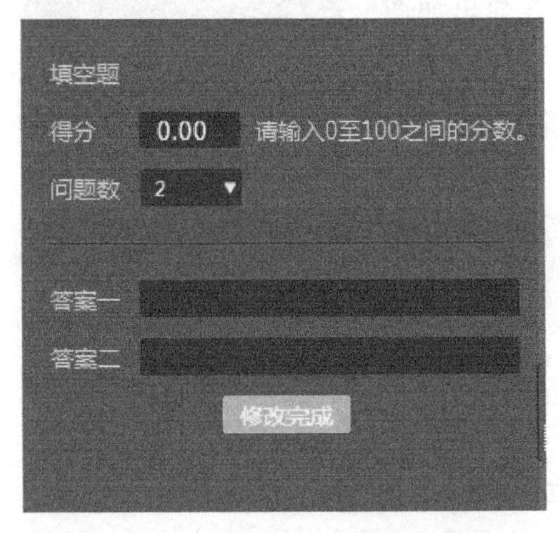

图 3-4-64　属性栏——填空题答案设置

（二）判断题

判断题，即对错问题，是选择是否正确的问题。

1. 打开判断题例题

如图 3-4-65 所示，点击判断题的图标，会弹出判断题例题。

2. 判断题文本属性

选中判断题，在属性栏中会显示其大小，如图 3-4-66 所示。点击编辑按钮，双击文本区域，进入填空题的属性，对题目进行具体设置。

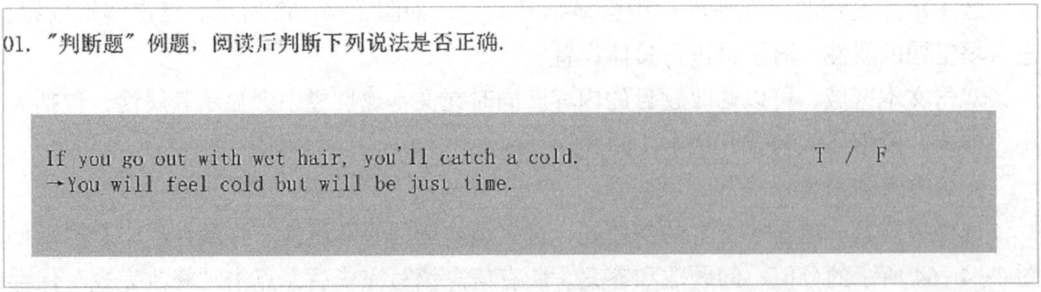

01. ″判断题″ 例题，阅读后判断下列说法是否正确.

If you go out with wet hair, you'll catch a cold.　　T / F
→You will feel cold but will be just time.

图 3-4-65　判断题例题

双击文本区域，可以修改题目的内容。同时在文本属性栏中会显示其属性，包括大小、样式、段落样式和合并文本（图 3-4-67）。

3. 判断题答案属性

选中判断题，单击非文本的空白处，进入判断题的答案属性。在属性栏中会显示如图 3-4-68 所示的判断题分值和答案。所有信息填写完毕后，点击“修改完成”保存设置，就能退出判断题编辑界面。

图 3-4-66 属性栏——判断题

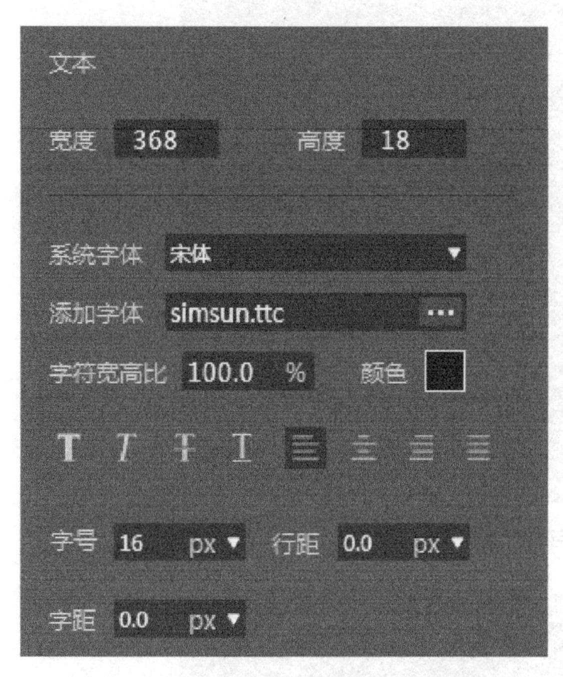

图 3-4-67 属性栏——判断题文本设置

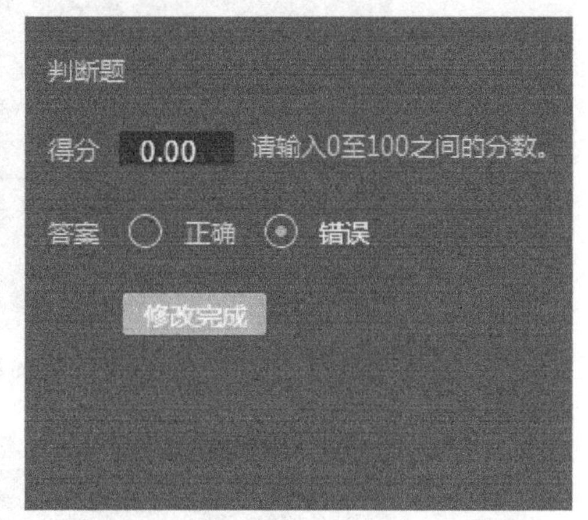

图 3-4-68 属性栏——判断题答案设置

第五节 属性编辑

一、页面属性

页面属性为画布的基本参数。编辑页面属性有两种方式，如下所述。

一是在页面与列表编辑栏中。如图 3-5-1 所示，选中需要编辑的页面，点击鼠标右键，在弹出的菜单中选择“属性”，会弹出页面属性窗口（图 3-5-2），在其中可调整页面的大小和样式。

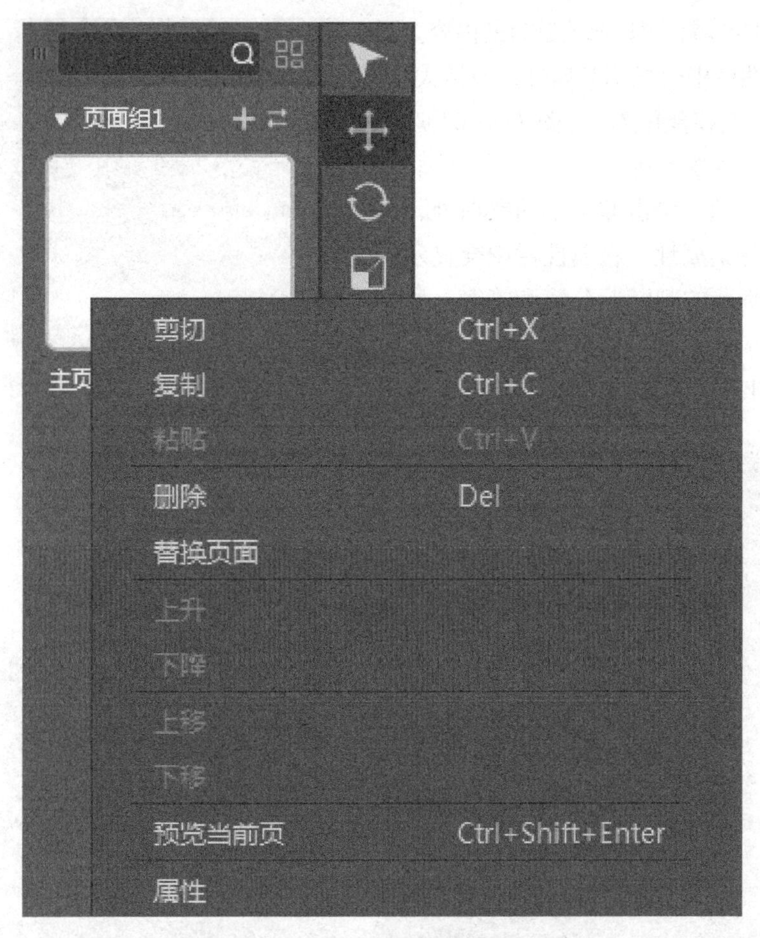

图 3-5-1　页面与列表编辑栏——属性

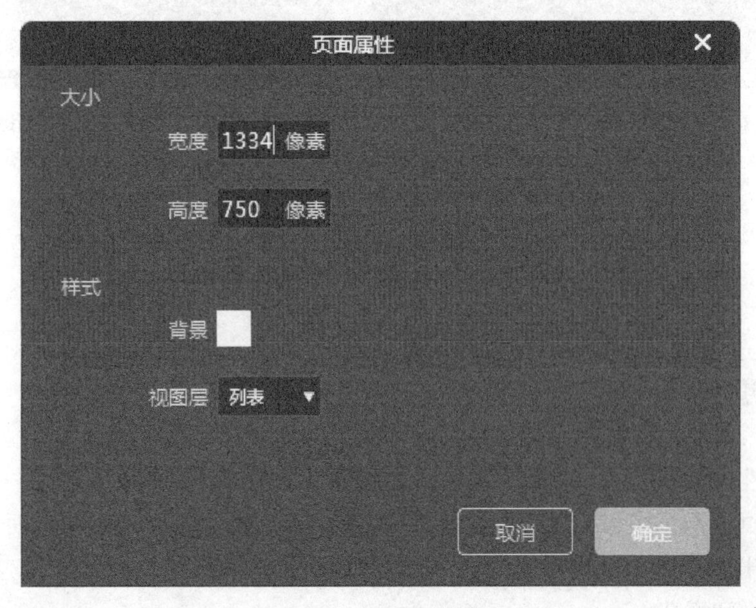

图 3-5-2　页面属性窗口

二是在页面与列表编辑栏中单击该页面，在属性栏中对属性进行编辑，如图3-5-3所示，具体说明见表3-5-1。

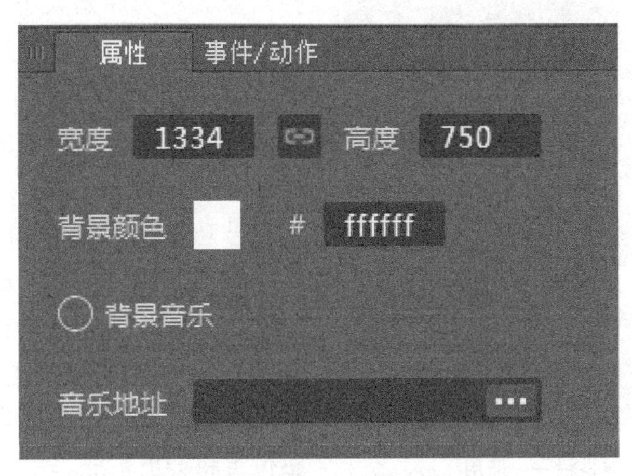

图 3-5-3 属性栏——页面属性

表 3-5-1 页面属性说明

序 号	属 性 名 称	说 明
1	宽度	对象的宽度
2	高度	对象的高度
3		按比例缩放（默认打开状态）
4	背景颜色	页面的背景颜色
5	背景音乐	是否播放背景音乐
6	音乐地址	背景音乐位置

技巧提示：每个页面的尺寸都是可以独立设置的，但制作时需注意统一页面尺寸，否则不利于智媒体数字资源作品的整体呈现效果。

二、通用属性

在通用属性栏中，可以对当前选择对象的透明度和移动位置进行编辑，如图3-5-4所示，具体说明见表3-5-2。

表 3-5-2 通用属性说明

序 号	属性名称	说 明
1	不透明度	当前选择对象的不透明参数
2	坐标设置	根据需要，在平移、旋转、缩放、轴心对应的 *X*/*Y*/Z 轴上的参数值进行设置

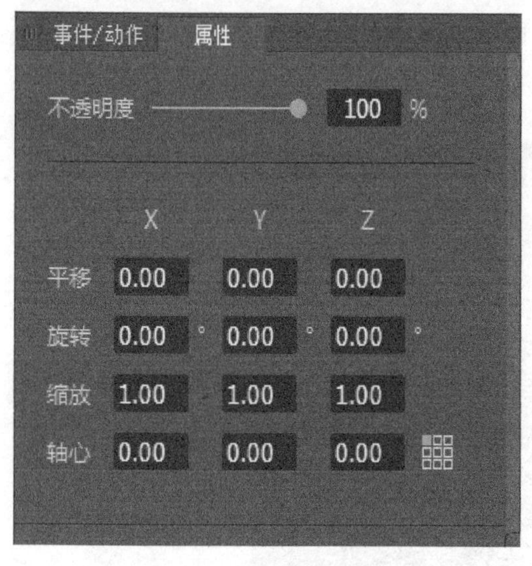

图 3-5-4 属性栏——通用

以大小为例，在通用属性栏中，默认为 1（即为原始大小）。若需要缩小当前选择对象大小为原始大小的一半，则可以进行以下操作：直接在通用属性栏中的缩放的 X 轴、Y 轴数据改为 0.5（Z 轴为 3D 模式下的垂直轴，而这里的智媒体数字资源作品是 2D 画面，因此调整 Z 轴并无效果。）

技巧提示：在制作时，除了通过工具栏中选择平移、缩放、旋转功能对选择对象进行调整外，也可以在属性编辑栏中对当前选择对象进行位置移动、大小缩放、旋转及调整轴心。使用参数进行调节，调整位置将会更精准。

三、资源属性

在资源属性窗口中调整宽高像素值可以直接缩放对象的大小。下文就文本、图片和子页面进行举例说明。

（一）文本对象

如图 3-5-5 所示，文本属性栏包含文本对象的常用属性设置工具，包括宽度和高度、字体字号、间距、字符效果、颜色和对齐方式等。

（二）图片对象

如图 3-5-6 所示，图片属性栏包含图片对象的常用属性设置工具。

（三）子页面

若当前选择对象为子页面内容时，当前选择对象在元素属性窗口中会增加模式选项模块，如图 3-5-7 所示。可对当前选择的子页面对象进行交互模式选择，但需要在页面预览状态下才能查看相应效果。

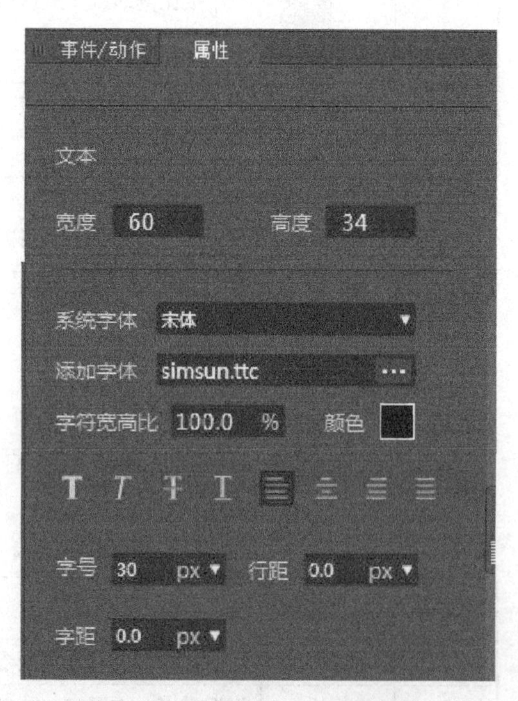

图 3-5-5 属性栏——文本对象

图 3-5-6　属性栏——图片对象

图 3-5-7　属性栏——子页面

第六节　事件动作

本节主要是学习 Diibee Author 的事件动作功能的使用方法和技巧。通过先创建事件（触发的方式），再创建动作（触发的内容）的组合，就能使原本静态的智媒体资源内容出现动态的交互效果。

一、事件

事件是触发对象实现动态交互的一种方式，主要有页面事件和对象事件两种类型。

（一）页面事件

页面事件功能，是通过指定的操作命令来触发页面的事件。

1. 新建事件

如图 3-6-1 所示，在“事件 / 动作”栏中点击新建按钮，会弹出页面事件窗口。

2. 编辑事件

如图 3-6-2 所示，在“支持事件”栏中选择操作命令，在其对应的属性中填写具体信息，无误后点击“确定”按钮保存设置。各项事件功能说明见表 3-6-1。

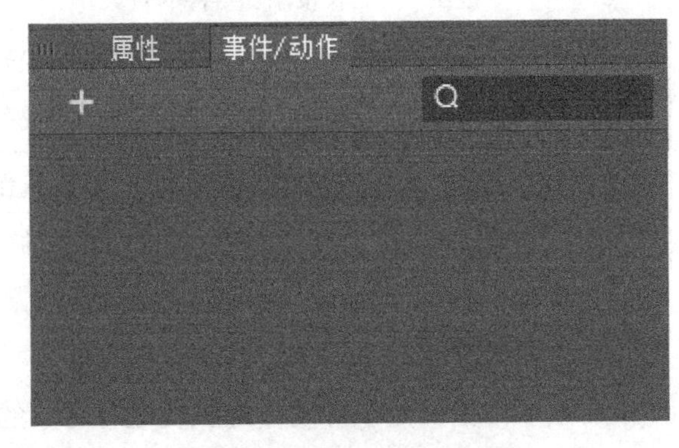

图 3-6-1　事件 / 动作设置栏

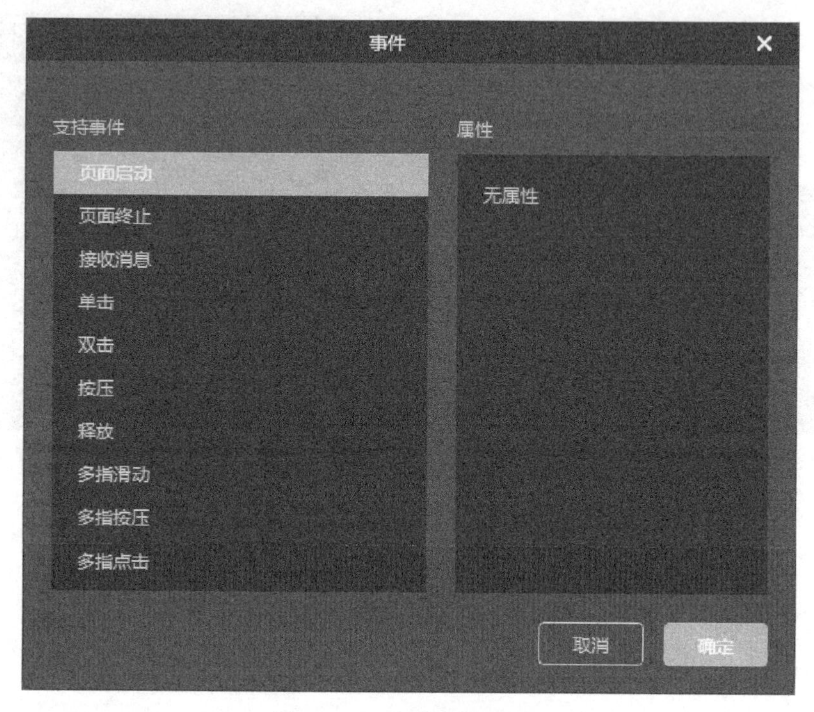

图 3-6-2　页面的事件窗口

表 3-6-1　各事件功能说明

序　号	事件名称	说　　明
1	页面启动	页面加载完成时的事件
2	页面终止	页面被翻过去时的事件
3	接收信息	用于接收页面或对象给当前页面发送的消息（可跨页面），接收信息须与发送信息同时使用
4	单击	点击添加事件的对象
5	双击	双击添加事件的对象
6	按压	长按添加事件的对象
7	释放	按压添加事件的对象后再松开时的事件
8	多指滑动	使用多指对对象进行滑动操作的事件
9	多指按压	使用多指对对象进行按压操作的事件
10	多指点击	使用多指对对象进行点击的事件

（二）对象事件

对象事件指的是事件动作的触发是有对象的，例如：按钮、标签等。此时我们需要运用到对象事件的选择。

1. 新建事件

如图 3-6-3 所示，选中需要触发的对象，在“事件 / 动作”栏中点击新建按钮，会弹出对象事件窗口。

2. 编辑事件

如图 3-6-4 所示，在“支持事件”栏中选择操作命令，在其对应的属性中填写具体信息，无误后点击“确定”按钮保存设置。各项事件功能说明见表 3-6-2。

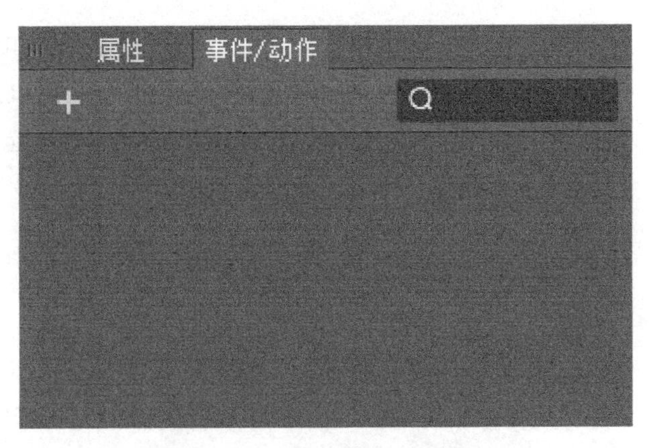

图 3-6-3 事件 / 动作设置栏

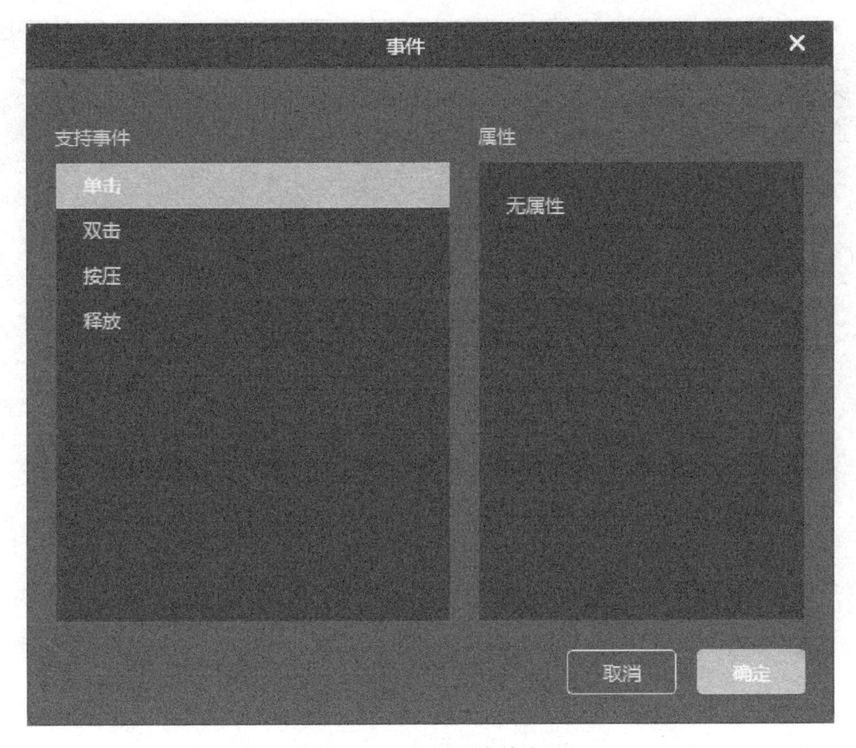

图 3-6-4 对象的事件窗口

表 3-6-2 各项事件功能说明

序号	事件名称	说明
1	单击	点击添加事件的对象
2	双击	双击添加事件的对象
3	按压	长按添加事件的对象
4	释放	按压添加事件的对象后再松开时的事件

在制作时，可以根据需要进行合理配置。例如：点击打开或关闭的效果，仅需要单击即可实现，而对对象做放大或缩小的时候，可以选用双击的事件。

无论选择哪一种对象事件，进入匹配的动作选项是一样的。也就是说，这里的事件仅为交互体验触发的方式，而真正触发的内容需要在后面的动作中进行设置。

二、动作

动作分为“无目标”与“有目标”两类，接下来分别讲述这两类的区别。

“无目标”，如图 3-6-5 所示。选择“无目标”时，支持的动作包括对音视频的控制、对动画的控制，以及其他一些没有特定对象的触发行为的设置等。

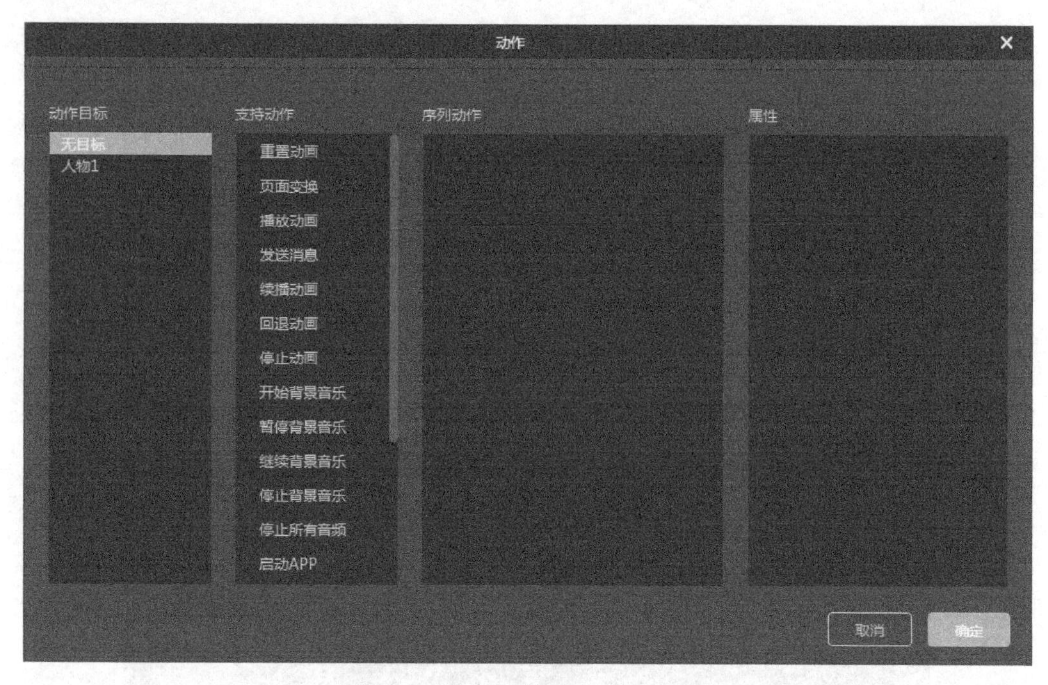

图 3-6-5　动作设置窗口——无目标

而对有针对性的对象进行动作设置时，会通过选择好特定的对象后，再对其进行针对性的动作设置，以此来控制动作触发的实际效果，如图 3-6-6 所示。

无论是无目标还是有目标，在其支持动作列表中，只要选择所需要的动作效果，双击添加到序列动作列表，点击确定，保存动作，如图 3-6-7 所示。如果要删除序列动作列表中的动作，单击选中该动作，按键盘上的“Delete”键即可。

三、基础事件动作

这里依次对支持的事件动作进行简单介绍。

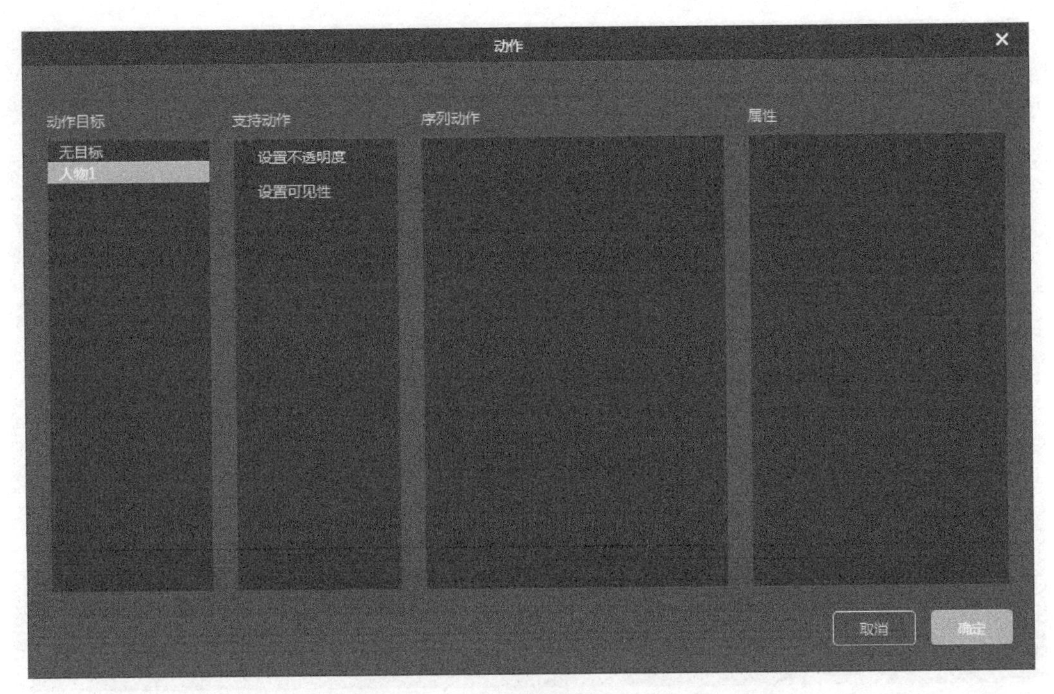

图 3-6-6 动作设置窗口——有目标

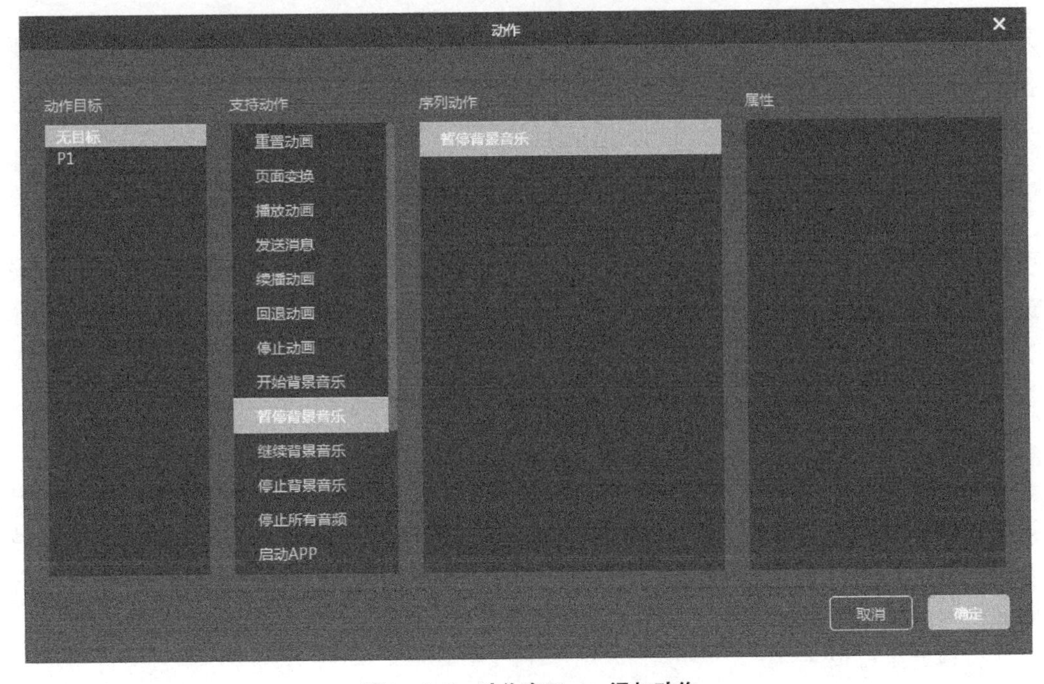

图 3-6-7 动作窗口——添加动作

（一）发送消息

如图 3-6-8 所示，发送消息是针对嵌套页面间进行命令互传的动作控制，其效果

图 3-6-8　发送消息的事件动作

是可以在不同页面中，比如子页面、页面切换进行命令的发送。而接收命令则是由需要执行事件动作页面进行接收（页面事件中包含接收消息）。

（二）页面变换

如图 3-6-9 所示，页面变换的效果是跳转页面，如果需要进行跨页的页面跳转，可使用该动作进行控制。通常在页面中的返回按钮或目录按钮等，就是运用这个动作来进行控制的。

（三）动画控制

1. 动画的播放

动画播放，顾名思义就是播放某一段动画的命令控制。具体设置非常简单，选中某个对象作为触发对象，然后对其进行事件动作的设置。如图 3-6-10 所示，假设触发的动作为单击，触发后的行为即为播放动画，那么这段动画就会在单击这个对象后播放。

2. 动画的停止

动画停止即动画暂停，就是暂停播放某一段正在播放的动画的命令控制。选中某个对象作为触发对象，然后对其进行事件动作的设置。如图 3-6-11 所示，假设触发的动作为单击，触发后的行为即为暂停动画，那么这段动画就会在单击这个对象后进行播放。注意，播放动画、暂停动画及其他动画的播放控制不能为同一个对象。

图 3-6-9 页面变换的事件动作

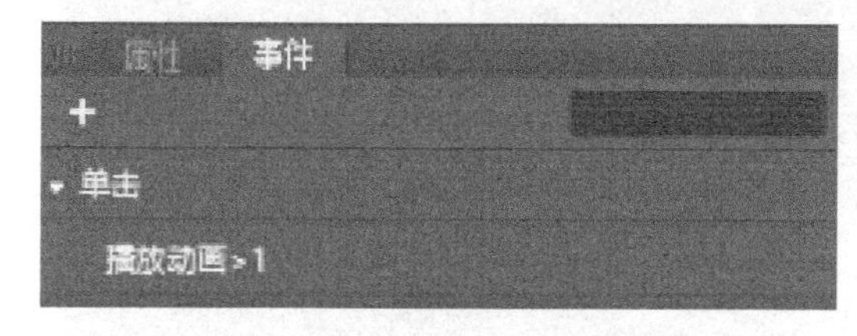

图 3-6-10 播放动画的事件动作

图 3-6-11 停止动画 / 暂停动画的事件动作

3. 动画的续播

动画续播，就是对暂停播放某一段动画进行继续播放的命令控制。选中某个对象作为触发对象，然后对其进行事件动作的设置。如图 3-6-12 所示，假设触发的动作为单击，触发后的行为即为续播动画，那么这段动画就会在单击这个对象后进行继续播放。

4. 动画的重置

如图 3-6-13 所示，动画重置，就是对某一段动画进行还原到最初（时间轴指针回到 0 秒的位置）的命令控制。

图 3-6-12 续播动画的事件动作

图 3-6-13 重置动画的事件动作

5. 动画的回退

回退动画动作需配合时间轴动画进行使用，起到反向播放动画的效果。与其他动画动作联合使用，还会产生意想不到的效果。

（四）音视频控制

音视频的播放是通过事件动作进行控制的，事件动作可以控制媒体出现的时机。音视频的事件动作类似，因此在这里合并讲解。

1. 背景音乐的控制

之前介绍过，点击页面，在页面属性栏中可以添加背景音乐。背景音乐成功添加后，在事件动作栏中新建所需要的事件，点击确定后，在“无目标”的支持动作列表中对背景音乐进行设置，如图 3-6-14 所示。

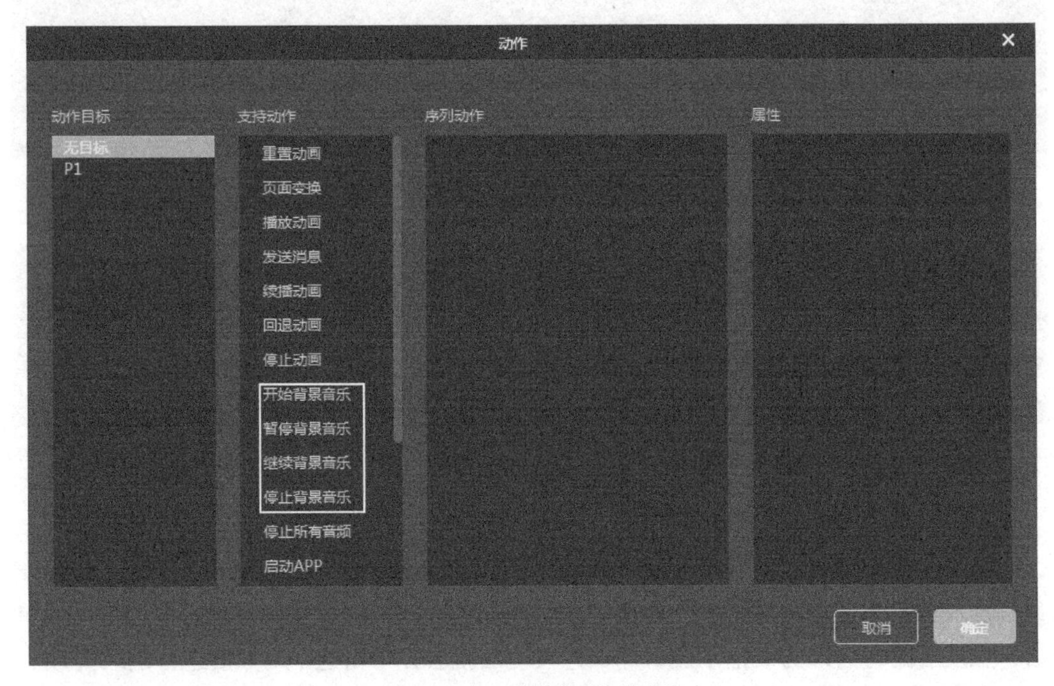

图 3-6-14　背景音乐的事动作

2. 页面音乐的控制

这里指的是对页面中音频对象的控制。在动作设置时，需选择指定的音频对象，如图 3-6-15 所示，选择动作目标为“音频”就能看到所有音频的控制动作。

3. 音频的组合事件动作

既然音频分为背景音乐和页面音乐，那么两者是否可以在页面中进行组合控制呢？比如：播放页面音乐的时候，背景音乐暂停；关闭页面音乐的时候，背景音乐继续播放。这种设置通过组合的事件动作也可以完成命令控制，设置如图 3-6-16、图 3-6-17 所示。

图 3-6-15　页面中的音频控制动作

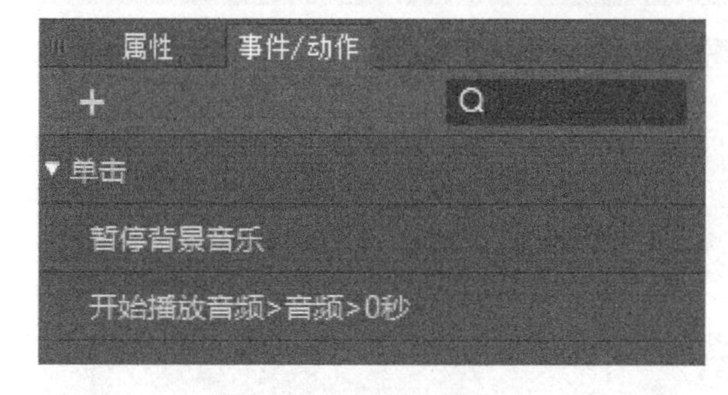

图 3-6-16　命令控制一

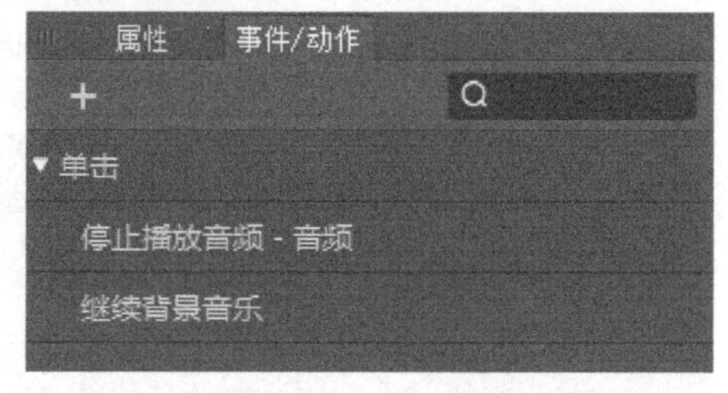

图 3-6-17　命令控制二

4. 视频的控制

如图 3-6-18 所示，视频在页面中的事件动作设置与音频相似，这里就不做过多赘述。但需要注意一点，视频永远处于顶层，因此需要在制作的时候注意下方是否有按钮被遮挡，这点非常重要。

（五）打开 URL

如图 3-6-19 所示，打开 URL 的效果是点击某个对象，然后打开网页文件。需要注意的是，这里打开 URL 的移动端预览实际效果为跳转到 Safari 浏览器进行网页展示，而不是在智媒体数字内容中调用网络资源进行展示。

（六）照片与振动

照片动作为调用移动端设备照相机的动作控制命令（图 3-6-20）。振动动作同样

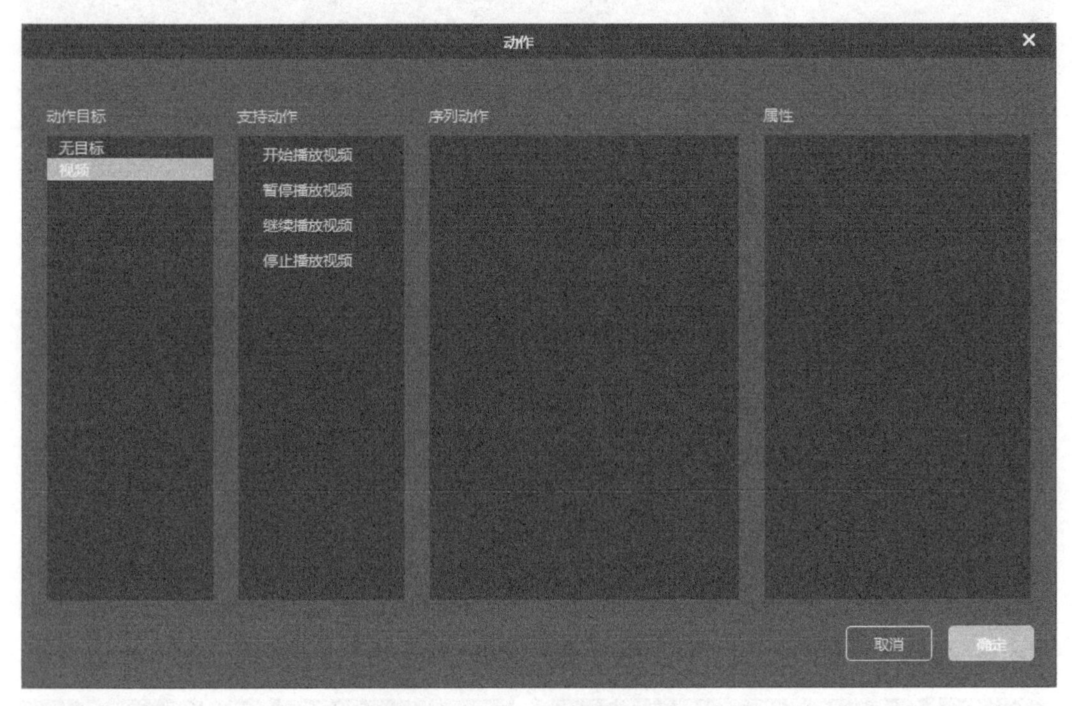

图 3-6-18　视频控制的事件动作

图 3-6-19　打开 URL 的事件动作

为调用移动端设备硬件进行振动的动作控制命令（图 3-6-21）。这两个动作仅能在移动端设备上进行展示，而无法在 PC 端进行感受。因此使用工具在 PC 端进行预览的时

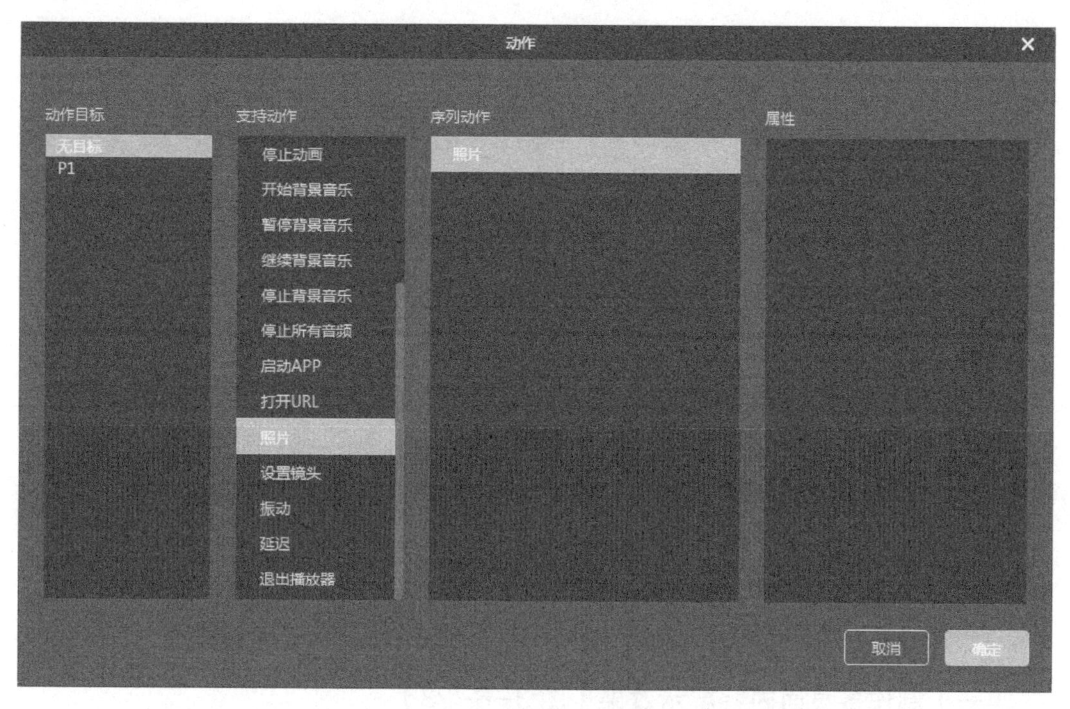

图 3-6-20　照片的事件动作

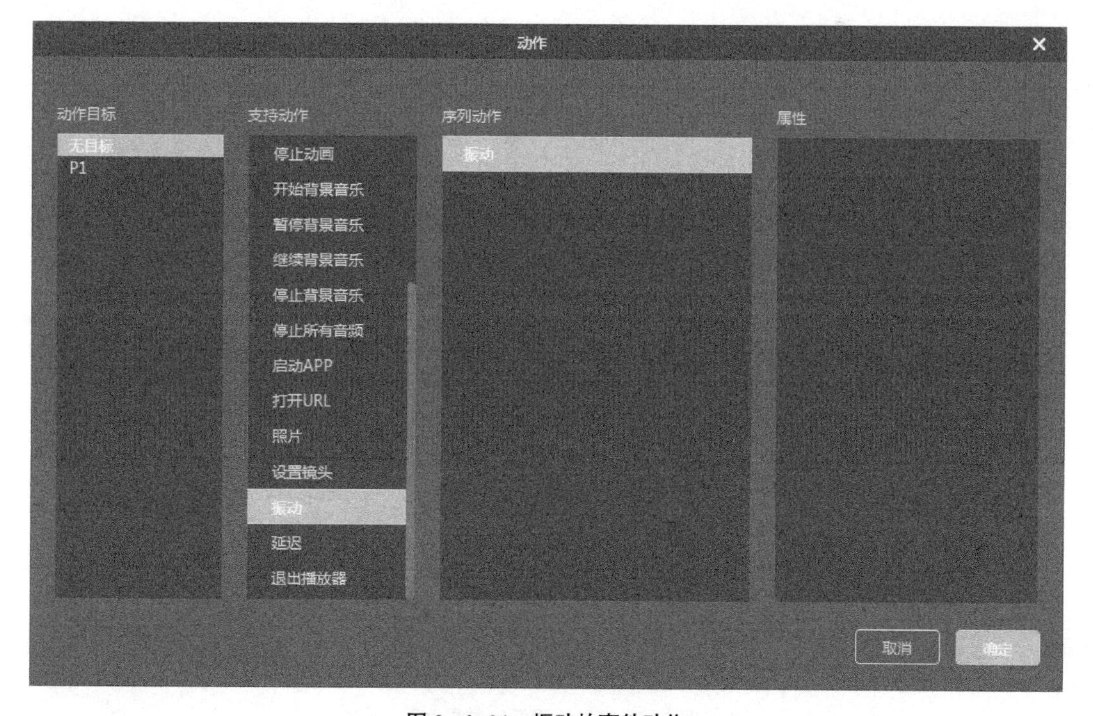

图 3-6-21　振动的事件动作

候，这个效果会缺失，这也是为什么要做真机测试的原因。

（七）延迟

如图 3-6-22 所示，延迟是智媒体资源内容常见的设置方法，动作与动作间的延迟可叠加应用。延迟时间设置以秒为单位进行，延迟的时间区间为从触发到开始播放的间隔。

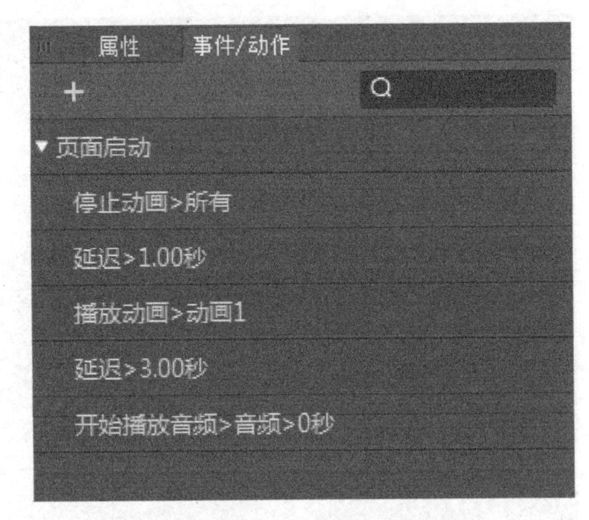

图 3-6-22　延迟播放的事件动作

四、复杂事件动作

学习了各种事件和动作的新建和编辑方法，就可以运用这些功能设置出多种多样的事件动作组合，从而丰富 Diibee 智媒体资源内容的交互体验。这里就通过几个案例，举例讲解复杂事件动作的设置及运用。

（一）制作多页面内容展示效果（图 3-6-23）

图 3-6-23　页面切换效果演示

1. 新建页面

打开 Diibee Author，新建工程文档，设定文档方向为横版，分辨率为 1 024 × 768 像素。

如图 3-6-24 所示，在页面与列表编辑栏中将第一个空白页面命名为页面切换。点击页面名称右侧的“+”号，弹出页面子菜单，选择新建页面选项。或在页面窗口敲击键盘 Enter 键，新建页面。将新建的页面命名为 sub1。按照这种方式再另外新建两个页面。

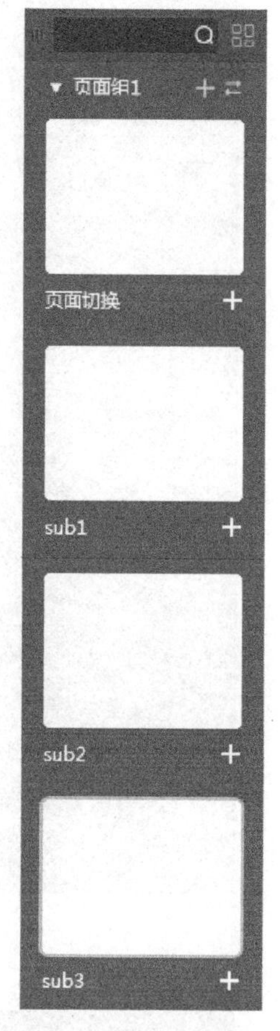

图 3-6-24 新建页面

2. 创建图片对象

在 sub1 到 sub3 中分别添加内容素材，使用图片对象进行创建。可修改图片名称为相应功能名称，便于后期的查找修改。调整 sub1 到 sub3 页面尺寸为 920 × 621 像素。如图 3-6-25 所示，在页面切换页中同样使用图片对象进行图片对象创建，创建后调整图片对象的位置。

3. 创建页面切换对象

单击页面切换对象创建图标创建页面切换对象，选择页面作为页面切换对象的资源内容（图 3-6-26）。

4. 事件动作设置

交互逻辑描述为：

（1）点击页面，创建页面启动事件。动作设置为，页面切换显示 sub1 内容，如图 3-6-27 所示。且按钮 01 带圆形点击标识，其他按钮无标识，如图 3-6-28 所示。设置完毕后如 3-6-29 所示。

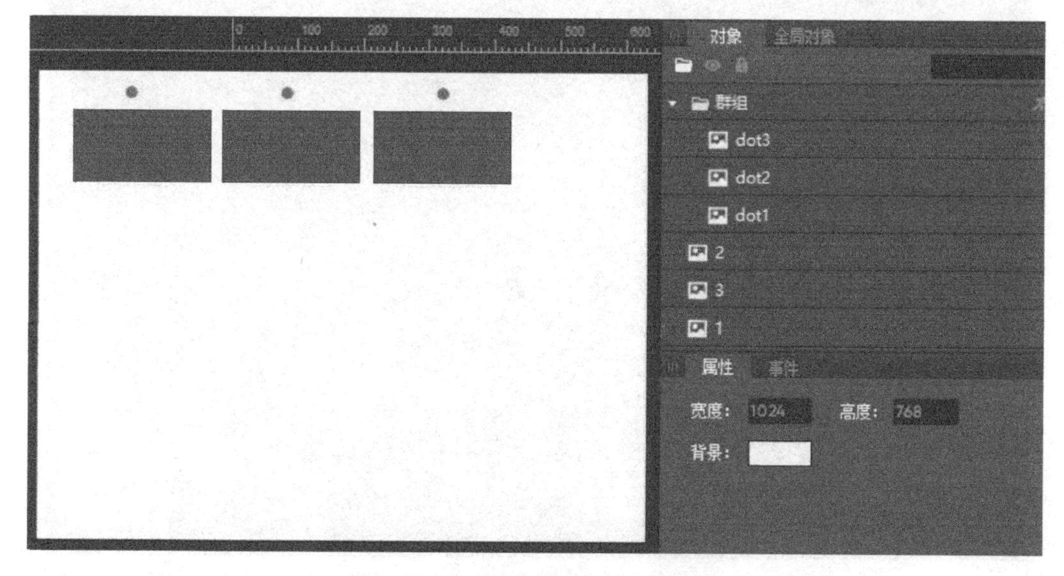

图 3-6-25 页面切换页图片对象创建

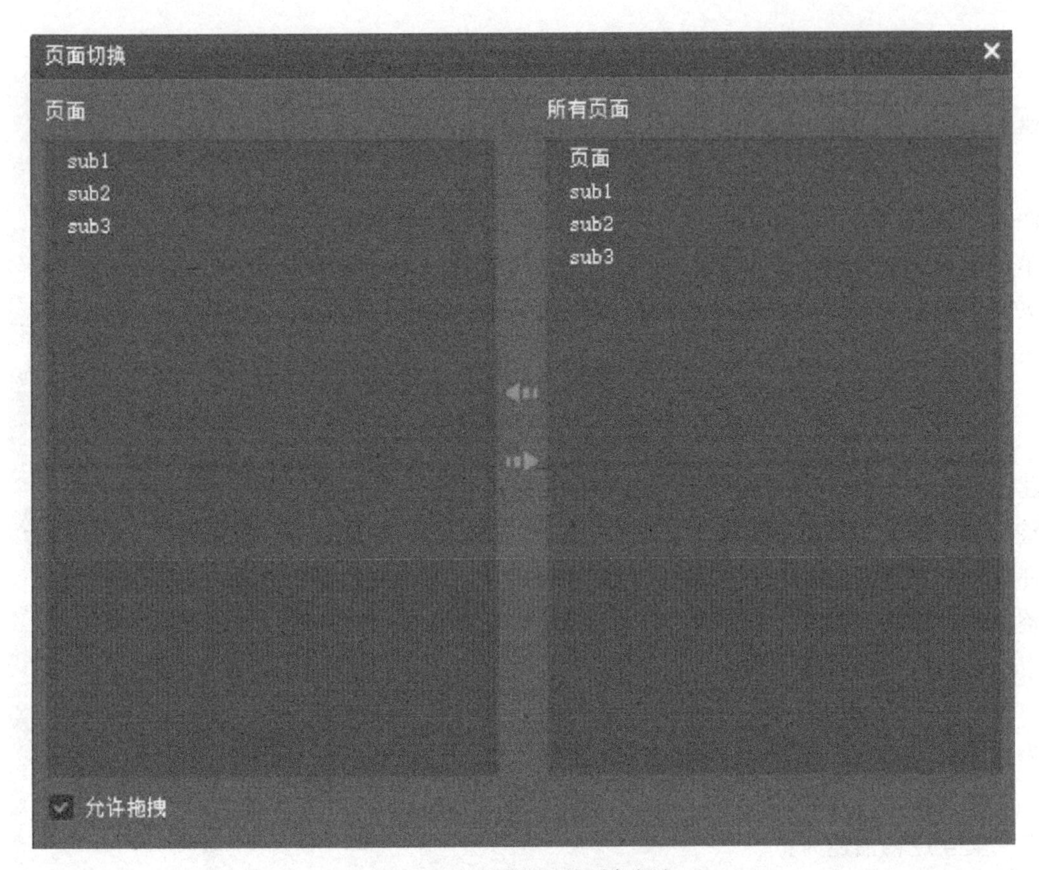

图 3-6-26　页面切换对象创建

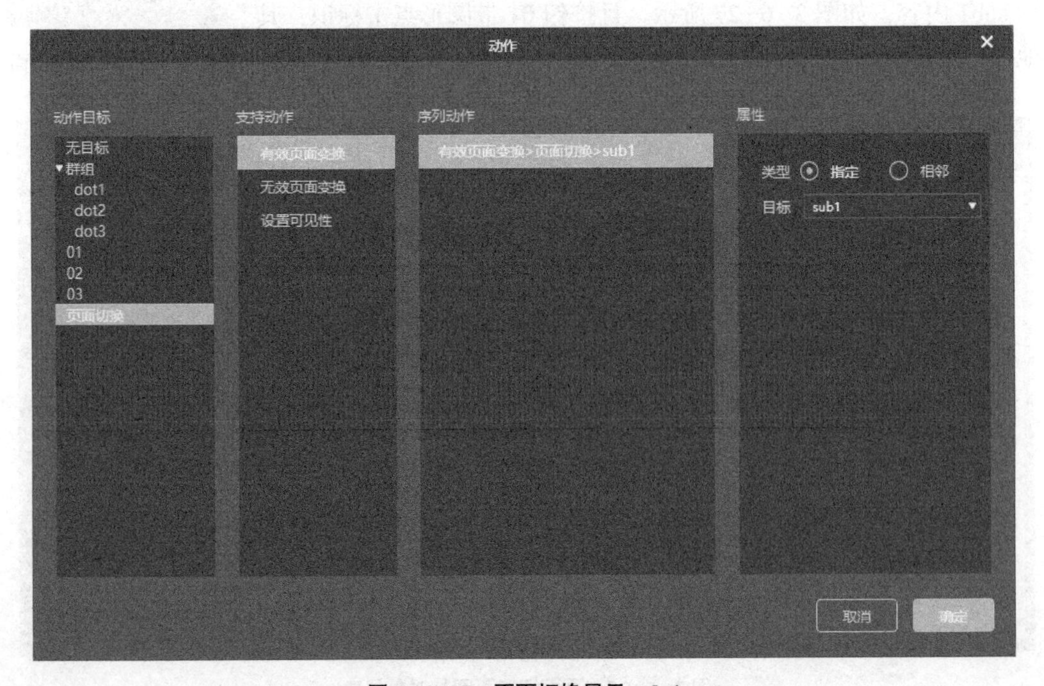

图 3-6-27　页面切换显示 sub 1

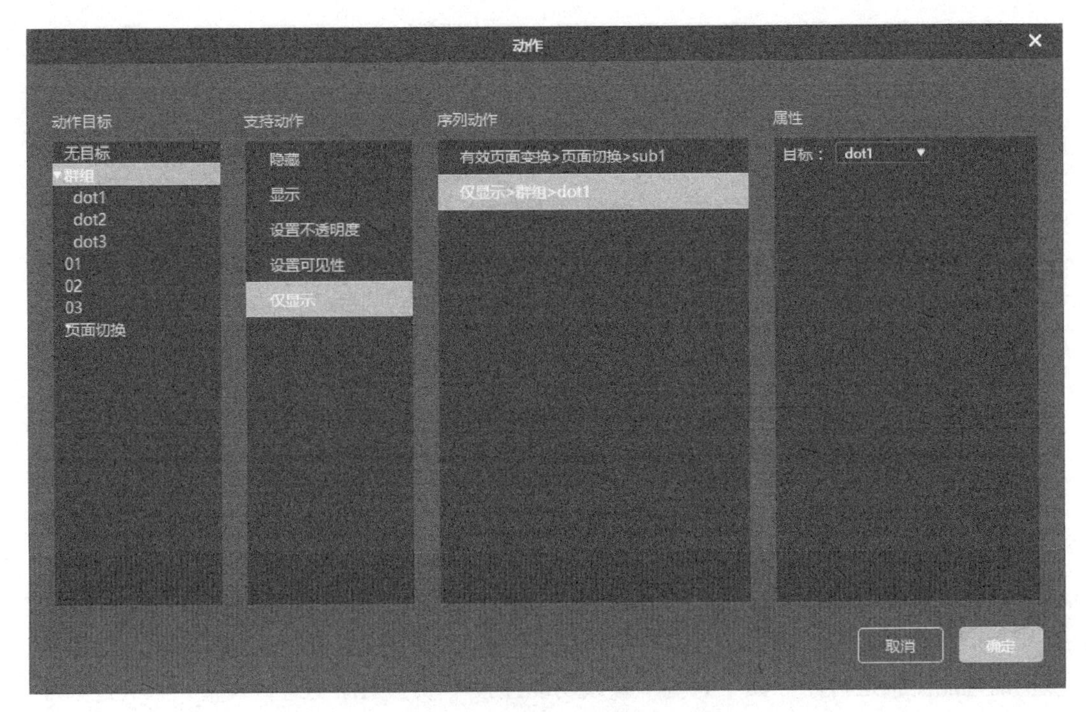

图 3-6-28　仅按钮 01 显示圆形点击标识

图 3-6-29　页面启动的事件动作设置

（2）分别点击这三个按钮，创建对象的单击事件，动作设置为被点击到的按钮带圆形点击标识，其他按钮无标识，且页面切换显示对应内容。设置完毕后如图 3-6-30 所示。

由于三个按钮的设置方法类似，此处仅介绍第一个按钮的事件动作设置方法。

图 3-6-30　按钮的事件动作设置

5. 预览与保存

制作完成后，可点击水平工具栏的预览按钮，对整体内容进行预览，以保证所有设置正确且能流畅运行。如其中有些卡顿或功能连接不顺，则需要进行调整，只有经过不断调整之后，页面才会显示出精致的效果。

（三）使用按钮制作点击弹出效果

点击按钮弹出页面效果见图 3-6-31 所示。在按钮的对象创建栏中给出了两种按钮

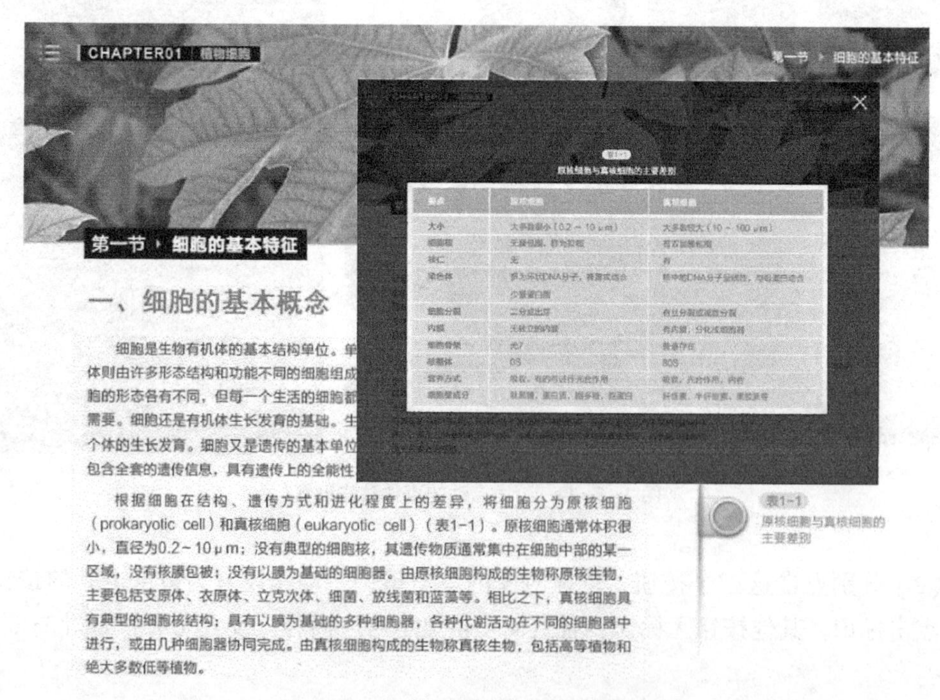

图 3-6-31　点击按钮弹出页面效果演示

对象创建的方式。

1. 新建页面

打开 Diibee Author，新建工程文档，设定文档方向为横版，分辨率为 1 024 × 768 像素。如图 3-6-32 所示，在页面与列表编辑栏中将第一个空白页面命名为按钮组件。

图 3-6-32 新建页面

2. 添加素材

如图 3-6-33 所示，给页面添加图片素材，弹出页面的内容建组进行归类，便于后期查找与修改。

3. 创建按钮对象

如图 3-6-34 所示，使用对象创建栏中的按钮对象创建图标进行按钮对象创建，按钮对象是模板化的对象组件。

按钮对象创建完毕后会弹出按钮图片的选择弹出，如图 3-6-35 所示，需要使用两张不同状态的图片作为按钮的默认

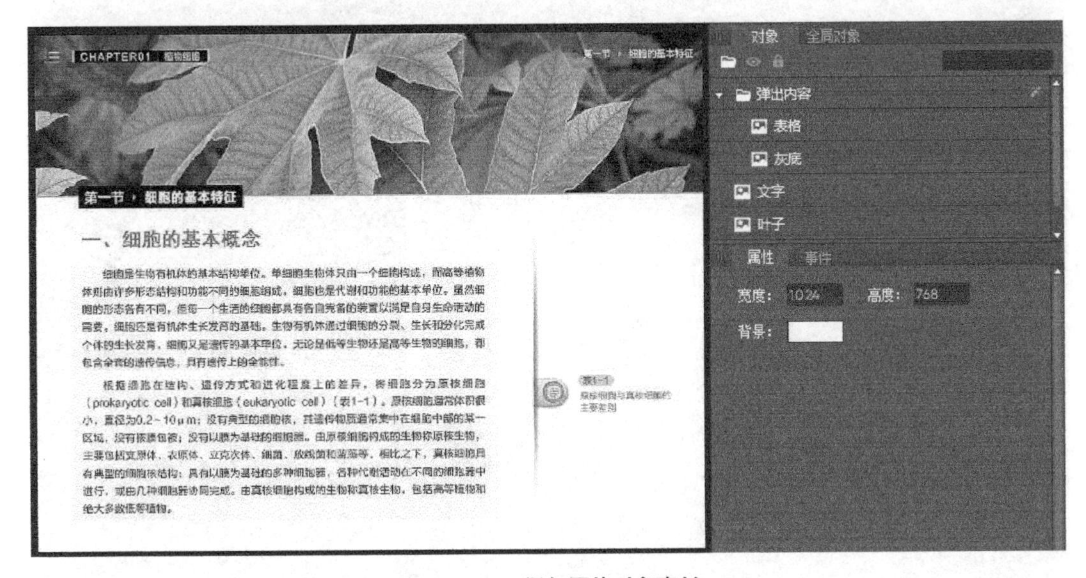

图 3-6-33 添加图片对象素材

图 3-6-34 按钮对象创建位置

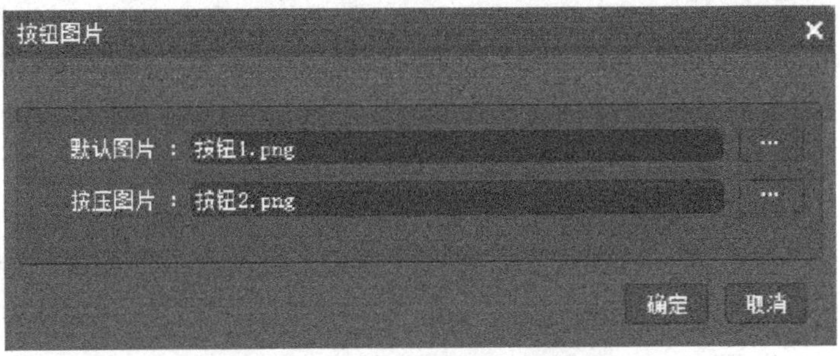

按钮图片

默认图片 ： 按钮1.png

按压图片 ： 按钮2.png

确定 取消

图 3-6-35 按钮对象图片添加弹窗

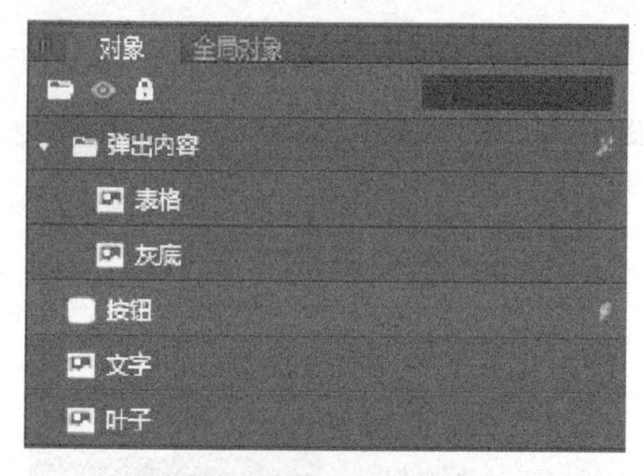

图 3-6-36 按钮对象层级位置

状态与按压状态，添加完图片后按钮对象就成功创建了。

如图 3-6-36 所示，将其置于对象列表弹出内容对象组的下一层。

4. 动画设置

如图 3-6-37 所示，给弹出内容添加一个过渡动画，使用时间轴窗口创建动画，命名为弹出。选择弹出对象组进行动画设置，让弹出动画组中的内容从画布中间渐显放大弹出显示。

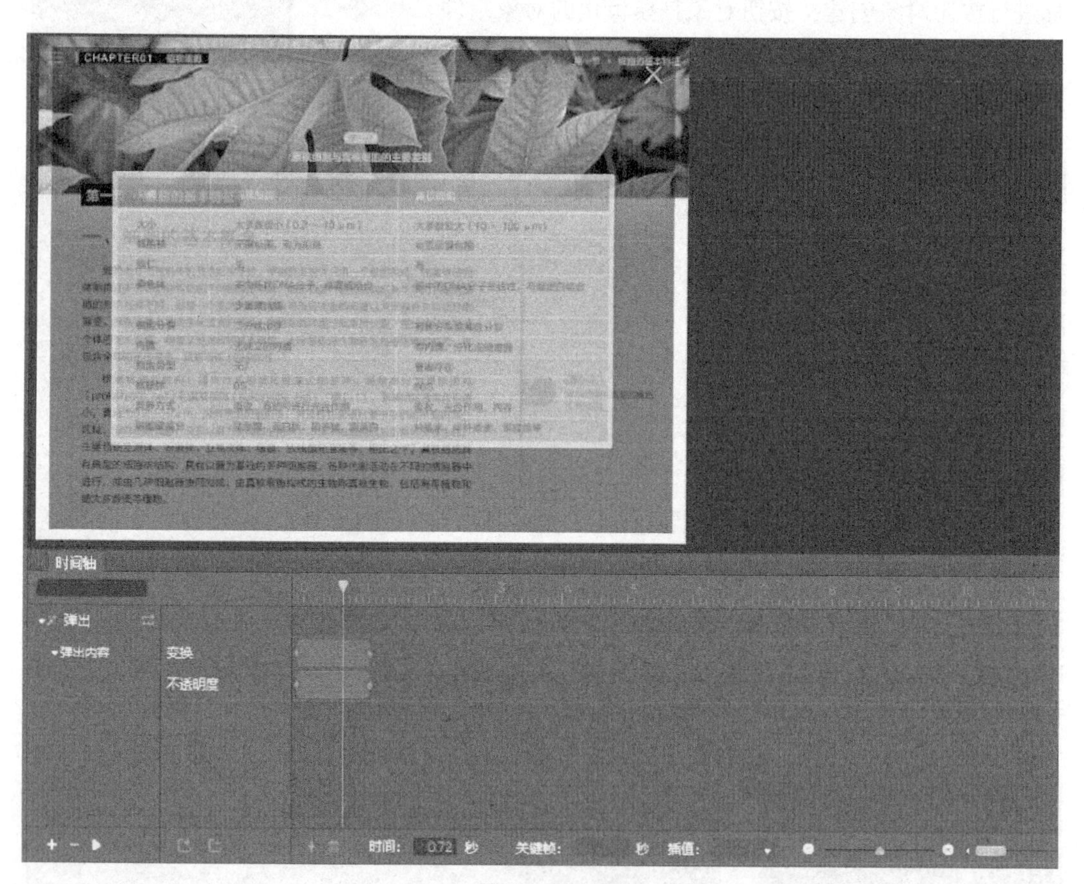

图 3-6-37 弹出内容组对象动画创建

5. 事件动作设置

如图 3-6-38 所示，在按钮对象上设置事件动作实现控制按钮的功能，该功能为点击按钮，弹出内容。

如图 3-6-39 所示，给弹出的内容添加关闭弹出内容的事件动作设置，将该功能描

图 3-6-38　按钮的事件动作设置

图 3-6-39　弹出内容关闭的事件动作设置

述为点击弹出内容中的灰色底图，关闭弹出内容。

6. 预览与保存

制作完成后，可点击水平工具栏的预览按钮，对整体内容进行预览，以保证所有设置正确且能流畅运行。如其中有些卡顿或功能连接不顺，则需要进行调整，只有经过不断调整之后，页面才会显示出精致的效果。

（三）使用矩形制作快速跳转功能

使用矩形制作目录是十分常见的交互效果制作方式（图 3-6-40），这里就列举使

图 3-6-40　点击按钮弹出页面效果演示

用矩形对象实现页面间快速切换的效果。

1. 新建页面

打开 Diibee Author，新建工程文档，设定文档方向为横版，分辨率为 1 024 × 768 像素。如图 3-6-41 所示，在页面编辑列表中将第一个空白页面命名为快速跳转。这个效果里，需要构建页面逻辑，因此需要多建几个页面作为页面跳转的详情页。

图 3-6-41　新建页面

2. 创建图片对象

快速跳转页展示效果如图 3-6-42 所示。添加素材，使用图片对象进行创建，可修改图片名称为相应功能名称，便于后期的查找修改，如图 3-6-43 所示。

3. 创建矩形对象

如图 3-6-44 所示，使用对象创建栏中的矩

图 3-6-42 快速跳转页展示效果演示

形对象创建按钮创建矩形，矩形可制作点击热区进行应用。给快速跳转页面的画面下方添加 4 个跳转点击热区，将矩形的不透明度调至 0%。

给 4 个详情页分别添加返回跳转页面的点击热区，置放位置如图 3-6-45 所示。

4. 事件动作设置

交互逻辑描述为：

（1）点击跳转页面的矩形 1，页面跳转至 page1；点击 page1 中的矩形，页面跳转至跳转页面；

（2）点击跳转页面的矩形 2，页面跳转至 page2；点击 page2 中的矩形，页面跳转至跳转页面；

（3）点击跳转页面的矩形 3，页面跳转至 page3；点击 page3 中的矩形，页面跳转至跳转页面；

（4）点击跳转页面的矩形 4，页面跳转至 page4；点击 page4 中的矩形，页面跳转至跳转页面。

按照这个逻辑进行事件动作设置，如图 3-6-46、图 3-6-47 所示。

5. 预览与保存

制作完成后，可点击水平工具栏的预览按钮，对整体内容进行预览，以保证所有设置正确且能流畅运行。如其中有些卡顿或功能连接不顺，则需要进行调整，只有经过不断调整之后，页面才会显示出精致的效果。

图 3-6-43 详情页面的图片对象创建

图 3-6-44　矩形对象创建

图 3-6-45　内容页矩形对象创建

图 3-6-46　跳转页面矩形事件动作设置

图 3-6-47 详情页矩形的事件动作设置

第七节 动 画 编 辑

动画是数字资源内容制作必不可少的一环，丰富的动画带来强烈的视觉感官体验，更为原本呆板的内容增添了亮点与趣味。Diibee 提供开放式的动画编辑栏，给予用户更大更多的交互创意自由度。

一、新建动画

如图 3-7-1 所示，当需要创建一个动画的时候，要点击下方的添加按钮进行新建

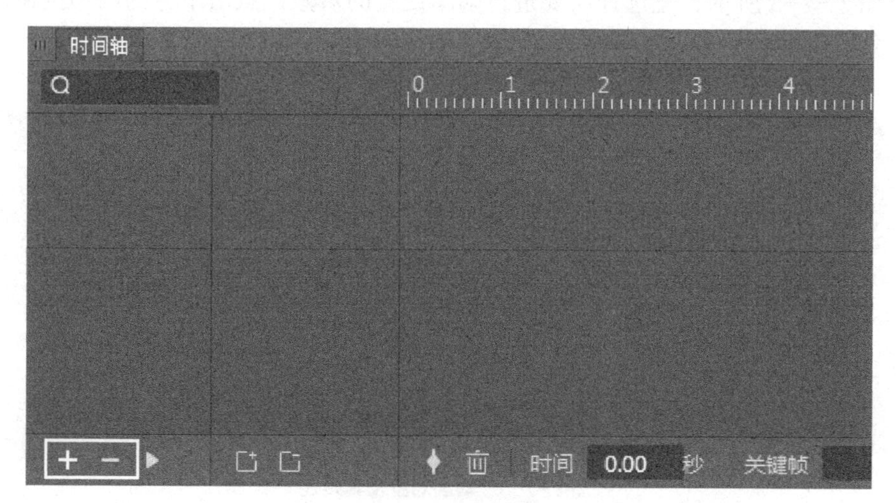

图 3-7-1 新建动画

动画。输入动画的名称，点击确认即可。若需要删除一个或多个动画的时候，选中这些动画，点击下方的删除按钮，即可删除动画。双击某个动画，即可进行重命名操作。

二、制作动画

新建完动画名称后，可在该动画下新建具体的对象动画，包括最常用的变换动画、不透明度动画等，如图 3-7-2 所示。

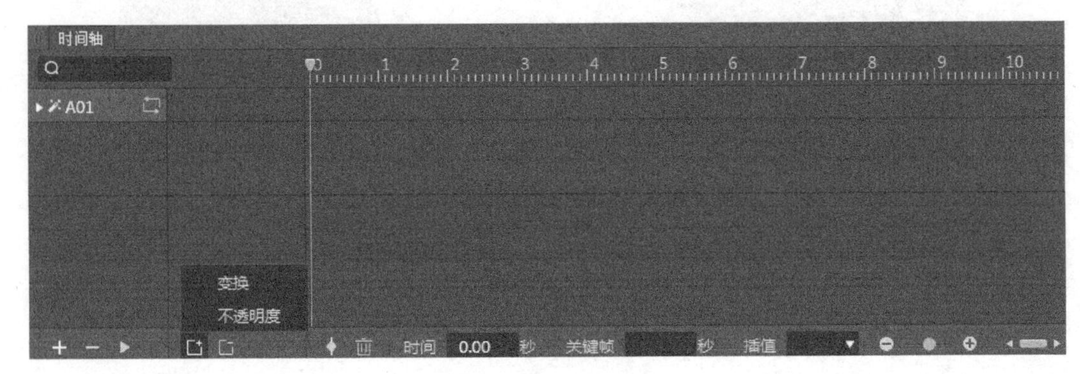

图 3-7-2　制作动画

（一）变换动画

通过关键帧设置，使用变换动画可以制作对象位置移动、旋转、缩放、轴心坐标等变换的动画效果。当然用户也可以同时为一个资源对象添加多个动画，以此让动画变得更丰富。

1. 选择动画对象

如图 3-7-3 所示，先选择需要进行动画设置的对象，点击下方的添加按钮，将动画与对象建立对应关系，此处选择“变换”按钮。

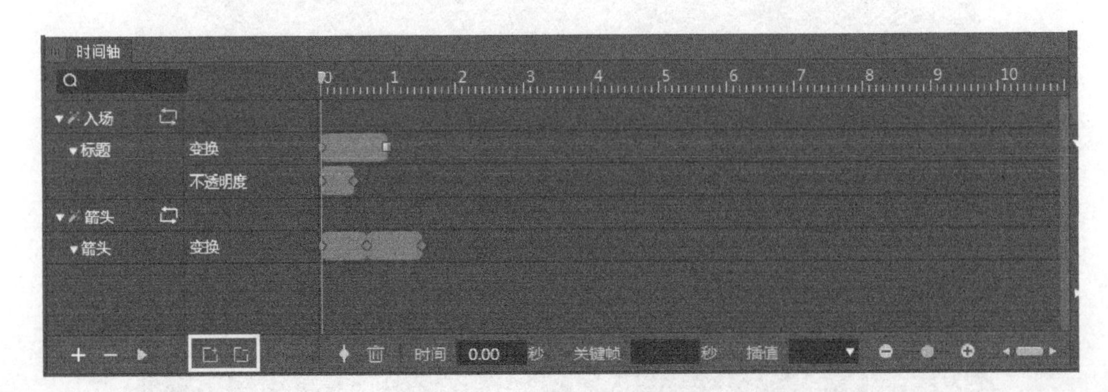

图 3-7-3　动画对象及其属性

2. 设置关键帧

关键帧记录的是动画对象在某个时间节点时的属性状态。

如图 3-7-4 所示，为动画对象设置好初始状态后，在时间文本框内输入动画开始的时间节点（秒），并点击 Enter 键。点击关键帧按钮，添加该关键帧。关键帧的节点就会展示在时间轴上。

如果要取消关键帧，先选中该关键帧，然后点击删除关键帧按钮。

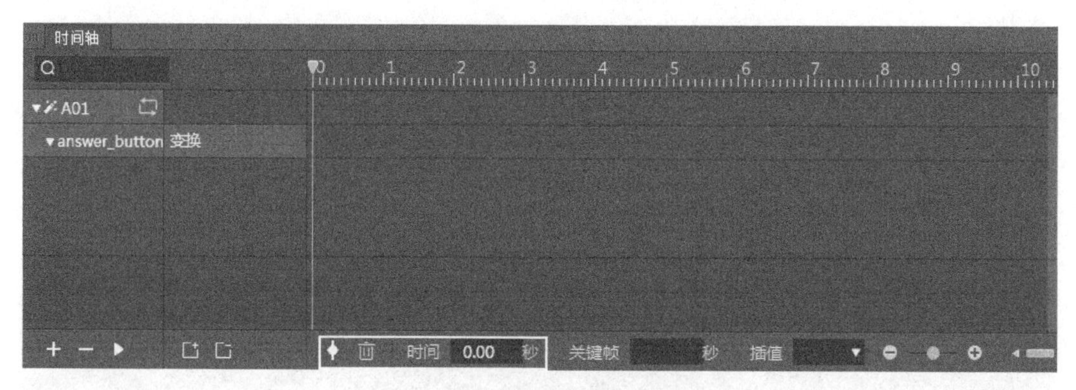

图 3-7-4　添加初始状态关键帧

如图 3-7-5 所示，在时间文本框内输入动画结束的时间节点（秒），并点击 Enter 键。在属性栏中对变换对象的属性进行调整，并获得终止状态后，点击关键帧按钮，为该对象添加状态为终止的关键帧。

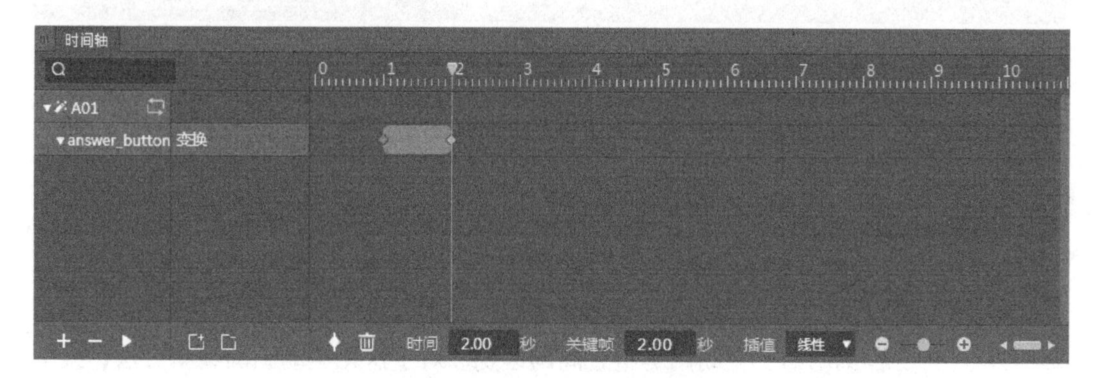

图 3-7-5　添加终止状态关键帧

最后，在插值按钮中，为动画对象选择一个动画变化快慢效果。插值动画有四种效果，分别为线性、顺序、淡入和淡出。效果说明详见表 3-7-1。

表 3-7-1　插值动画效果说明

序　号	插 值 动 画	说　　　明
1	线性	动画对象的属性状态匀速变化的效果，有中间的过渡帧
2	顺序	动画对象的属性状态直接改变的效果，没有中间的过渡帧

（续表）

序　号	插 值 动 画	说　　　　明
3	淡入	动画对象的属性状态匀加速的效果，有中间的过渡帧
4	淡出	动画对象的属性状态匀减速的效果，有中间的过渡帧

（二）不透明度动画

通过关键帧设置，使用不透明度动画可制作渐隐或渐显的效果，通常应用于进入或退出。不透明度动画常常会与变换动画组合运用。当然，用户也可以根据实际需要灵活配置。

如图 3-7-6 所示，不透明度动画的制作流程与变换动画类似，同样是通过在时间轴上设置关键帧的方式创建，并选择插值动画。

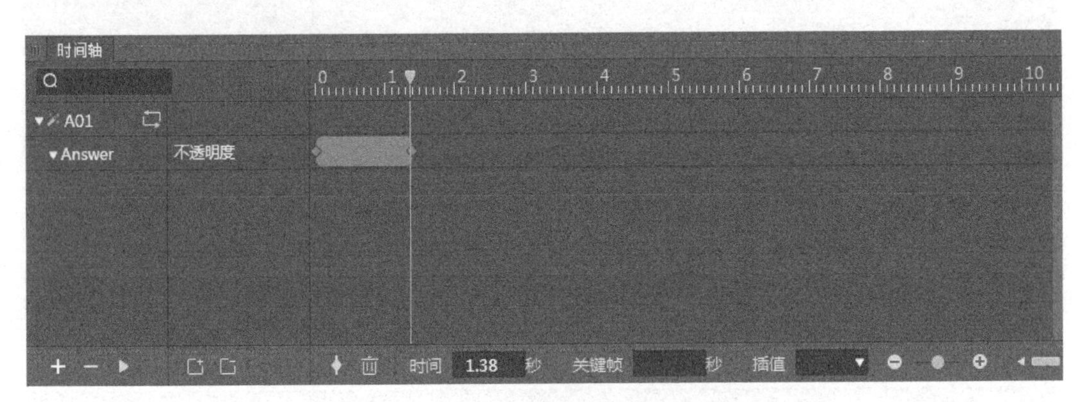

图 3-7-6　不透明度动画的制作

技巧提示：不透明度的参数数值通常在属性窗口中进行修改。

三、编辑动画

动画根据制作效果分为移动动画、缩放动画、旋转动画、不透明度动画和可见性动画，表 3-7-2 详细阐明了各动画类型之间的区别。对于这几类动画的编辑方法，接下来举例进行讲解。

表 3-7-2　动画类型说明

序　号	动 画 类 型	说　　　　明
1	移动	使动画对象的移动坐标发生改变的动画效果
2	缩放	使动画对象的面积大小发生改变的动画效果
3	旋转	使动画对象的角度坐标发生改变的动画效果
4	不透明度	使动画对象的透明度发生改变的动画效果

（一）移动动画

1. 新建动画

以对象从左到右的动画为例。移动动画属于变换动画，所以首先用上面介绍过的方法，新建动画，并将动画对象与动画建立“变换”的对应关系。

2. 设置初始关键帧

首先需要对动画对象的初始状态进行设置。如图 3-7-7 所示，这里以 0 秒为动画的起点，需要在动画编辑栏中选择变换属性，在时间点上输入动画开始时间 0 后，点击 Enter 确定。

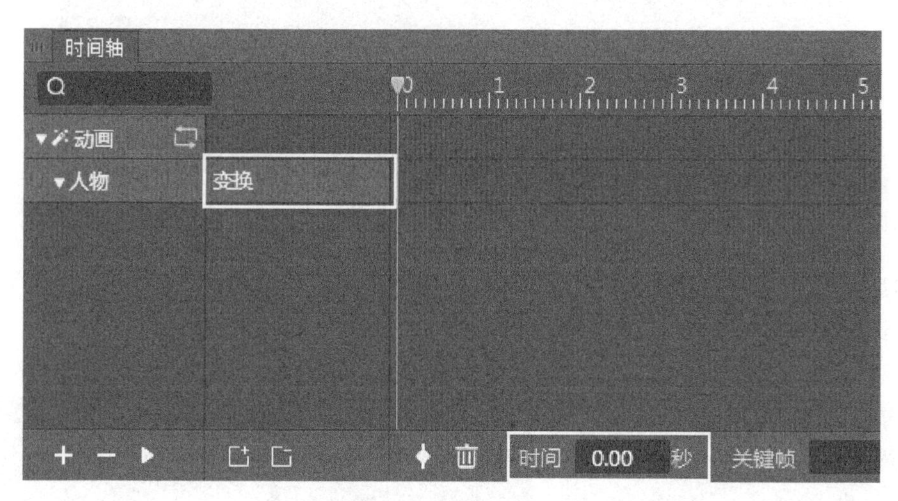

图 3-7-7　初始时间设定

接着在通用属性栏中修改对象的平移坐标数值。暂以坐标（0，0）为动画对象的初始位置，如图 3-7-8 所示。设置好后点击关键帧按钮，为其设置初始位置的关键帧，如图 3-7-9 所示。

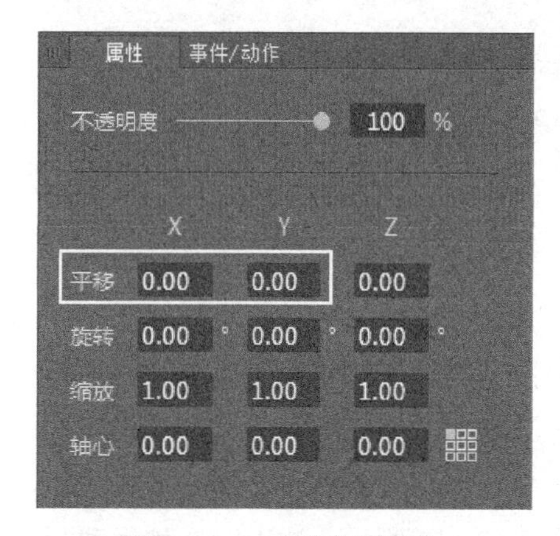

图 3-7-8　初始位置属性

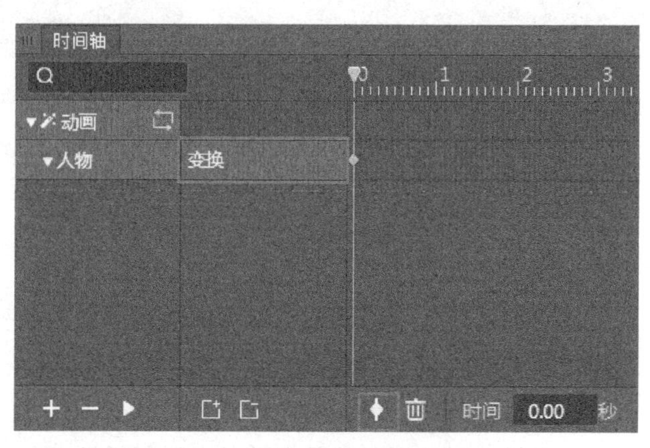

图 3-7-9　初始关键帧设定

3. 设置终止关键帧

这里假设动画过程为 2 秒，在动画编辑栏中选择变换属性，时间点上输入 2，并点击 Enter 键确定。如图 3-7-10 所示，播放磁头就会移动到 2 秒的位置。

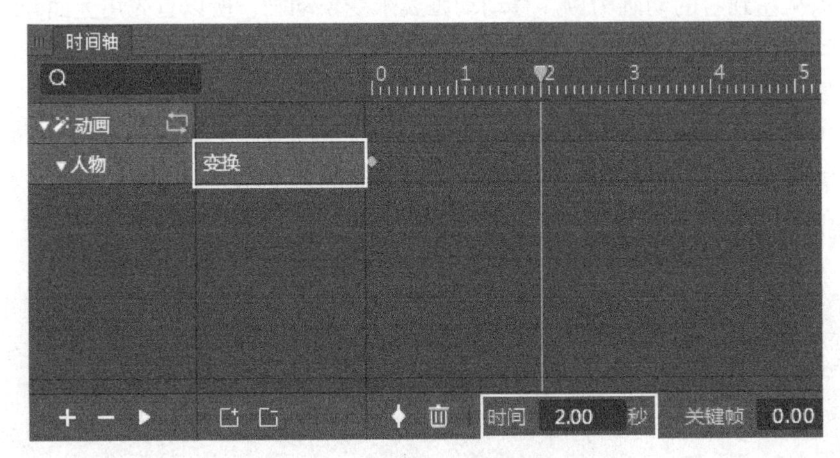

图 3-7-10　终止时间设定

然后在通用属性栏中修改对象的平移坐标为（300，200），如图 3-7-11 所示。最后点击设置关键帧按钮，移动动画就完成了（图 3-7-12）。

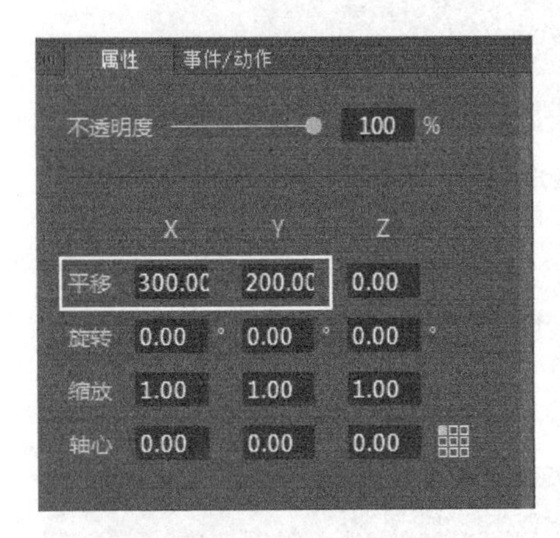

图 3-7-11　终止位置属性

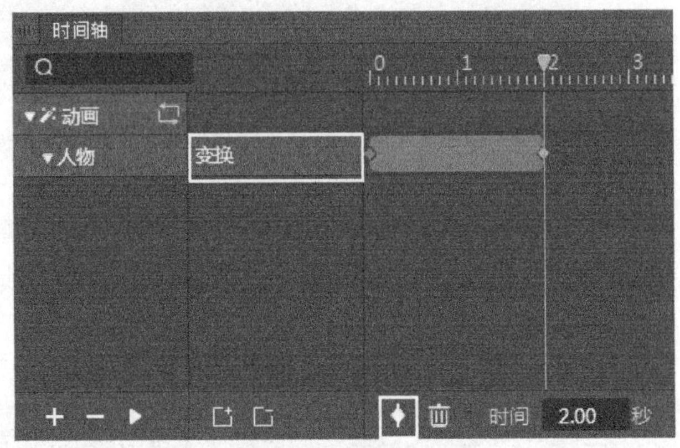

图 3-7-12　终止关键帧设定

（二）缩放动画

1. 新建动画

以对象从大变小的动画为例。缩放动画也属于变换动画，所以首先新建动画，并将动画对象与动画建立“变换”的对应关系。

2. 设置初始关键帧

首先需要对动画对象的初始状态进行设置。如图 3-7-13 所示，这里以 0 秒为动画

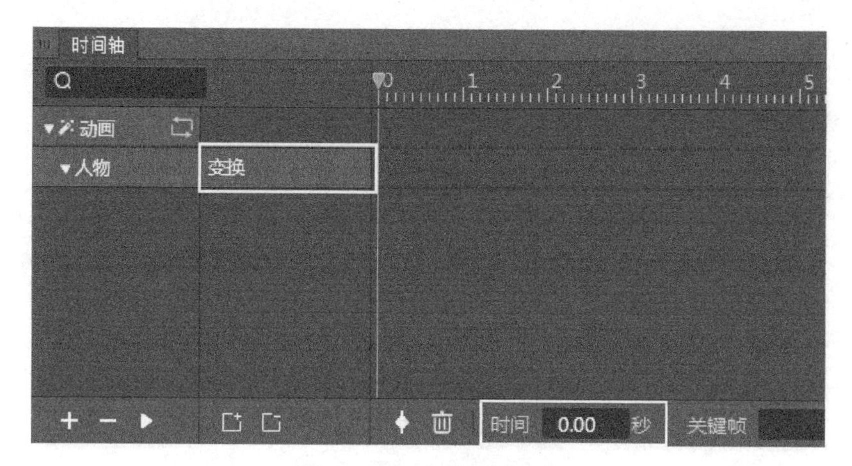

图 3-7-13　初始时间设定

的起点，需要在动画编辑栏中选择变换属性，在时间点上输入动画开始时间 0 后，敲击 Enter 键确定。

接着在通用属性栏中修改对象的缩放坐标数值。这里默认为（1，1），以此为动画对象的初始大小，如图 3-7-14 所示。设置好后点击关键帧按钮，为其设置初始大小的关键帧，如图 3-7-15 所示。

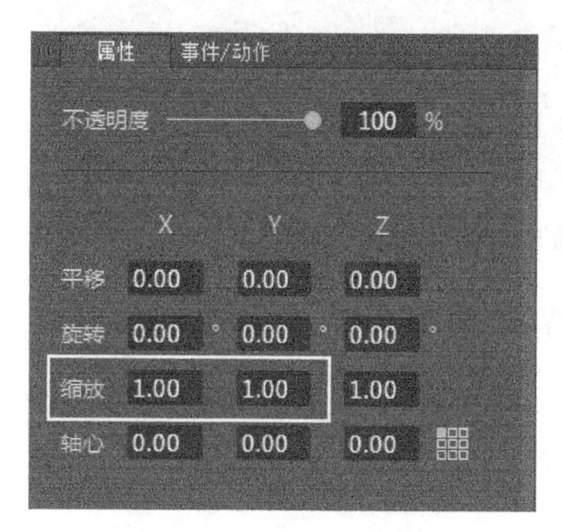

图 3-7-14　初始大小属性

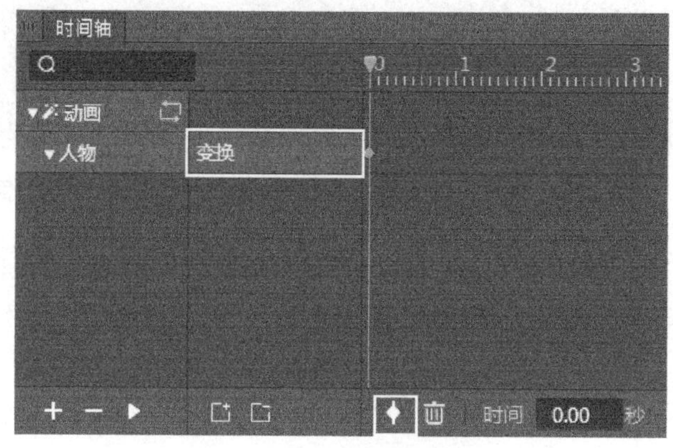

图 3-7-15　初始关键帧设定

3. 设置终止关键帧

这里假设动画过程为 2 秒，在动画编辑栏中选择变换属性，时间点上输入 2，并敲击 Enter 键确定，如图 3-7-16 所示。

此时修改对象的终止状态设为初始状态的一半大小，则改缩放坐标为（0.5，0.5），如图 3-7-17。最后点击设置关键帧按钮，如图 3-7-18，缩放动画就完成了。

（三）旋转动画

旋转动画是使动画对象的角度坐标发生改变的动画效果，旋转动画和移动、缩放一

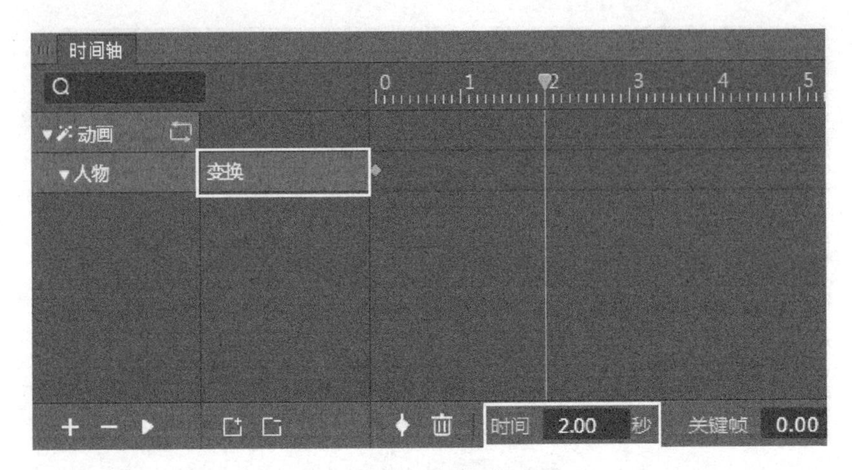

图 3-7-16　终止时间设定

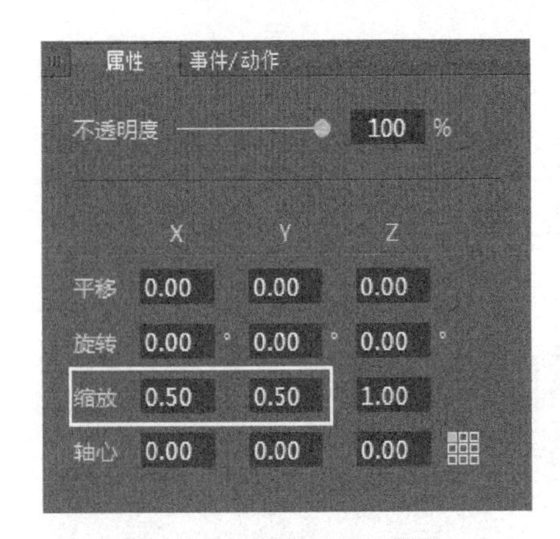

图 3-7-17　终止大小属性

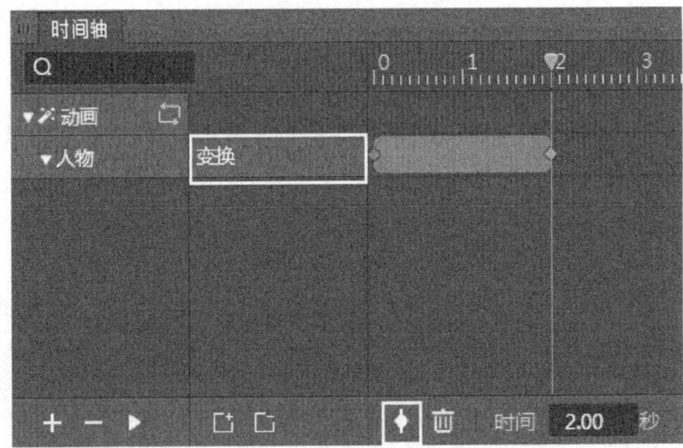

图 3-7-18　终止关键帧设定

样，都属于变换，所以只需要选择变换属性行，在特定的时间节点上设置关键帧，并修改对象属性中的角度坐标即可。

（四）不透明度动画

1. 新建动画

以看不见到慢慢看得见的变化效果为例。这属于不透明度动画，所以首先新建动画，并将动画对象与动画建立“不透明度”的对应关系。

2. 设置初始关键帧

首先需要对动画对象的初始状态进行设置。如图 3-7-19 所示，这里以 0 秒为动画的起点，需要在动画编辑栏中选择不透明度属性，在时间点上输入动画开始时间 0 后，敲击 Enter 键确定。

然后在通用属性栏中修改不透明度。如图 3-7-20 所示，将数值修改为 0，对象就看不见了。设置好后点击关键帧按钮，为其设置初始不透明度的关键帧，如图 3-7-21 所示。

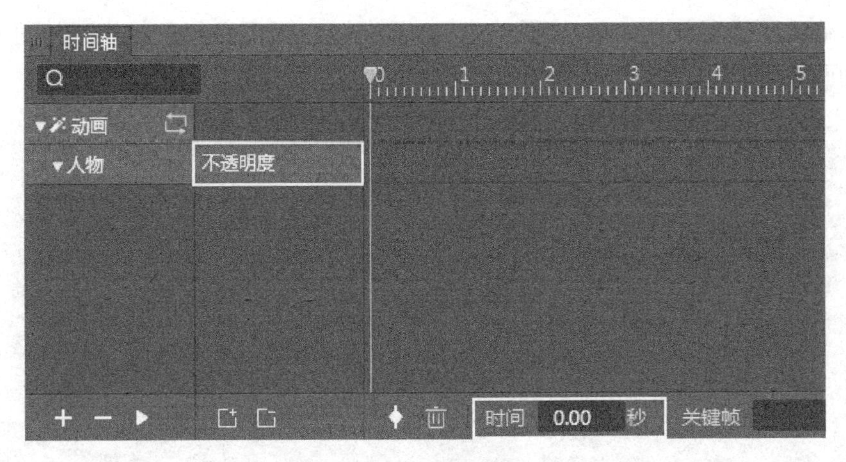

图 3-7-19　初始时间设定

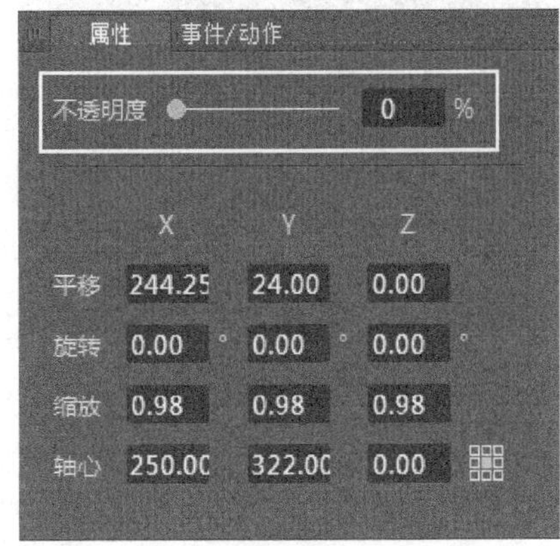

图 3-7-20　初始不透明度属性

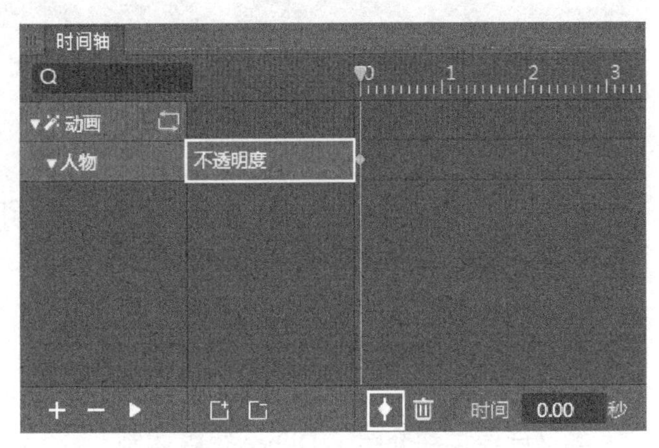

图 3-7-21　初始关键帧设定

3. 设置终止关键帧

这里假设动画过程为 2 秒，在动画编辑栏中选择不透明度属性，时间点上输入 2，并敲击 Enter 键确定，如图 3-7-22 所示。

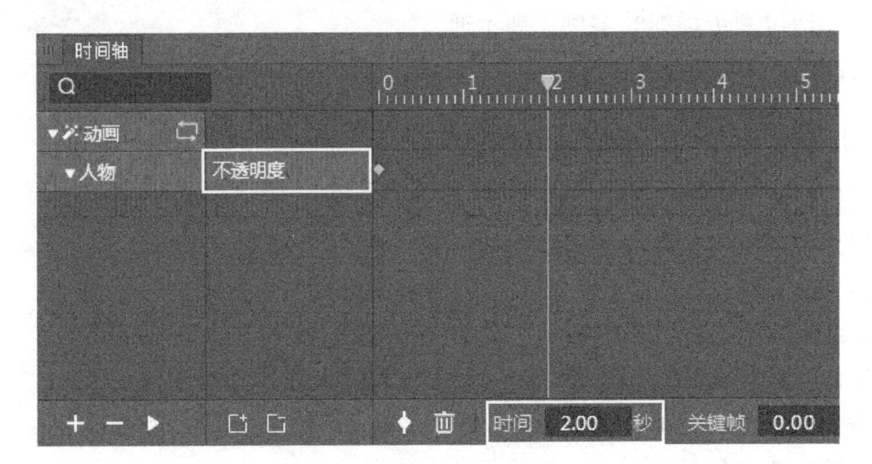

图 3-7-22　初始时间设定

然后修改不透明度为 100%（图 3-7-23），再点击设置关键帧按钮，如图 3-7-24 所示，动画就完成了。

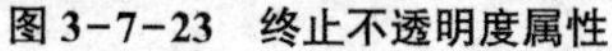

图 3-7-23　终止不透明度属性

图 3-7-24　终止关键帧设定

第八节　工 具 组 合

一、工具组合用法

本书已经详细介绍了 Diibee 智媒体制作工具的界面、各界面所包含的具体功能点。实际上在制作智媒体内容资源的过程中，往往是将多种功能进行有效组合，从而丰富用户体验。

这里将通过两个详细的案例，展示通过工具组合来实现的内容创意。

（一）包含竖向滑动内容的页面

此案例效果是图片、音频与子页面的组合，再加上动画与事件动作的综合效果（图 3-8-1）。

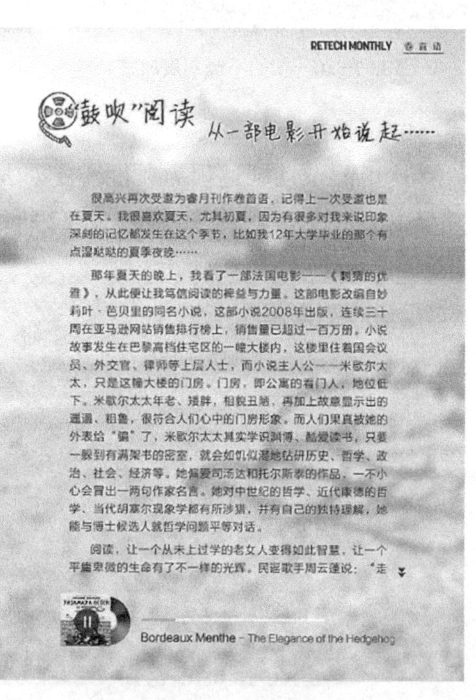

RETECH MONTHLY

"鼓吹"阅读　从一部电影开始说起……

很高兴再次受邀为睿月刊作卷首语，记得上一次受邀也是在夏天。我很喜欢夏天，尤其初夏，因为有很多对我来说印象深刻的记忆都发生在这个季节，比如我12年大学毕业的那个有点湿哒哒的夏季夜晚……

那年夏天的晚上，我看了一部法国电影——《刺猬的优雅》，从此便让我笃信阅读的裨益与力量。这部电影改编自妙莉叶·芭贝里的同名小说，这部小说2008年出版，连续三十周在亚马逊网站销售排行榜上，销售量已超过一百万册。小说故事发生在巴黎高档住宅区的一幢大楼内，这楼里住着国会议员、外交官、律师等上层人士，而小说主人公——米歇尔太太，只是这幢大楼的门房。门房，即公寓的看门人，地位低下。米歇尔太太年老、矮胖，相貌丑陋，再加上故意显示出的邋遢、粗鲁，很符合人们心中的门房形象。而人们果真被她的外表给"骗"了，米歇尔太太其实学识渊博、酷爱读书，只要一躲到有满架书的密室，就会如饥似渴地钻研历史、哲学、政治、社会、经济等。她偏爱司汤达和托尔斯泰的作品，一不小心会冒出一两句作家名言。她对中世纪的哲学、近代康德的哲学、当代胡塞尔现象学都有所涉猎，并有自己的独特理解，她能与博士候选人就哲学问题平等对话。

阅读，让一个从未上过学的老女人变得如此智慧，让一个平庸卑微的生命有了不一样的光辉。民谣歌手周云蓬说："走

Bordeaux Menthe - The Elegance of the Hedgehog

图 3-8-1　效果演示

1. 新建页面

打开 Diibee Author，新建工程文档，设定文档方向为竖版，分辨率为 768 × 1 024 像素，如图 3-8-2 所示。

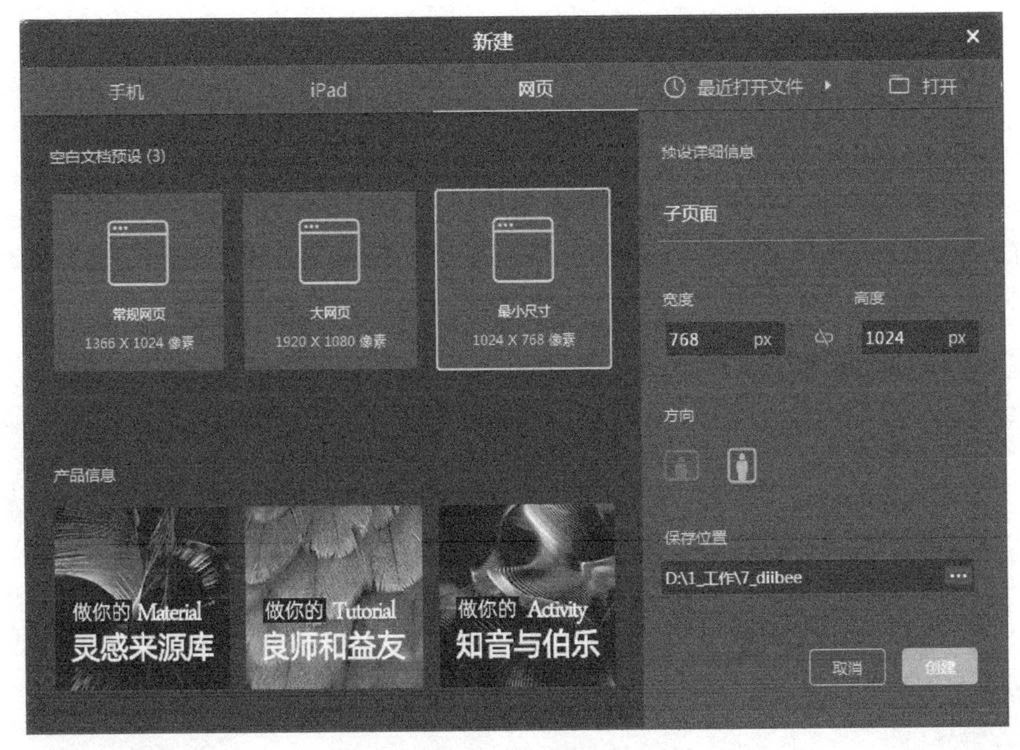

图 3-8-2 新建项目

如图 3-8-3 所示，在页面编辑列表中将第一个空白页面命名为竖向滑动。点击页面名称右侧的“+”号，弹出页面子菜单，选择新建页面选项。或在页面窗口敲击键盘 Enter 键，新建页面。将新建的页面命名为 sub1。

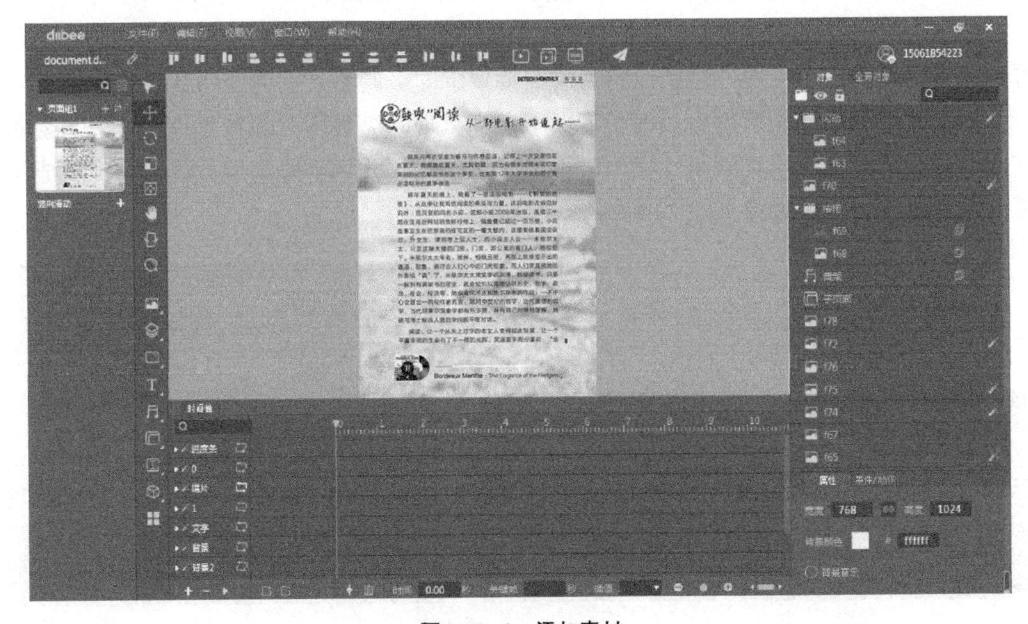

图 3-8-3 添加素材

2. 创建图片对象

给“竖向滑动”主页面添加图片素材，可修改图片名称为相应功能名称，便于后期的查找修改。

3. 添加子页面内容

如图 3–8–4 所示，在第二个页面“sub1”中，点击图片工具图标，从资源库中选择对应的素材置入内容文字。选中内容文字，可在元素窗口中查看其高度与宽度的具体尺寸。页面属性栏显示画布尺寸，可根据文字内容的尺寸数值调整该页画布尺寸。

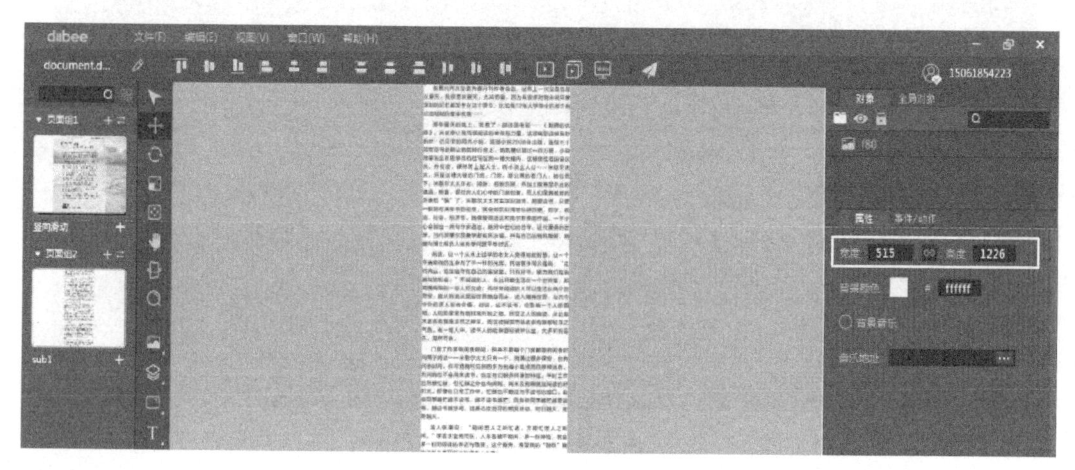

图 3–8–4　添加子页面内容

4. 设置子页面

选中主页面“竖向滑动”，点击工具栏中的子页面图标，在弹出的对话框中选择第二个页面（此处为 sub1）作为子页面，点击“确定”，如图 3–8–5 所示。

添加进第一页的子页面内容此时是有白色底色的。需要将文字的底部设置为透明。可选中子页面内容，在属性栏中设置为透明背景，即可调整文字为透明背景。

由于此部分文字长度超出页面长度，考虑到呈现时需要实现拖拽效果，这里需要对其参数进行调整。在子页面属性栏中，选择滚动模式，并调整宽高度数值，即可完成子页面内容添加的全部过程（图 3–8–6）。

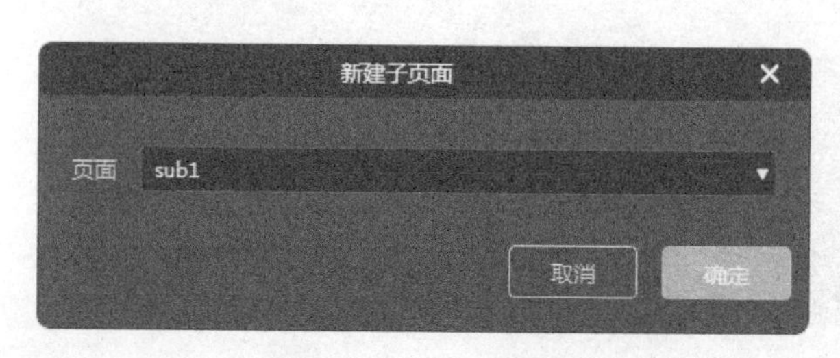

图 3–8–5　设置子页面

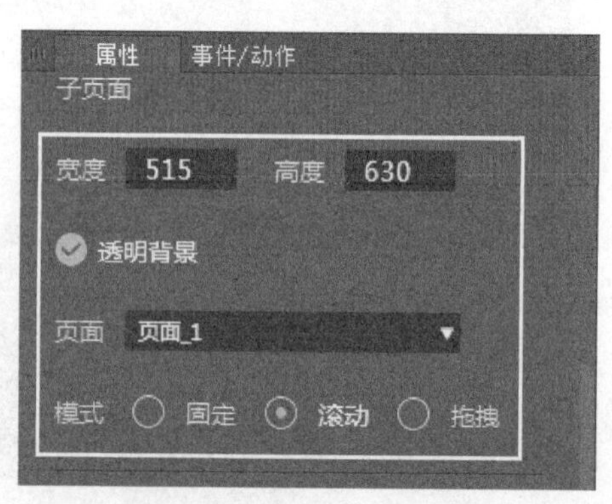

图 3–8–6　调整子页面参数

5. 添加音频

页面元素放置完成后，需要在页面中添加音频。先点击音频工具图标，选中音频对象，在属性窗栏中添加对应的音频文件，如图 3-8-7、图 3-8-8 所示。

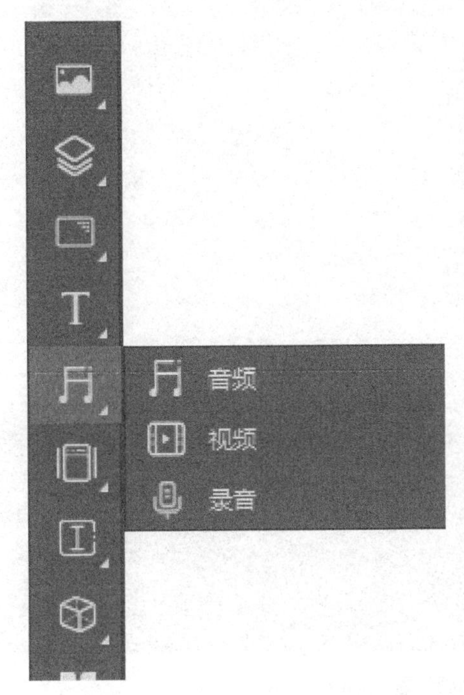

图 3-8-7　工具栏——音频

图 3-8-8　属性栏——音频

6. 动画设置

进行效果制作时，首先需要选中对象，其次在时间轴中进行关键帧插入，可参考图 3-8-9 进行设置。

7. 事件动作设置

当鼠标为选中某一对象时，可对该对象进行事件、动作添加。这里如果需要在页面翻开后立即播放音频，则需要对页面进行事件、动作编辑，可参考图 3-8-10 进行设置。

8. 预览与保存

制作完成后，可点击水平工具栏的预览按钮，对整体内容进行预览，以保证所有设置正确且能流畅运行。如其中有些卡顿或功能连接不顺，则需要进行调整，只有经过不断调整之后，页面才会显示出精致的效果。

（二）包含视频点播的页面

此案例效果是图片与视频的组合，加上动画与事件动作的综合效果，如图 3-8-11 所示。

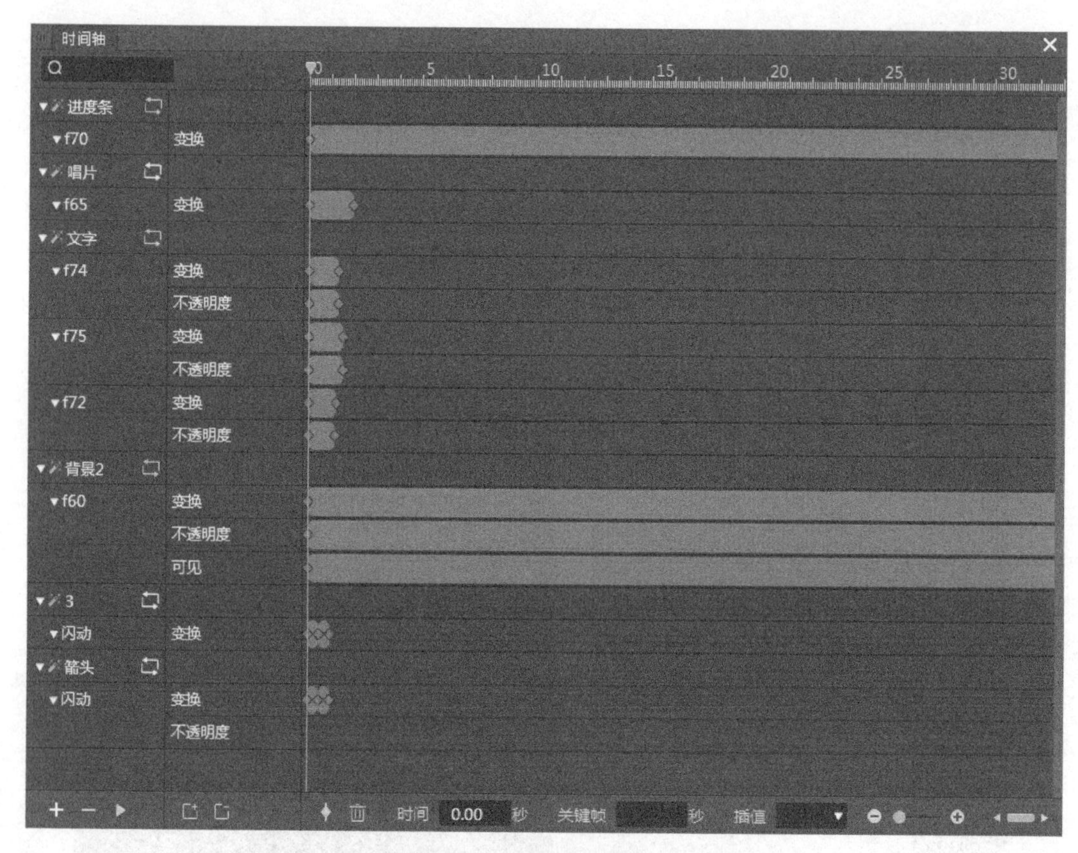

图 3-8-9　动画设置

属性　事件/动作

▼ 页面启动

开始播放音频>音频>0秒

设置可见性>f69>显示

播放动画>文字

设置可见性>f68>隐藏

播放动画>进度条

播放动画>唱片

播放动画>背景2

延迟>1.60秒

播放动画>箭头

图 3-8-10　事件动作设置

图 3-8-11　效果演示

1. 新建页面

打开 Diibee Author，新建工程文档，设定文档方向为横版，分辨率为 1 024 × 768 像素。如图 3-8-12 所示，在页面编辑列表中将第一个空白页面命名为视频点播。

图 3-8-12　新建页面

2. 创建图片对象

如图 3-8-13 所示，使用图片创建工具给页面添加图片对象。

3. 添加视频对象

如图 3-8-14 所示，使用对象创建栏中的视频对象创建图标，创建视频对象。在属性栏中添加视频资源文件，这里需要分别创建 5 个视频对象。调整视频属性中的尺寸为：宽 407，高 265。

4. 动画设置

如图 3-8-15、图 3-8-16 所示，给启动后的页面添加一个点击“查看详情”后内容消失的动画，在时间轴窗口中创建动画“消失”，给组“状态 1”添加渐隐的动画效果。使用变换、不透明度进行设置，该动画开始与结束的位置设置参数。

图 3-8-13　创建图片对象

图 3-8-14　添加视频对象

图 3-8-15　名为“消失”的动画创建 0 秒位置设置参数

图 3-8-16　名为“消失”的动画创建 0.6 秒位置设置参数

5. 事件动作设置

事件动作逻辑描述为：

（1）页面启动，视频自动播放“折”，“折”按钮显示备选状态（带红框），视频播放“折”内容，标题文字同步显示“折”；

（2）点击下方的“摸”按钮，“摸”按钮显示备选状态（带红框），视频播放“摸”内容，标题文字同步显示“摸”；

其他按钮同理。按照这个逻辑进行事件动作设置，具体见图3-8-17～图3-8-22。

6. 预览与保存

制作完成后，可点击水平工具栏的预览按钮，对整体内容进行预览，以保证所有设置正确且能流畅运行。如其中有些卡顿或功能连接不顺，则需要进行调整，只有经过不断调整之后，页面才会显示出精致的效果。

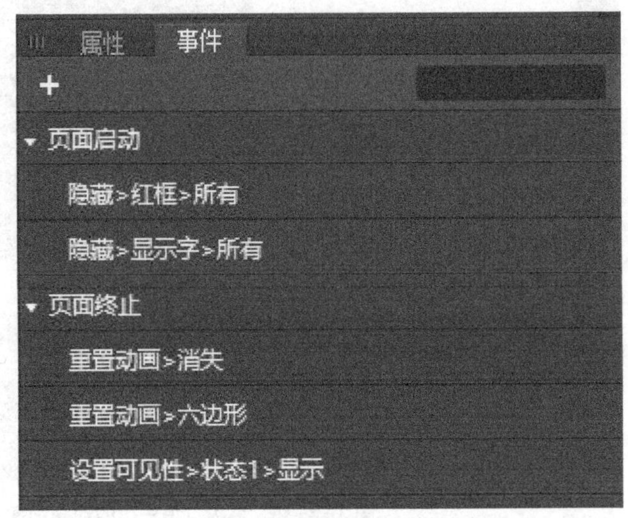

图3-8-17　页面启动的事件动作设置

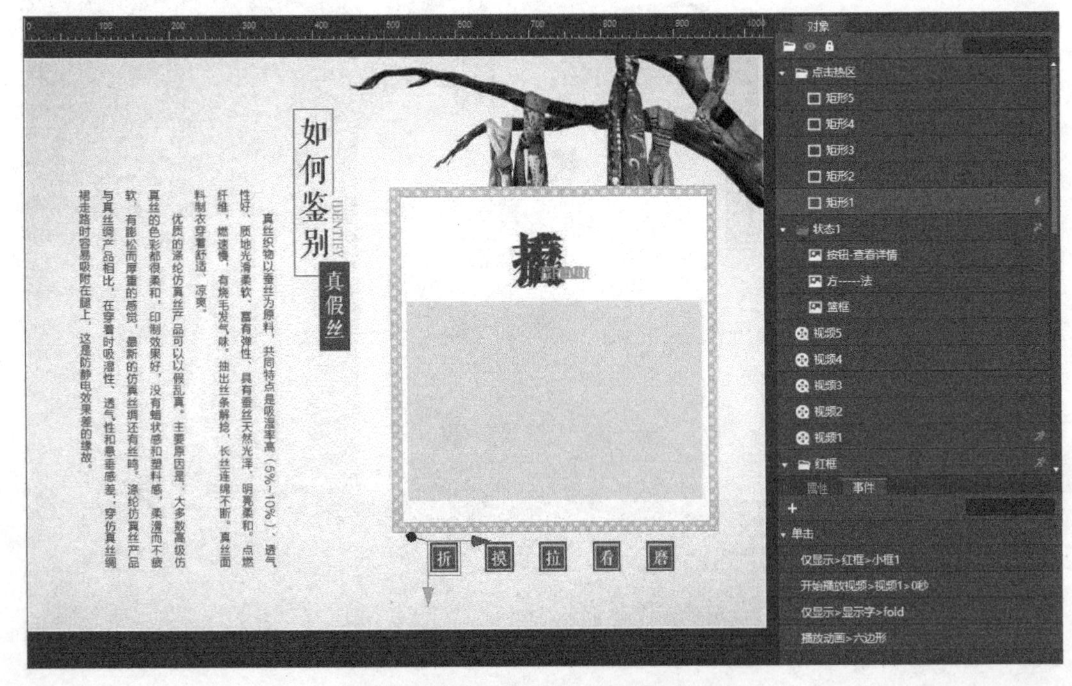

图3-8-18　“折”按钮的事件动作设置

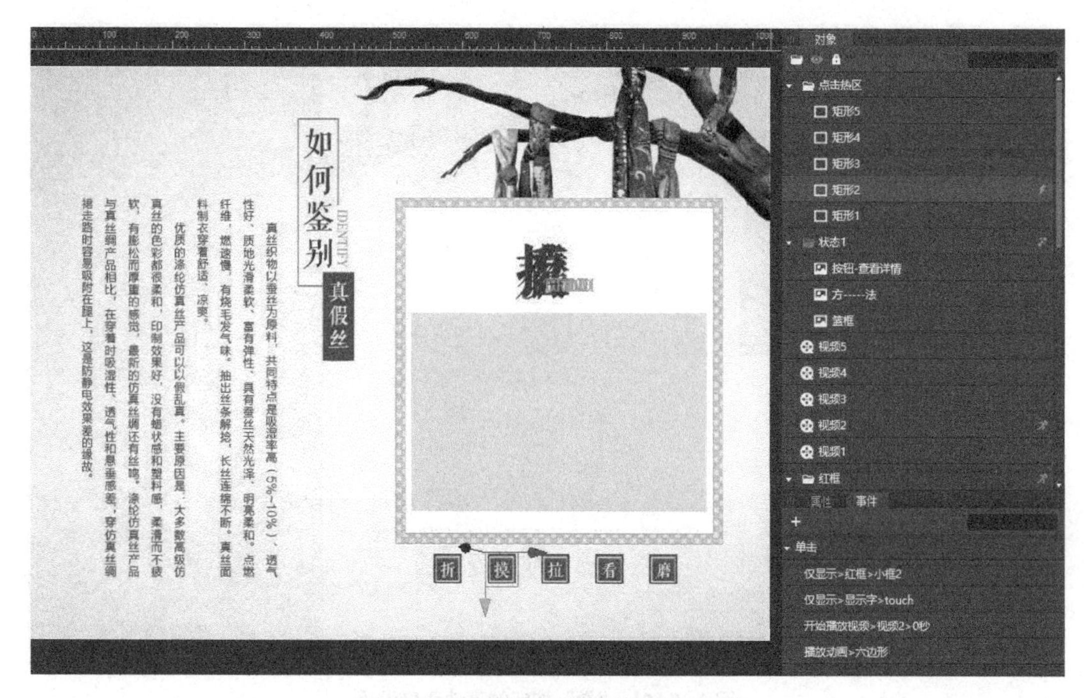

图 3-8-19 “摸”按钮的事件动作设置

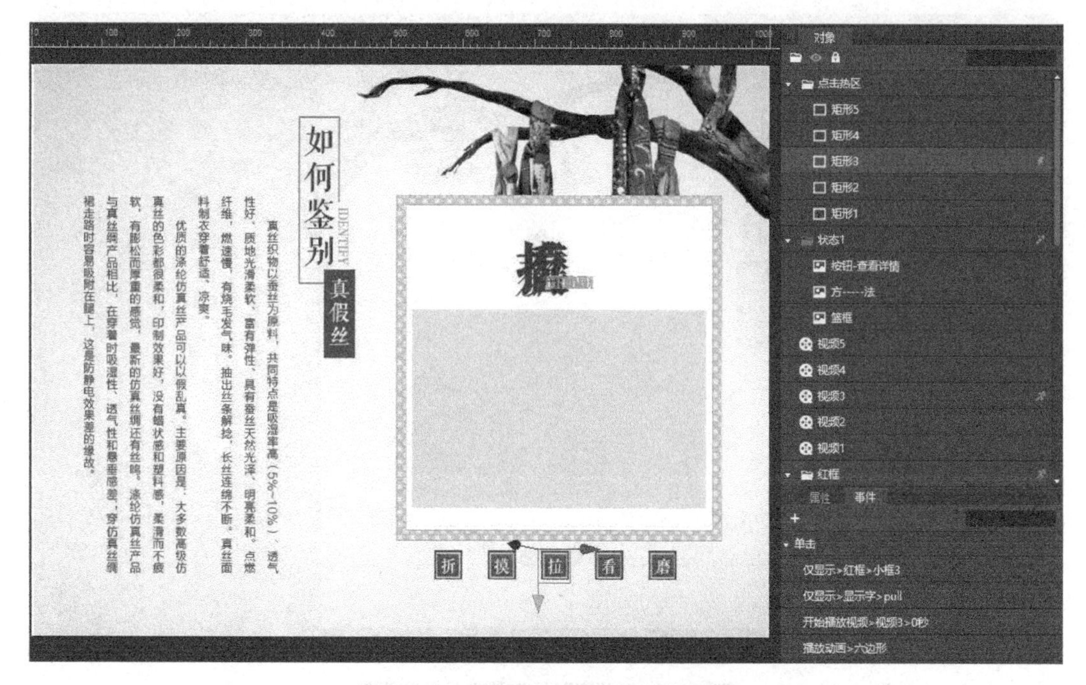

图 3-8-20 “拉”按钮的事件动作设置

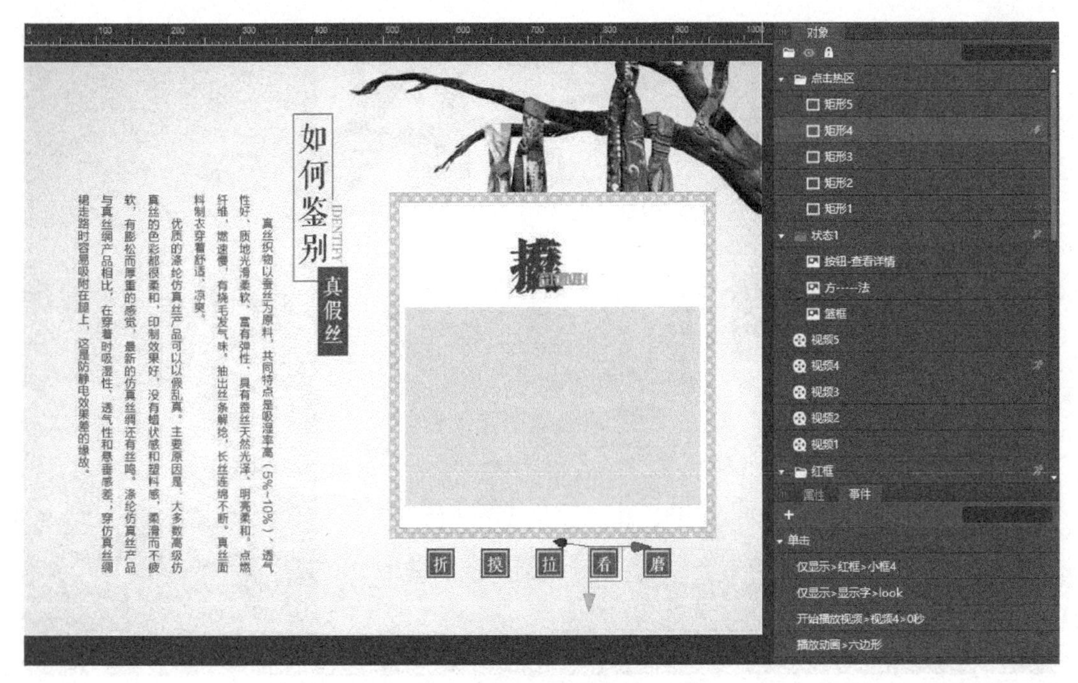

图 3-8-21 “看”按钮的事件动作设置

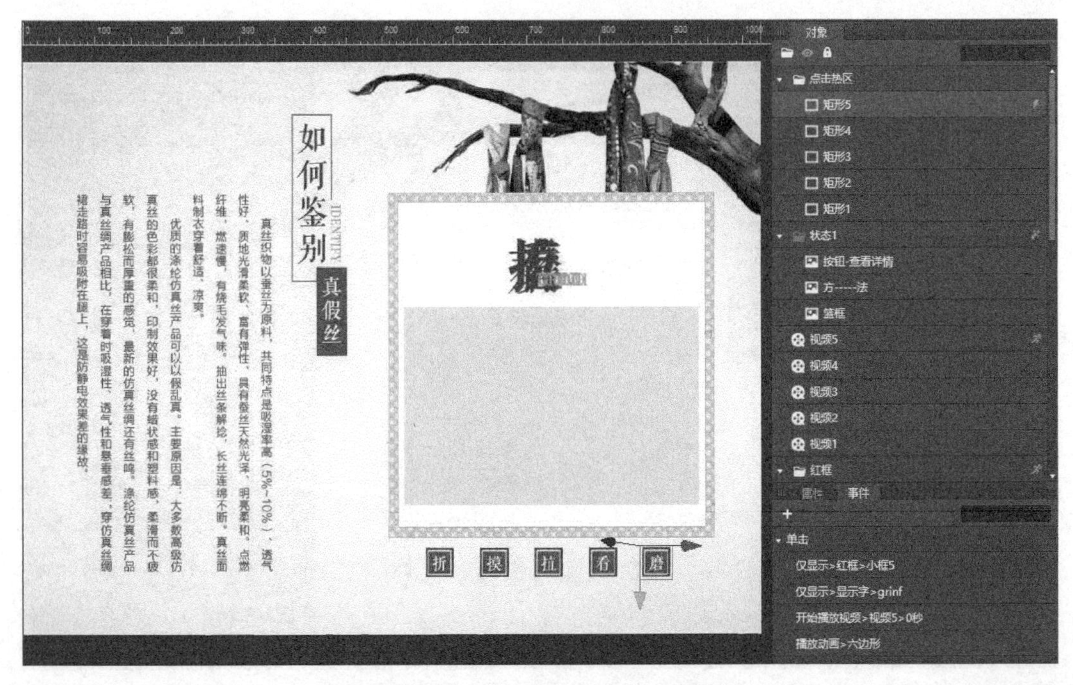

图 3-8-22 “磨”按钮的事件动作设置

二、快捷键

为了方便操作，Diibee Author 内置常用快捷键，详见表 3-8-1、表 3-8-2，以供参考。

表 3-8-1　常用命令快捷键

命　　令	快　捷　键	命　　令	快　捷　键
新建	Ctrl+N	打开	Ctrl+O
关闭	Ctrl+W	保存	Ctrl+S
另存为	Ctrl+Shift+S	文件信息	Ctrl+Alt+I
退出	Ctrl+Q	首选项	Ctrl+K
脚本设置	F9	问答组设置	Ctrl+Shift+Q
撤销	Ctrl+Z	重做	Ctrl+Y
剪切	Ctrl+X	复制	Ctrl+C
粘贴	Ctrl+V	删除	Del
群组	Ctrl+G	取消组	Ctrl+Shift+G
放大	Ctrl++	缩小	Ctrl+−
适合屏幕	Ctrl+0	实际尺寸	Ctrl+1
网格	Ctrl+`	标尺	Ctrl+R
十字光标	Ctrl+/	隐藏参考线	Ctrl+;
预览	Ctrl+Enter	预览当前页	Ctrl+Shift+Enter
发布	F12	检查更新	Ctrl+F1

表 3-8-2　方位移动快捷键

对应操作效果	控　制　键	对应操作效果	控　制　键
$X-1$	Left	$X+1$	Right
$Y-1$	Up	$Y+1$	Down
$X-10$	Shift+Left	$X+10$	Shift+Right
$Y-10$	Shift+Up	$Y+10$	Shift+Down

第四章　Diibee4.0 进阶功能

第一节　交 互 设 计

一、概念与发展

交互设计是人工制品、环境和系统的行为，以及传达这种行为外形元素的设计与定义。不像传统的设计学科主要关注事物的形式和内容，交互设计首先旨在规划和描述事物的行为方式，然后描述传达这种行为的最有效形式。交互设计是一个集技术和艺术两者于一体的学科，需要和使用者进行互动，因此“如何去做好”是更重要的。从用户这个角度来讲，交互设计是一项让用户更容易使用、让人感觉更为愉悦的技术，在了解目标和用户的期望方面，已经进行了大量的工作。

我国传统文化里面，“技艺相通”的思想说明了交互设计的哲学观点。在不同的文化发展过程中，人们对技术、艺术的内涵理解是有差异的，所以技术和艺术的内涵在不同的历史时期是变化的。在新的时期，伴随世界数字化、全球信息化，数字媒体艺术的发展和科学技术的发展联系更加紧密。这就对交互设计促进数字媒体艺术的发展，提出了更高的要求。

当今，发达的数字媒体技术已经把文字、声音、图像、语言等复杂的声、光信息处理成为能够进行计算和处理的数字语言。这就给数字媒体的艺术化发展奠定了基础，使得新型的艺术创造形式得到体现。多通道、多媒体的智能人机交互，既是一个挑战，也是一个极好的机遇。

利用人的多种感觉通道和动作通道（如语音、手写、姿势、视线、表情等输入），以并行、非精确的方式与（可见或不可见的）计算机环境进行交互，可以提高人机交互的自然性和高效性。

在新数字媒体技术发展的条件中，既要根据工作的需要把技术工作和艺术工作的交互设计分开，同时也要进行全方位的交流。在进行数字多媒体的开发过程中，要把艺术设计作为一种技术的实现过程，通过交互式设计把数字媒体的研发特点和技术性结合在一起。

二、交互类型

（一）按使用场景分类

1. 接口类

该类型是最常见的交互设计的种类，为了达到一定的目的，必须通过屏幕体验互动。比如手机上的微信、淘宝、浏览器等软件，或者打印机上的触摸操作界面，都是界面式的交互设计，是以实物为载体的虚拟系统。

2. 物理类

这种交互设计与工业设计密切相关。由于产品具有实体性，在交互设计过程中，除了视觉之外，还必须考虑材料、硬件结构、人为因素等要素。比如手机、相机、鼠标等都属于物理交互设计的种类，它们都是真正的产品。

3. 服务类

所谓服务类交互设计，是指企业与客户群之间的交互。它没有固定的实体、形式或产品。针对个别案例的需要，给予不同的计划和策略，旨在提供更好的互动体验，以增强用户对于公司或其他产品的信任和忠诚度。例如，客服电话语音系统、互动营销等都属于服务互动设计。

（二）按数字出版物形式分类

随着数字技术的发展，数字出版物的类型和形式也越来越多，带给人的新奇感也越来越多。其从一开始只有展示型，发展到现在多样的交互类型。以下介绍常用的三种交互类型。

1. 展示类

虽然现在交互类型多种多样，但是展示类的主导地位还是不容动摇的。展示类属于图文型，常见的是翻页，多用于一些产品、功能、活动介绍、总结报告中。除了翻页以外，还有点击、输入文字、擦除屏幕、滑动屏幕等。

2. 游戏类

游戏类也是非常火热的一种类型，越来越成为企业选择的营销方式。游戏类以其可爱的画风、简单的操作、诱人的奖励虏获了许多用户。通过游戏，企业不仅达到了营销推广的目的，还能够提高企业在用户心目中的形象。

3. 产品类

产品类和上面两种类型有所不同。一般来说，产品类是作为一个长期运营的产品存在的，用户的访问可能会更固定。

三、交互制作

(一)同页面点击切换效果制作

1. 效果展示

首先来了解同页面点击切换的效果，如图 4-1-1 所示。分别点击上方 L、O、V、E、LOVE 5 个按钮，可实现下方内容的切换。

图 4-1-1　同页面点击切换效果

2. 效果分析

通过观察交互效果，可以知道上方的 5 个小图标均有两种状态，一种是未点击前的状态（初始状态），一种是点击后的状态（点击状态）。在点击上方任意初始状态的图标时，将同时触发以下情况：

（1）图标发生变化：对应初始状态图标变成点击状态图标。

（2）内容发生切换：下方的展示切换到对应内容。

由此，可以看出交互逻辑较为清晰简单，只要理清点击每个初始状态图标时需要显示的对象，其余不需要显示的对象隐藏即可。

3. 导入素材

当开始制作时，首先需要将本次制作的素材导入到软件中，如图 4-1-2 所示。点击图片按钮，在资源库中添加图片素材。

4. 素材重命名

如图 4-1-3 所示，为了更好地明确对象，可以重新命名图片，也方便对图片进行群组，避免出现图片错乱的问题。点击左上角的对象窗口，依次为各个图片素材进行命名。

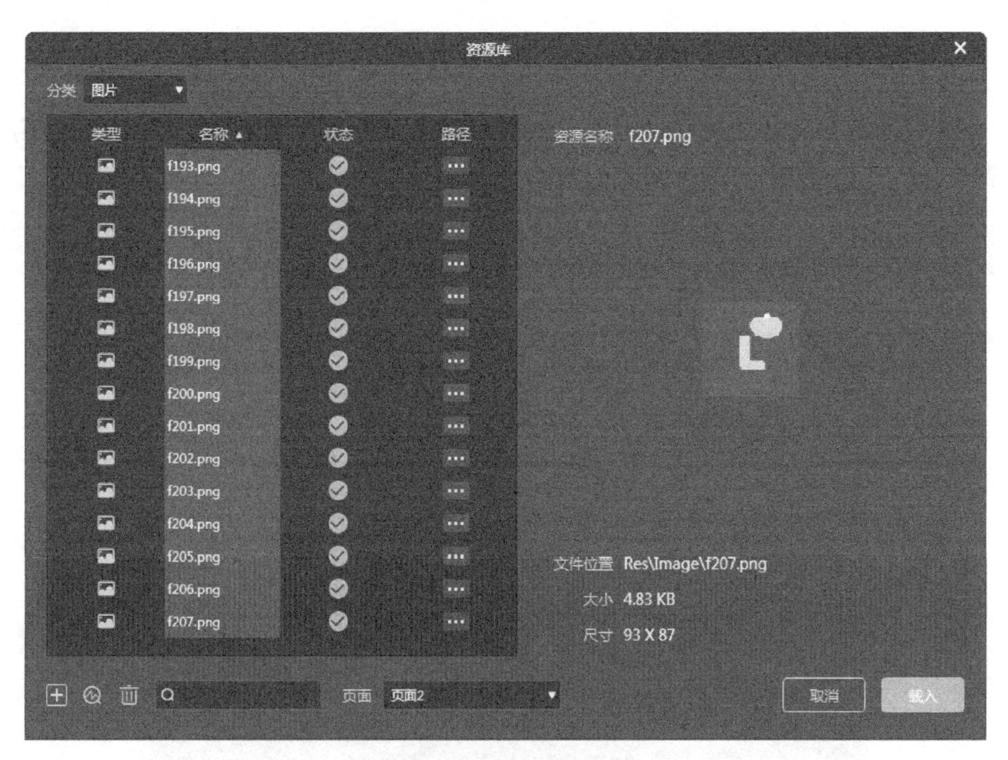

图 4-1-2　添加图片素材

5. 对象分组

通过前面的效果分析，知道对象列表中对象可以分为：初始状态、选中状态、展示状态，所以就按照这三种类型进行群组。

根据分组类型，选中所有需要群组的对象，点击鼠标右键，弹出下拉菜单中选择“群组”，双击群组，进行重命名，依次是：初始状态、选中状态、展示状态（图 4-1-4）。

图 4-1-3　图片重命名

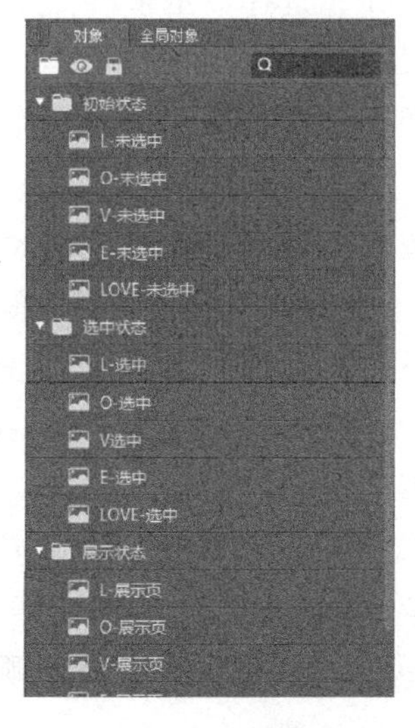

图 4-1-4　对象分组

6. 创建事件与动作

（1）为对象 L-未选中创建事件与动作

【交互逻辑】单击“L-未选”中，图标变化为“L-选中”，之前任意选中图标还原至初始状态，下方显示“L-展示页”，其他按钮不变。

如图 4-1-5 所示，选择对象“L-未选中”，在事件窗口中点击“■”新建事件按钮，在弹出的事件菜单中选择单击事件。

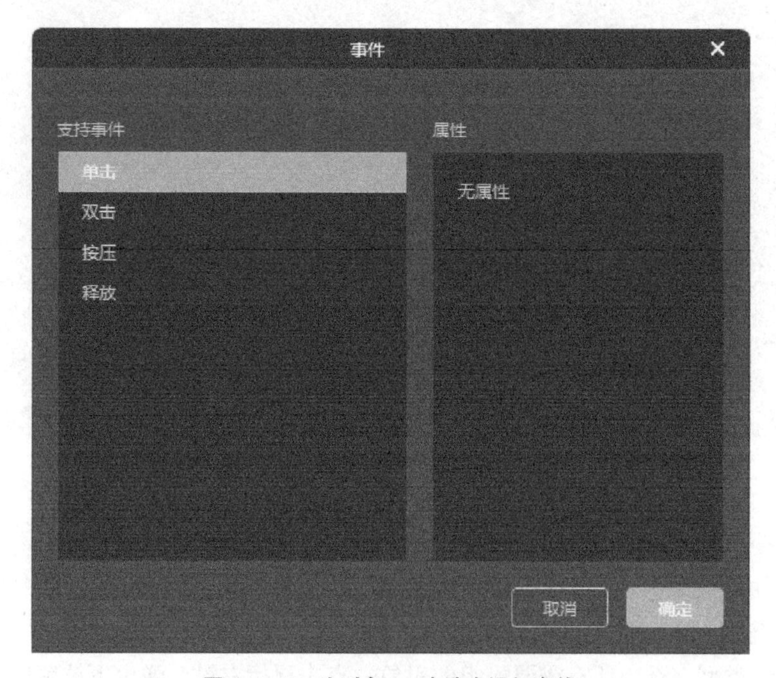

图 4-1-5　为对象 L-未选中添加事件

在事件窗口中，选择单击事件，点击鼠标右键，在弹出的下拉菜单中选择新建动作，弹出动作菜单。

在动作菜单中，按图 4-1-6 所示顺序，依次为对象进行显示及隐藏动作的添加及属性设置。

（2）为对象 O-未选中创建事件与动作

【交互逻辑】单击“O-未选中”，图标变化为“O-选中”，之前任意选中图标还原至初始状态，下方显示“O-展示页”，其他按钮不变。

如图 4-1-7 所示，选择对象“O-未选中”，在事件窗口中点击“■”新建事件按钮，在弹出的事件菜单中选择单击事件。

在事件窗口中，选择单击事件，点击鼠标右键，在弹出的下拉菜单中选择新建动作，弹出动作菜单。

在动作菜单中，按图 4-1-8 所示顺序，依次为对象进行显示及隐藏动作的添加及属性设置。

图 4-1-6 对象 L-未选中添加动作

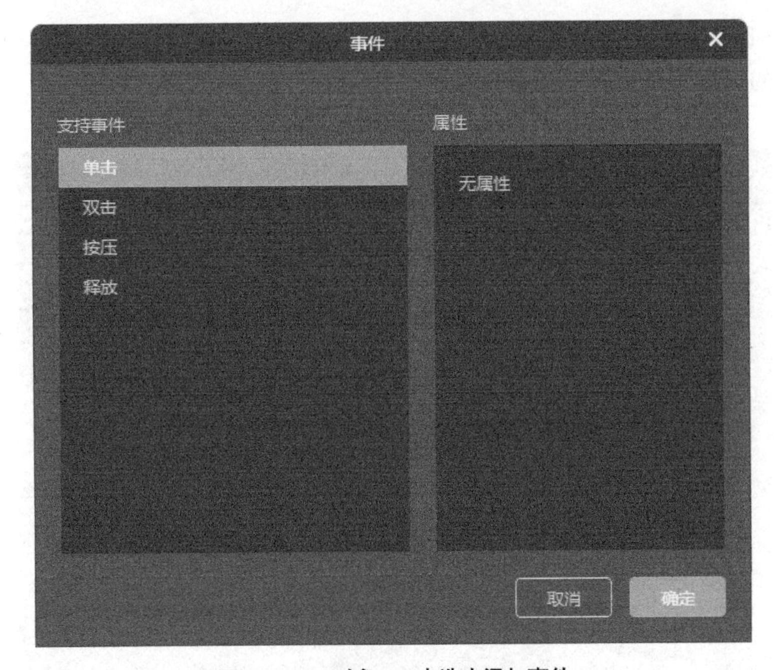

图 4-1-7 对象 O-未选中添加事件

（3）为对象 V-未选中创建事件与动作

【交互逻辑】单击"V-未选中"，图标变化为"V-选中"，之前任意选中图标还原至初始状态，下方显示"V-展示页"，其他按钮不变。

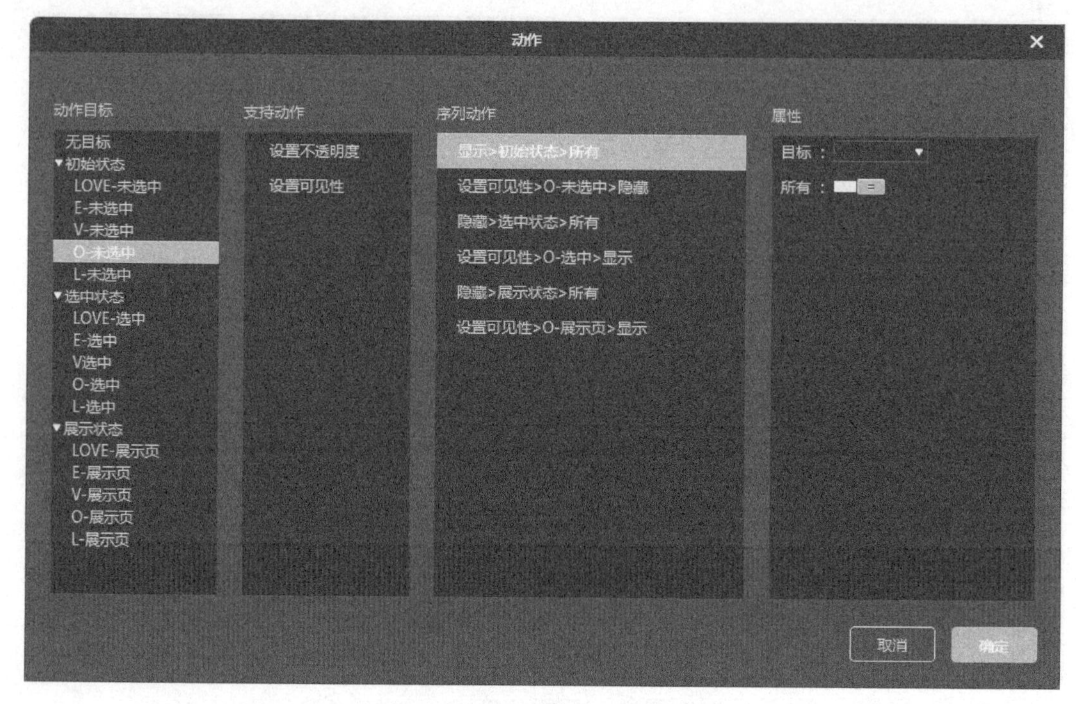

图 4-1-8　对象 O-未选中添加动作

如图 4-1-9 所示，选择对象“V-未选中”，在事件窗口中点击“+”新建事件按钮，在弹出的事件菜单中选择单击事件。

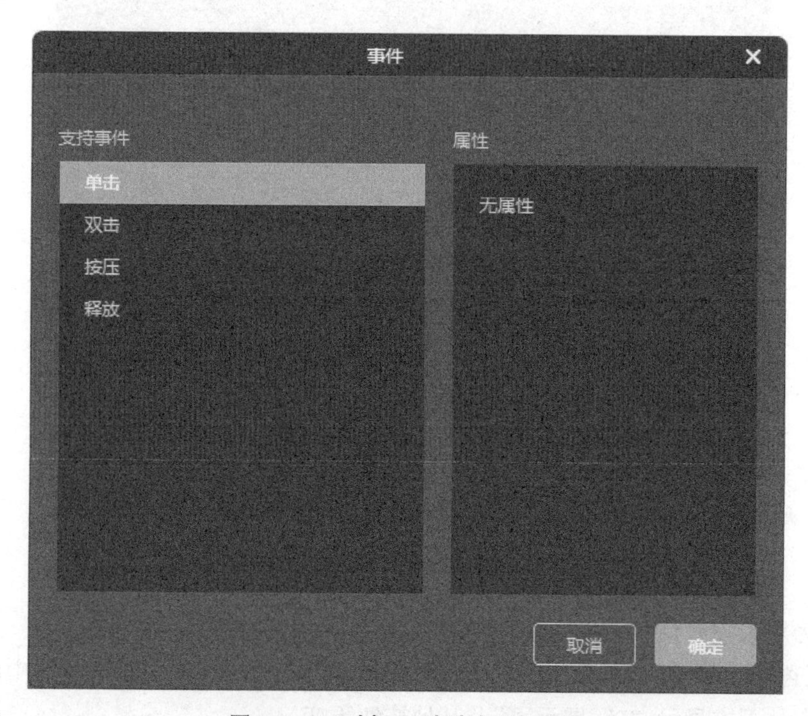

图 4-1-9　对象 V-未选中添加事件

在事件窗口中，选择单击事件，点击鼠标右键，在弹出的下拉菜单中选择新建动作，弹出动作菜单。

在动作菜单中，按图 4-1-10 所示顺序，依次为对象进行显示及隐藏动作的添加及属性设置。

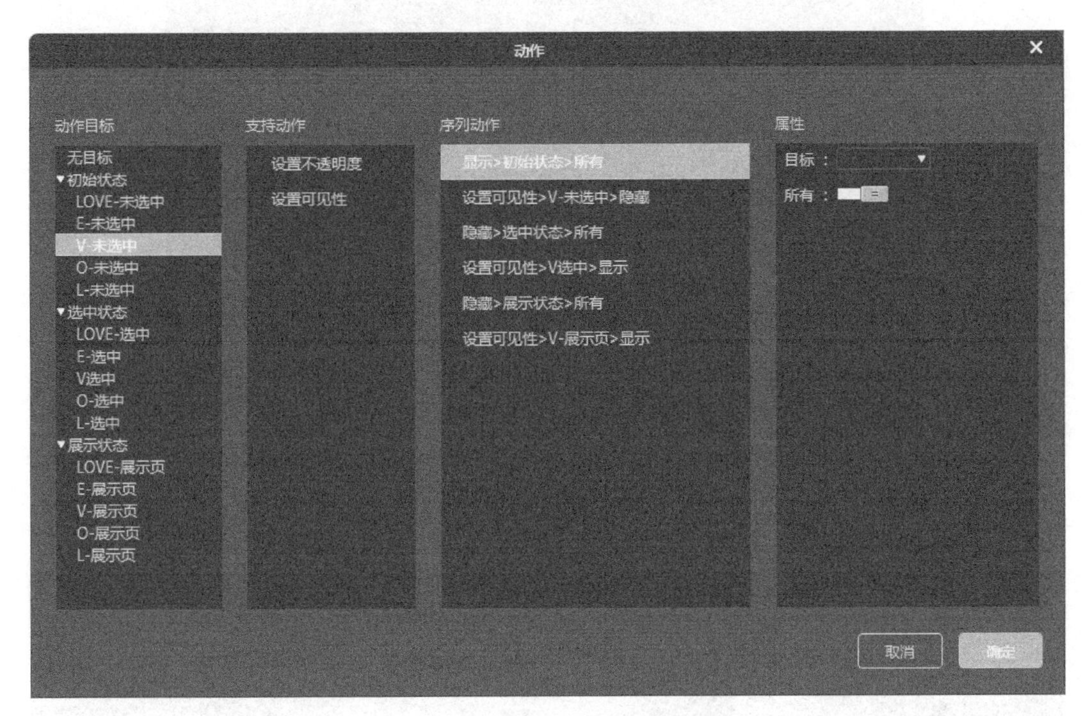

图 4-1-10　对象 V-未选中添加动作

（4）为对象 E-未选中创建事件与动作

【交互逻辑】单击“E-未选中”，图标变化为“E-选中”，之前任意选中图标还原至初始状态，下方显示“E-展示页”，其他按钮不变。

如图 4-1-11 所示，选择对象“E-未选中”，在事件窗口中点击“+”新建事件按钮，在弹出的事件菜单中选择单击事件。

在事件窗口中，选择单击事件，点击鼠标右键，在弹出的下拉菜单中选择新建动作，弹出动作菜单。

在动作菜单中，按图 4-1-12 所示顺序，依次为对象进行显示及隐藏动作的添加及属性设置。

（5）为对象 LOVE-未选中创建事件与动作

【交互逻辑】单击“LOVE-未选中”，图标变化为“LOVE-选中”，之前任意选中图标还原至初始状态，下方显示“LOVE-展示页”，其他按钮不变。

如图 4-1-13 所示，选择对象“LOVE-未选中”，在事件窗口中点击“+”新建事件按钮，在弹出的事件菜单中选择单击事件。

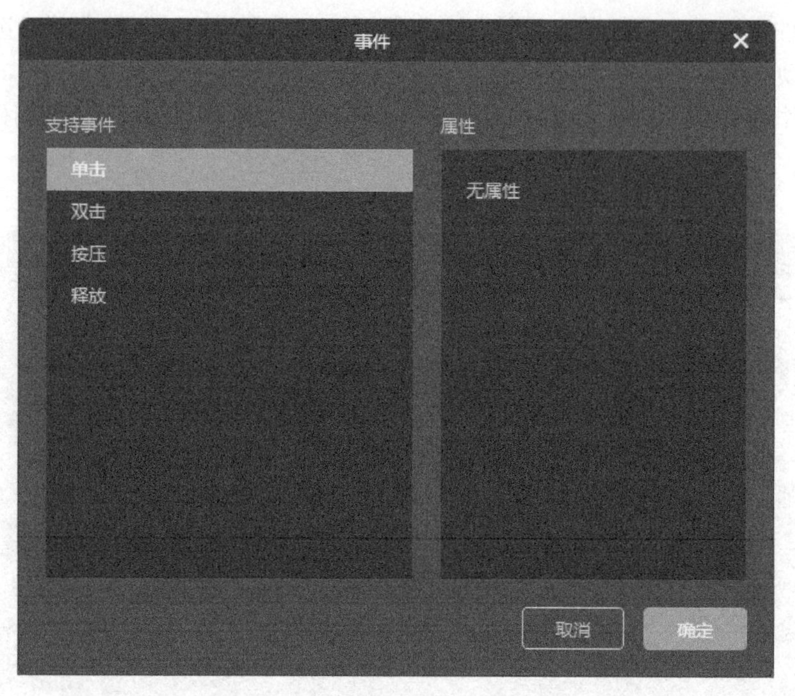

图 4-1-11　对象 E-未选中添加事件

图 4-1-12　对象 E-未选中添加动作

在事件窗口中，选择单击事件，点击鼠标右键，在弹出的下拉菜单中选择新建动作，弹出动作菜单。

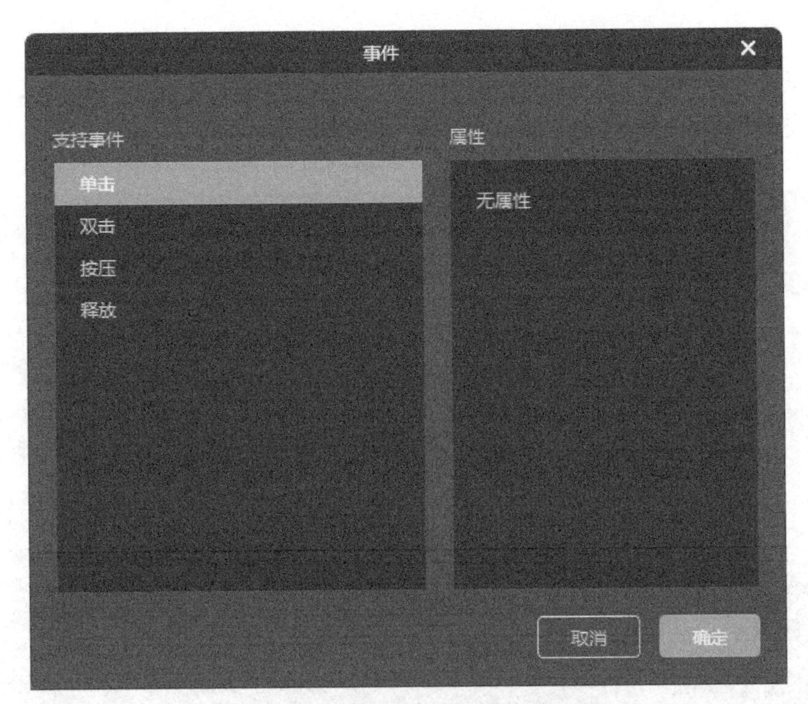

图 4-1-13 对象 LOVE-未选中添加事件

在动作菜单中，按图 4-1-14 所示顺序，依次为对象进行显示及隐藏动作的添加及属性设置。

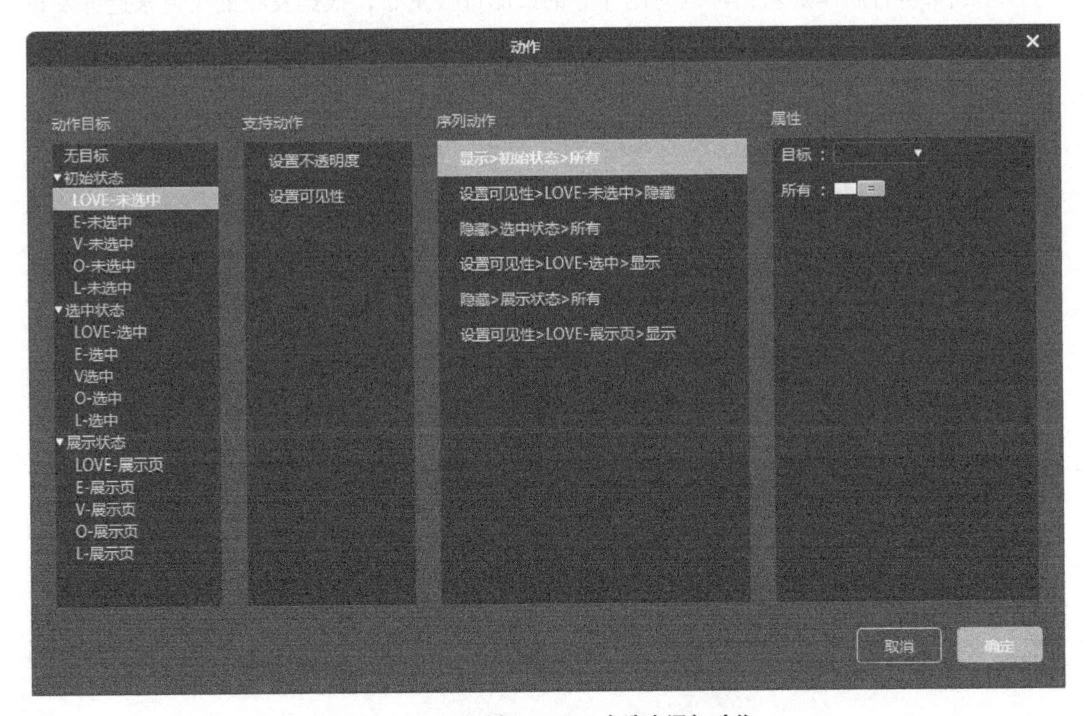

图 4-1-14 对象 LOVE-未选中添加动作

7. 预览及发布

制作完事件和动作后，可以预览成果，检查制作的效果是否与要求一致。点击右上角的预览按钮，即可生成预览文件，如图 4-1-15 所示。

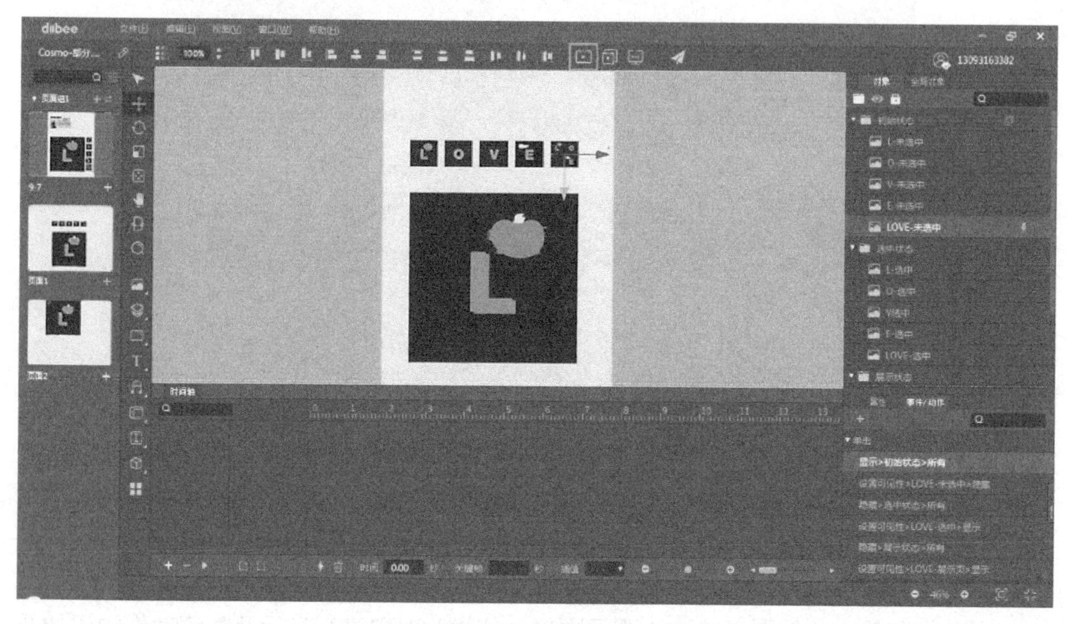

图 4-1-15　成品预览

当成果符合制作要求，可以对制作好的成品进行发布，根据发布的渠道来选择发布方式，如图 4-1-16 所示，至此同页面点击切换效果的制作完成。

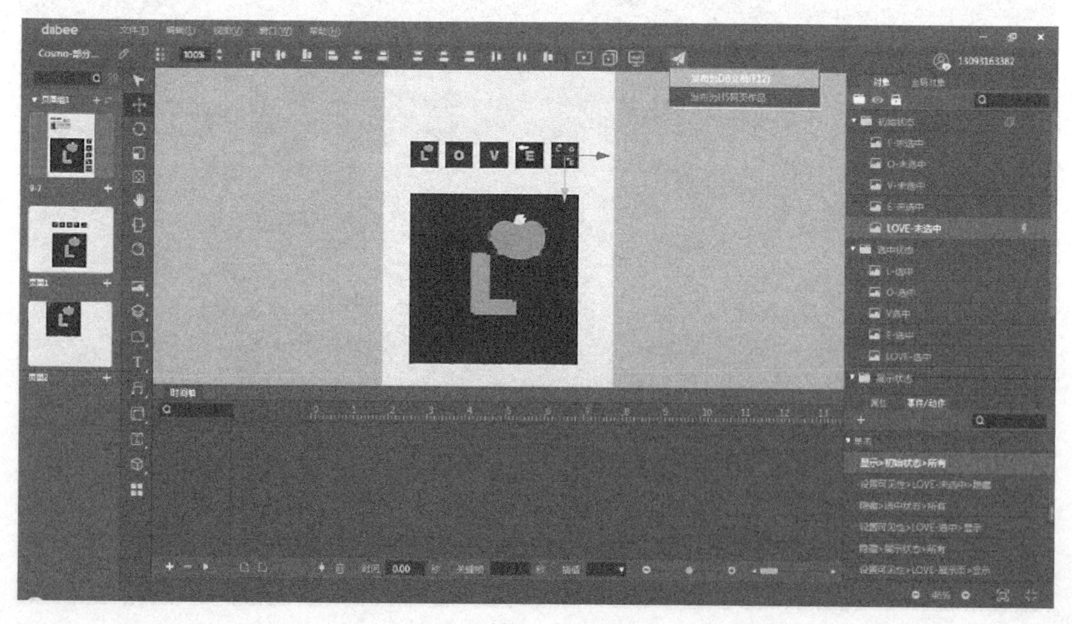

图 4-1-16　成品发布

（二）多页面长按切换音频效果制作

1. 效果展示

首先来了解多页面长按切换音频效果。当按压页面中的“长按”，页面切换并且背景音乐被切换成对应动画片的台词和主题曲。释放“长按”，页面切回，并且暂停动画音频，继续播放背景音乐，如图 4-1-17 所示。

图 4-1-17　效果展示

2. 效果分析

通过观察交互效果，可以知道要实现交互效果，需用到收发消息的命令，接下来逐一分析：

（1）怎么设置才能在按压时使原本的背景音乐暂停，播放动画音频？

背景音乐是加在“全部”页面上的，所以在按压内页“长按”按钮时，首先需要向“全部”页面发送暂停的消息的动作，而“全部”页面上同时需要添加接收暂停消息的事件，并且为事件添加暂停播放背景音乐的动作。这样就能在按压时，实现背景音乐暂停的效果。最后再在按压事件上添加播放动画片台词和主题曲的动作来实现动画音频的播放。

（2）怎么设置才能在释放时又继续播放背景音乐，暂停动画音频呢？

基于（1）的设置，再在释放事件上添加暂停播放动画片台词和主题曲的动作来实现动画音频的暂停。

3. 导入素材

当开始制作时，首先需要将本次制作的素材导入到软件中，如图 4-1-18 所示（这里以机器猫页面为例，其他页面类似）。点击图片按钮，在资源库中添加图片素材。

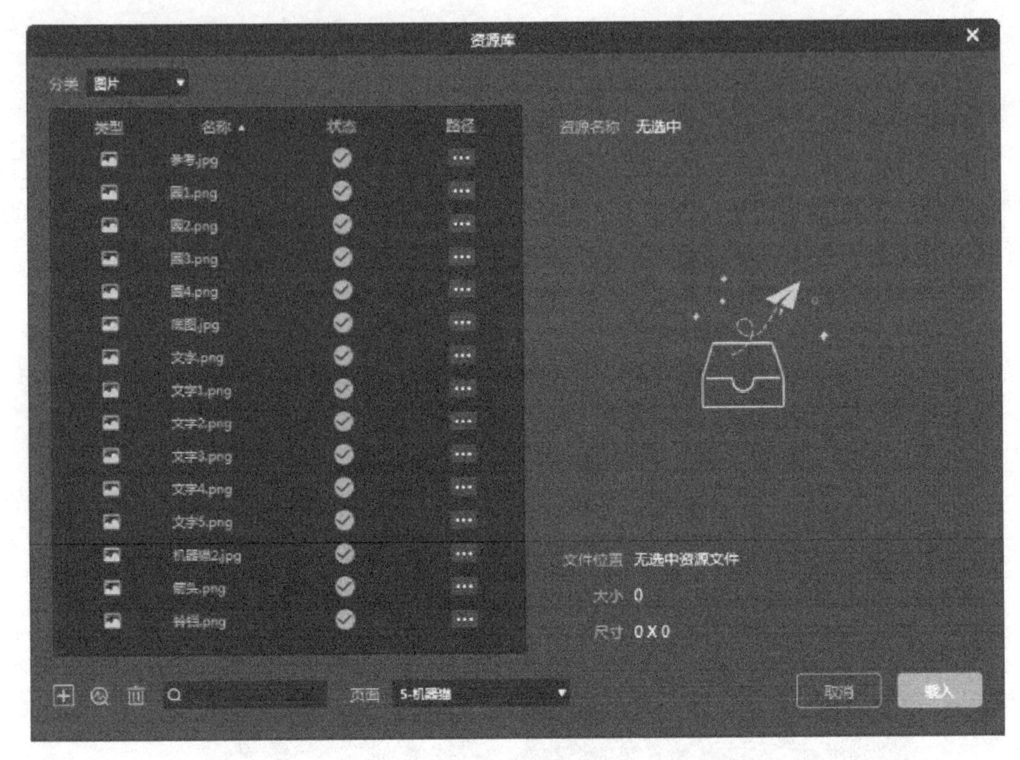

图 4-1-18 导入素材

4. 素材重命名

为了更好地明确对象，可以重新命名图片，也方便对图片进行群组，避免出现图片错乱的问题。点击左上角的对象窗口，依次为各个图片素材进行命名（图 4-1-19）。

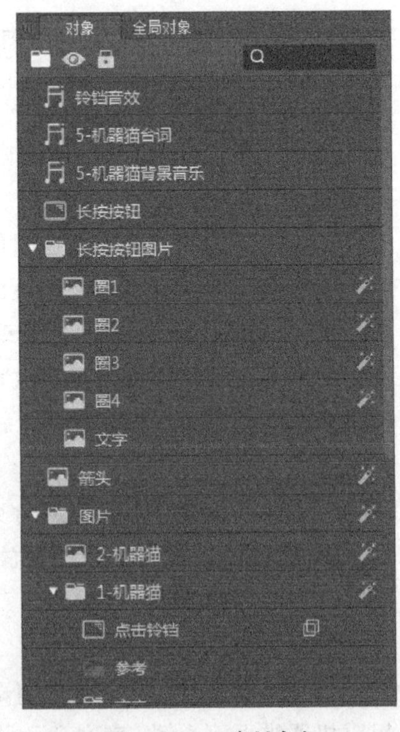

图 4-1-19 素材命名

5. 为按压事件添加发送消息及音频动作

选择“长按按钮”后，在事件窗口中选择“按压事件”，点击鼠标右键，弹出下拉菜单，选择“编辑动作”，在弹出的动作菜单进行以下设置（全部设置完成后，点击“确定”保存设置）：

如图 4-1-20 所示，在动作菜单的“动作目标”中选择“无目标”，“支持动作”中选择“发送消息”，在属性栏中选择页面类型，指向页面选择“全部”，并在消息中输入“暂停”。

如图 4-1-21 所示，在动作菜单的“动作目标”中选择“5-机器猫台词”，“支持动作”中选择“开始播放音频”，在属性栏中编辑从音频的开头 0 秒处播放音频。

图 4-1-20　添加“发送消息”动作

图 4-1-21　添加“开始播放音频”动作

因为点击按压时，需要先说机器猫台词，然后再播放机器猫的主题曲，所以在设置机器猫主题曲的播放动作之前，需要添加延时动作，具体步骤如下：

如图 4-1-22 所示，在“动作目标”中选择“无目标”→在“支持动作”中选择“延迟”→在属性中设置延迟 2 秒。

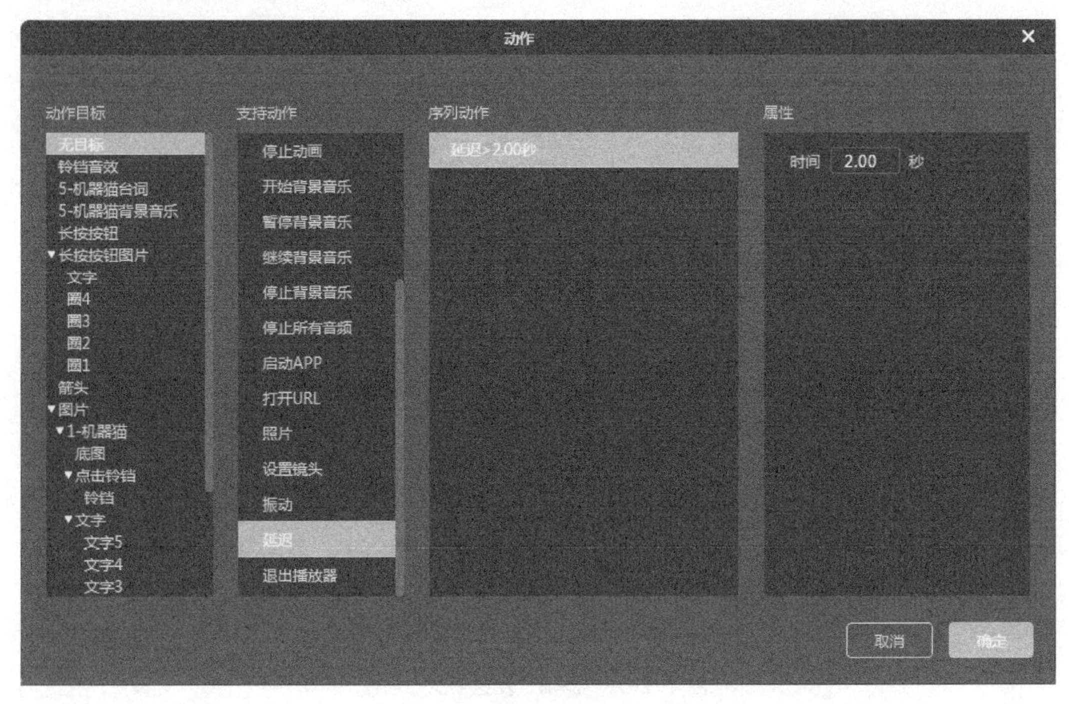

图 4-1-22　添加“延迟 2 秒”动作

如图 4-1-23 所示，在“动作目标”中选择“5-机器猫背景音乐”→在“支持动作”中选择“开始播放音频”→在“属性”中编辑从音频的开头 0 秒处播放音频。

图 4-1-23　添加“开始播放音频”动作

6. 为释放事件添加发送消息及音频动作

通过问题分析知道，释放事件上添加发送消息是播放，而为两个音频添加的动作则是暂停播放的动作。操作步骤相较于在按压事件上的添加步骤，只是少了一步延迟动作的添加，这里将不再多做说明。

7. 为全部页面添加接收消息事件

选择全部页面，在未选择任何对象的状态下，点击事件窗口中的“+”新建按钮，新建两个接收消息事件，并且在属性中分别编辑“暂停”“播放”两个消息。

8. 为接收暂停、播放消息事件添加对应动作

如图 4-1-24 所示，分别选择事件窗口中的“接收消息-暂停”“接收消息-播放”事件，点击鼠标右键选择新建动作菜单，在动作菜单中“音频”目标，为音频分别添加：“暂停播放音频”以及“开始播放音频”动作，然后点击“确定”保存设置。

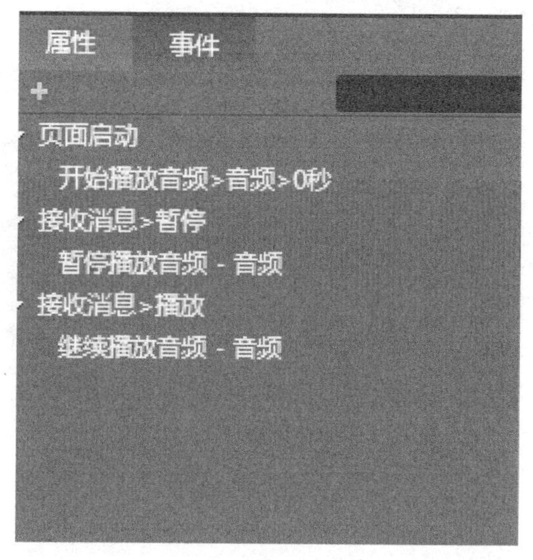

图 4-1-24 添加“暂停 / 开始播放音频”动作

9. 预览及发布

制作完事件和动作后，可以预览成果，检查制作的效果是否与要求一致。点击右上角的预览按钮，即可生成预览文件，按图 4-1-25 所示。

当成果符合制作要求，可以对制作好

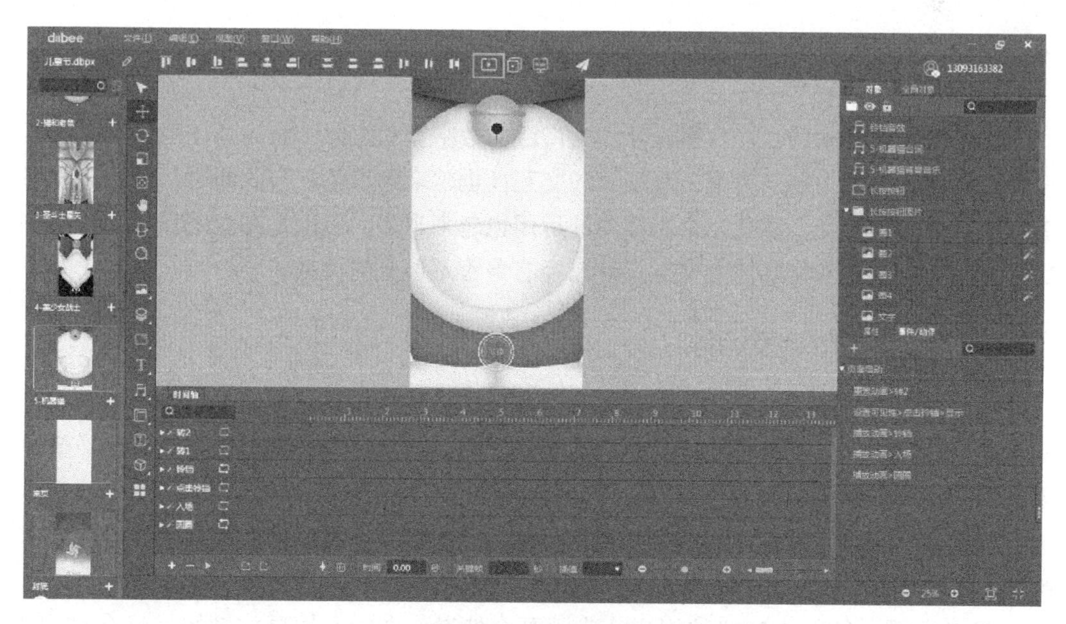

图 4-1-25 成品预览

的成品进行发布，根据发布的渠道来选择发布方式，如图 4-1-26 所示。至此多页面长按切换音频效果的制作完成。

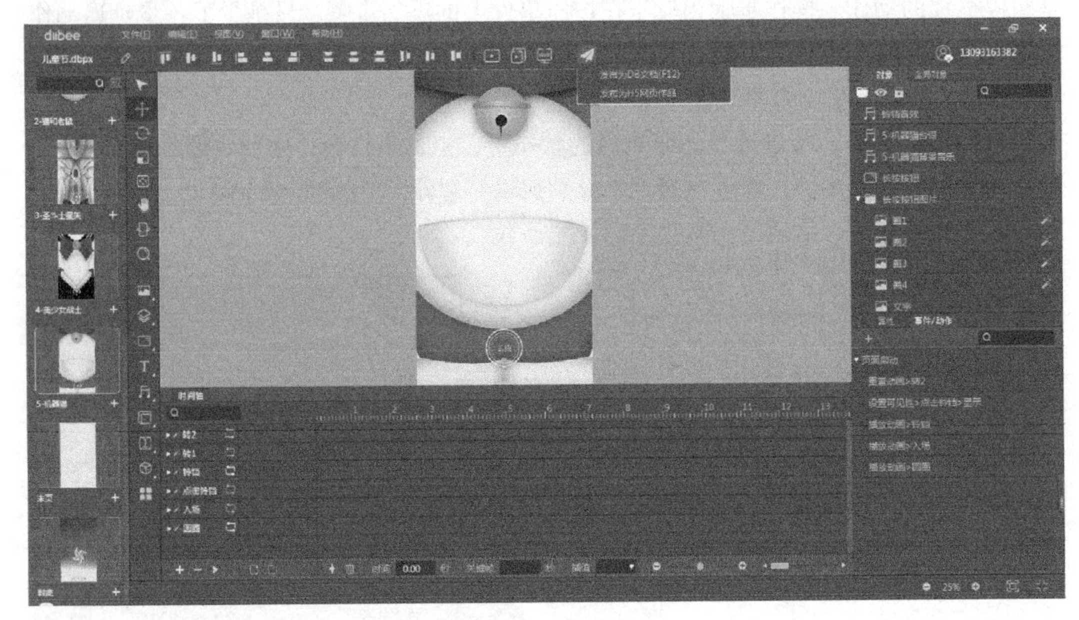

图 4-1-26　成品发布

第二节　动 画 设 计

一、概述

随着计算机技术的深入，富媒体作为广泛的数字互动媒体，对动画、视频、音频等多种资源的整合能力越来越强，表现力和交互性也越来越出色。与此同时，为了让使用者有更好的操作感受，动画在富媒体中的运用也越来越多。不论是在应用程序，还是在 Web 网络中，动画和富媒体的交互设计已经有着密不可分的关系。

（一）动画的效果及优势

随着体验经济时代的到来，人们对数字媒体产品的要求不仅仅体现在功能和界面美观方面，而且体现在更多关注产品强大功能的实际有效性。人们对产品开始提出了新的要求——良好的体验性和情感交流。

进行数字媒体产品设计的时候，适当地加入动画效果，可以使产品摆脱程序冷冰冰的感觉，增加产品的亲和力，明显地提高交互操作的友好性。

调查显示，有超过 50% 的用户认为动画会使操作者的心情更加愉快，只有 9% 的用户认为动画不会对操作心情产生影响。这说明了在交互中加入动画，会使大多数的用户在操作时心情更加愉悦。

精致的动画效果不仅使操作界面更加华丽，增加操作的趣味性。更重要的是，它可以使操作成为一个过程，增加操作者对于操作的认识，从而使操作的识别性和判断性更强。

由此可见，动画运用已经成为交互设计中相当重要的一环。

（二）动画设计的基本法则

目前，动画的实现方式多种多样。所有的计算机语言几乎都能根据需要来实现动画效果。虽然在数字产品的设计中加入动画，会在一定程度上会降低产品的工作效率，但是在计算机技术飞速发展的今天，动画产生的效率问题对于绝大多数用户来说已经很难察觉，这些动画几乎不会影响操作的执行效率。

在设计动画时，并不是胡乱地在交互方式中加入动画，而是应当注意，加入的动画能够增强数字媒体产品的亲和力、友好性，更具有易用性。所以应该遵循以下原则：

（1）动画与主题之间的一致性。设计动画的时候，应当将动画作为产品的一个部分来考虑。动画的风格、实现方式应该采用与产品主题相关的元素或思想。

（2）动画与动画之间的一致性。数字媒体产品中的动画设计力求简单清晰、风格统一，风格杂乱会使使用者眼花缭乱，不知所措。

（3）把握动画数量。动画不是越多越好，而是应以用户体验为中心，切忌太花哨分散用户的注意力。

（4）把握动画质量。单调生硬的动画已经无法满足大众的需求，体验良好的动画必须符合人们的视觉经验，要以动画的原理为指导进行设计。

（三）动画制作的基础原理

基本法则为数字媒体产品中的动画设计提供了引领，而落实到具体的动画制作中，需要掌握更细致的基础原理。这些原理指导着动画制作的技术和方法，也直接影响到所创作动画的最终效果。因此在着手设计动画之前，一定要对这些原理有所了解。

迪士尼动画师 Frank Thomas 和 Ollie Johnston 提出了 12 条经典的动画原理，这里就借鉴这 12 条原理做详细的说明。

1. 挤压和拉伸

动画物体在运动中会变得更长或更平，以强调它们的速度。通过一个物体被挤压和拉伸的数量，能看出它的重量和柔软度。

比如皮球弹跳后落到地面时球体会被压扁，这就是挤压的体现（图 4-2-1）；当皮球弹跳起来后要在它弹跳的方向上拉伸变形。挤压和拉伸也可以用来夸大面部表情，在动画创作的过程中，这个原理的使用是非常广泛的。

但要注意的是，在挤压和拉伸的过程中，无论物体发生怎样的形变，保持它的总体

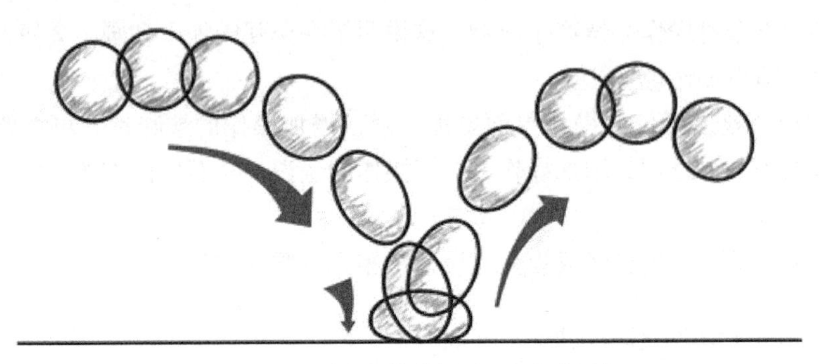

图 4-2-1 挤压和拉伸例图——皮球下落

积和质量不变是非常重要的。

2. 动作预备

动作预备是指在发生主要动作之前的准备动作，它虽然不是主要动作，但主要动作却需要预备动作来引导。比如说在你投掷一个球之前必然要先向后弯曲你的手臂获得足够的势能。这个向后的动作就是预备动作，投掷就是动作本身（图 4-2-2）。

动作预备预示着即将发生的动作，通常情况下，当做出预备动作的时候，几乎会猜到它的主要动作是什么。从某种角度来讲，预备动作比主要动作更重要，没有预备动作只有主要动作的动画观看起来非常不舒服，很假。

图 4-2-2 动作预备例图——投掷

3. 动作布局（表现力）

动作布局是指要尽可能直观清晰地表现动作的意图，以使观众能够更好地理解。动作表现力能够很好地渲染气氛，因为它直接影响着观众主观的态度、情绪、反应以及想法等，从而使观众对一个动画情节的好与坏做出评价。那么如何才能更好地把控动作表现力呢?

首先，不要在同一时间出现过多的动作，这样很容易混淆观众的视线，使观众抓不住重点及主要动作。其次，动作要与角色的情绪相配合，好的动作表现力能够直接吸引观众的注意力，使观众能够尽快地投入到剧情中。

另外特别需要强调的是，对背景角色动作的设计要适当，背景角色的动作必不可少，因为它是为了配合前景角色动作的。但它只是起到辅助及衬托的作用，因此不能抢了前景角色的风头。背景与前景角色的动画要协调配合，好的背景角色的动作能够清晰地衬托出前景角色的动作（图 4-2-3）。

图 4-2-3 动作布局例图

4. 制作手法

制作动画有两种方法：一气呵成制作和关键帧制作。一气呵成制作指的是按顺序逐帧绘制或是摆出角色具体的姿势，直到整个动作序列都做出来为止。这种方法对动画师的要求非常高，需要对动画的把握非常到位才可以。

关键帧制作动画是指从一个姿势到另外一个姿势的制作，也就是说先做出关键帧动作，然后再制作中间帧部分，这也是计算机动画主要采用的方法和原理（图 4-2-4）。它比一气呵成的制作方法容易得多，对动画设计者的要求也相对低一些，只要把节奏调整好就成功一大半。

在通常情况下，我们应该采用两者相结合的方法来制作动画。

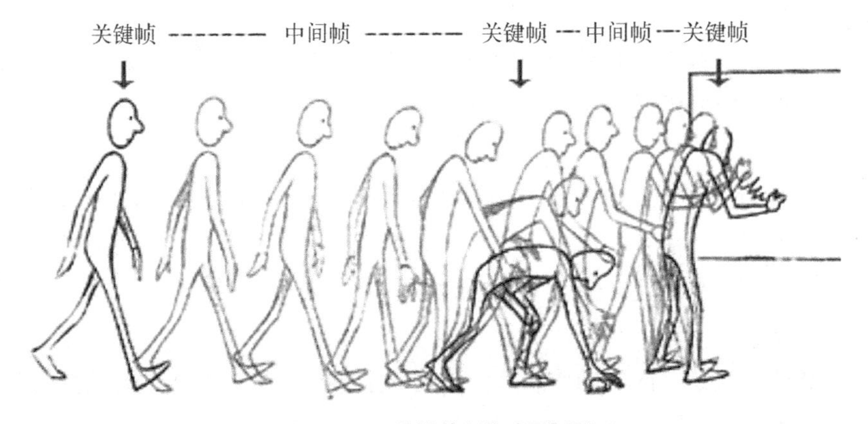

图 4-2-4 关键帧制作动画例图

5. 动作跟随和动作重叠

动作跟随与动作重叠也是主要动作的辅助动作，用于衬托主要动作，如图 4-2-5 所示。

图 4-2-5　动作跟随与动作重叠例图——松鼠的尾巴

首先动作跟随是指物体的运动超过了它应该停止的位置，然后折返回来，回到它应该停止的位置。比如说做投掷的动作，你首先要把你的手向后摆，这是动作预备，是为了将来做投掷的动作做准备。然后投球出去后胳膊因为惯性没有停下来而是继续向前摆，所谓的动作跟随就是发生在这个时刻，胳膊没有停在本应该停止的位置上而是靠惯性继续摆动一段时间然后反方向摆回来。

而动作重叠本质上是因为其他动作的连带性而产生的跟随动作，而且时间上动作间有互相重叠部分。比如，一只昆虫在行走着，头上顶着的触角会随着身体的摆动而摇摆不停。这就是所谓的动作重叠，即因为主体动作的连带性而产生的动作，同时叠加在主体动作上的动作。如果将动作跟随和动作重叠制作好了，动画将非常生动形象。

6. 慢进慢出

这一原则指动作开始缓慢，中间快速，结束动作也是由快到慢。这是为了使动作看起来更加自然、不僵硬，几乎所有的动作都需要有慢进和慢出的效果。例如，弹跳的小球当它起跳时，受重力影响速度应该越来越小（慢进）；当它向下运动的时候应该逐渐的加速（慢出），直到它触地为止（图 4-2-6）。

需要注意的是，在动画中使用这一原则时，慢进和慢出的位置往往需要添加更多的关键帧。

7. 运动弧线

运动弧线是普遍存在于各种动作中的，这是因为现实中几乎所有动作都不是直来直去的，多少会有一定的弧线（图 4-2-7）。

8. 次要动作

次要动作的目的是为了丰富和补充主要动作，从而增强主要动作的表现力。例如，一个人很伤心的时候，需要让他表现出痛苦的表情和动作，比如低着头流下眼泪等；当一个人迷了路，就需要让他表现出茫然的动作，比如拿着纸片四处张望或者询问路人。这些都是次要动作。

需要注意的一点是，次要动作永远都是辅助主要动作的，因此次要动作的夸张程度不能超过主要动作，否则就喧宾夺主了。

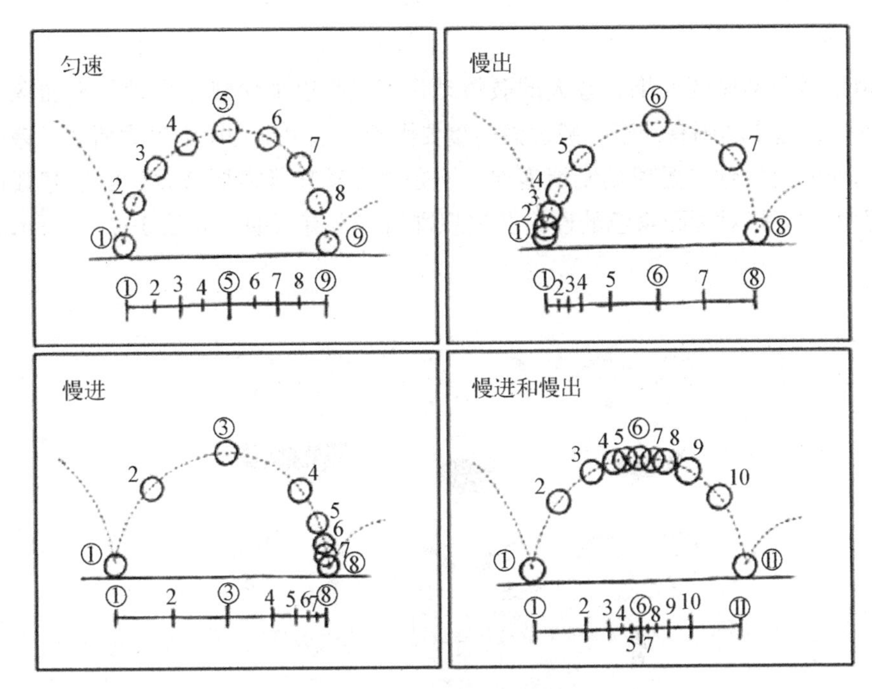

图 4-2-6　慢进慢出示意图

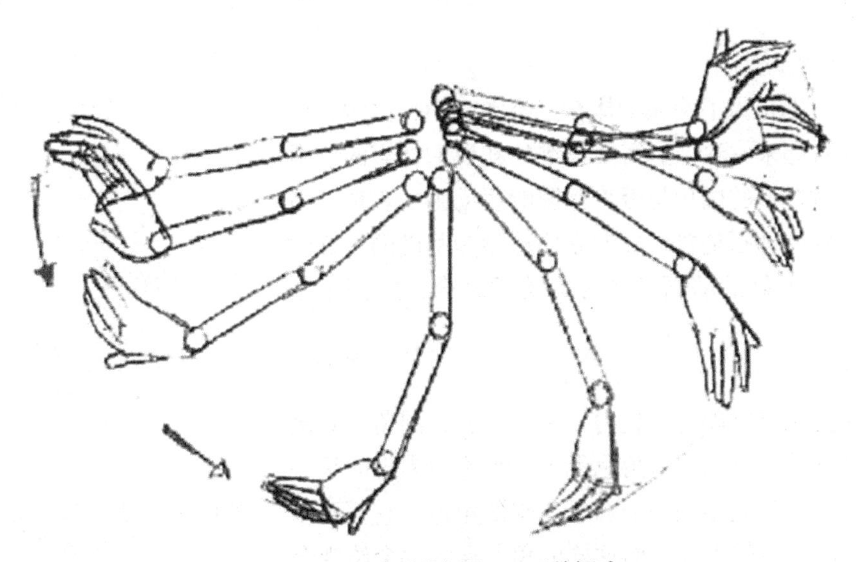

图 4-2-7　运动弧线例图——手的摆动

9. 节奏

动画的灵魂就是物体与角色的运动，节奏就是控制运动的关键。所谓节奏就是物体运动速度的快慢。例如，一个眨眼动作可快可慢，但快速的眨眼就可能表明角色当时是活泼的、开心的。

在实际调节中，节奏的调节并不简单，过快或者过慢都会让该动作看起来不自然。因此，在控制节奏的时候需要注意动作细节的处理。

10. 夸张

利用挤压与伸展的效果、夸大的肢体动作，或是以加快或放慢动作来加深角色的情绪及反应，这是动画有别于一般表演的重要因素，这也是动画的魅力所在。夸张是用于表现动作的突发性，要根据剧情需要，不是每个动作都需要夸张，而且夸张也不能过度。适当的夸张对刻画角色的性格及表现剧情非常有帮助，如图 4-2-8 所示的人物表情。

图 4-2-8　夸张例图——人物表情

11. 立体造型

这个原则是为了确保物体在三维空间中，体积、重量、平衡看起来一致，这需要三维的知识和扎实的绘画基础。立体造型的成功与否直接影响着动画的表现，因此可以说好的动画是要以好的立体造型为基础的。好的立体造型配上好的动画是非常完美的结合，示例见图 4-2-9。

图 4-2-9　立体造型例图——跳跃的小人线稿

12. 吸引力

吸引力也可以理解为魅力，一个有魅力的角色必定是吸引观众的。首先它与角色无关，无论想表现的是一个善良正义的角色还是一个邪恶卑鄙的角色，它都可以有吸引力的、有魅力的，而这样的角色通常都会给观众留下深刻的印象。其次吸引力不是指角色的外貌，而是意味着要有趣。

有三个提升吸引力的建议：

（1）不同的形态。不要把人物的体型都塑造得差不多，尝试赋予不同的角色不同的形状。

（2）协调的造型。漫画家常常将特征明显的东西放大，缩小掉无聊的部分。找到一个人的特征，试着夸张他，会大大增加角色的吸引力。

（3）画面简洁。过多的细节会让动画制作变得困难，这就是动画与绘画之间的区别，所以需要选取特色的部分进行保留，让人物在简单中更具吸引力。

以上 12 条基本原理并不能简单机械式地学习，而是要做到真正地理解，知道在何时何地去应用。

二、动画类型

（一）按制作技术分类

1. 二维动画

二维动画是以手绘的方式呈现的，是一种平面动画。这种动画对制作者的艺术修养和手绘技术要求很高，并且还需要制作者熟悉动画事物中的运动规律，并用较强的逻辑将画面串联起来，如图 4-2-10 所示。

图 4-2-10　二维动画示意图

2. 三维动画

三维动画是通过计算机对真实事物的精确性、真实性以及可操作性进行模拟，以增强动画影像的视觉效果，模拟出难以拍摄出的影像，如图 4-2-11 所示。

3. CG 动画

CG（计算机图形）动画是一种科技含量极高的动画形式，具有二维、三维动画形式的所有优点，并且在颜色、场景方面的构图堪称完美。但缺陷是其本身不具有动态效果，其功能作用的发挥必须借助一系列的计算机技术和软件，如图 4-2-12 所示。

图 4-2-11　三维动画示意图

图 4-2-12　CG 动画效果

4. VR 动画

VR（虚拟现实）动画就是用虚拟现实技术以动画的形式表现出来。该技术集成了 CG 技术、计算机仿真技术、人工智能、传感技术、显示技术、网络并行处理等成果，具体包括实时三维图形生成、广角的立体显示、用户（头、眼）的跟踪、真实的立体声、真实的触觉与力觉反馈、智能的语音输入输出等，如图 4-2-13 所示例。

图 4-2-13 VR 动画效果示意图

(二) 按数字出版物形式分类

在数字出版物中有三种常见的动画类型：入场动画、场景动画和交互动画。

1. 入场动画

入场动画是在进入页面初始就展示的动画。好的开始是成功的一半。在设计入场动画时，一般要让动画足够醒目，从而调动起操作者足够的兴趣。

所以在制作入场动画时，用到的元素数量也是较多的，一般由移动 + 缩放 + 可见度的组合变化效果为主，如图 4-2-14 所示例。

(a)

(b)

图 4-2-14 入场动画例图

2. 场景动画

场景动画可以是提示性的符号闪动，也可以是持续移动或旋转的动画。在设计场景动画的时候，一方面需要把握全局，迎合作品的主题与基调；另一方面也要着眼细节，营造恰当的气氛，突出内容的重点。

一般来说，场景动画中的元素数量较少，一般是闪动或移动或旋转 + 可见度的组合变化，如图 4-2-15 所示例。

图 4-2-15　场景动画例图

3. 交互动画

交互动画是数字出版物产品中的一大亮点。它的实质就是点击按钮或触发控件后出现的动画效果，比如常见的弹出提示框、关闭提示框、答题反馈等，如图 4-2-16 所示例。

三、动画制作

Diibee 作为功能丰富的超媒体工具，支持多种复杂动画的创建，给用户带来丰富的视觉体验。这里通过几个案例来详细阐述在 Diibee 中制作动画的方式。

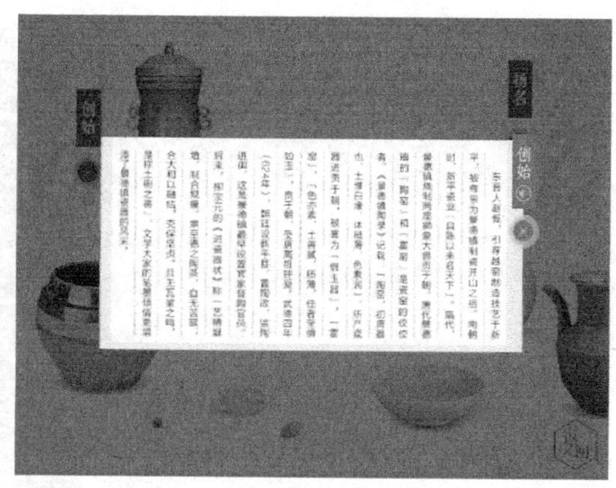

图 4-2-16　交互动画例图

（一）跳动的小球

在 Diibee 中，可以实现小皮球下落的动画效果。小皮球本身是具有弹性的物体，在下落之后会有回弹的过程，并且在回弹过程中会有一定的挤压变形。所以在制作动画时，需要注意挤压、拉伸及动作跟随等原理，展现出小皮球跳动的效果（图 4-2-17）。这综合了移动及缩放动画的运用，接下来就对制作步骤进行讲解。

图 4-2-17　效果示意图

1. 添加图片

要制作一个动画，首先要在页面中添加一个动画对象。在工具栏中选择图片工具，从资源库中导入小球的图片（图 4-2-18）。

导入后选中小球，在通用属性中将移动坐标修改为（399，10），在图片属性中将皮球的宽度和高度分别改为：100。为了让小球在缩放时显得更对称，要在通用属性中修改其轴心位置为（50，50），如图 4-2-19 所示。

需要注意的是：① 轴心位置如果需要改变，最好在设置第一个关键帧前就调整好，否则每设置一次关键帧就要调整一次，就重复工作了。② 小球的轴心位置可以根据图片原本的宽高度来取值。因为系统默认的轴心位置是对象的左上角（0，0）。如果呈现

图 4-2-18　添加图片

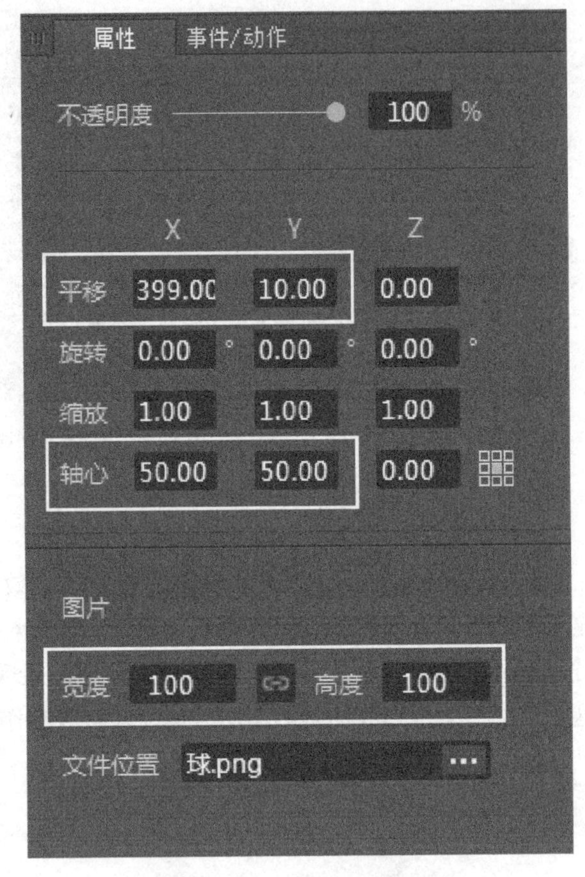

图 4-2-19　设置小球属性

的是中心缩放的，轴心就是图片宽高度值的一半。如果是底端中心缩放的，就是宽度值一半，高度值一致。以此类推。

2. 新建动画

在动画编辑栏中点击■按钮，新建一个名为“跳动的小球”的动画，如图 4-2-20 所示。

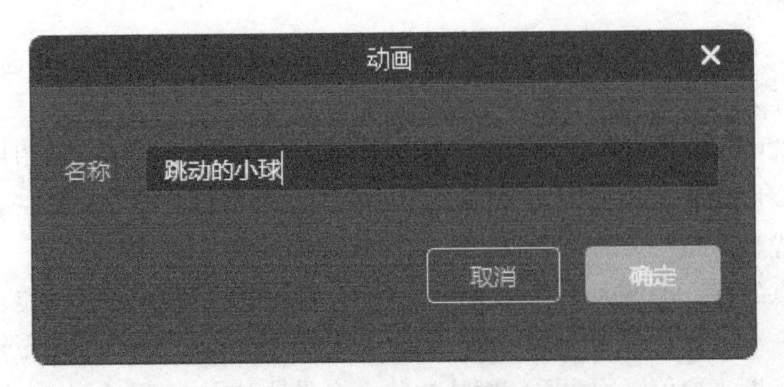

图 4-2-20　新建动画

3. 添加动画属性

点击“跳动的小球”动画，再选中小球图片，点击按钮添加动画属性，选择“变换”，建立小球与动画的对应关系，如图 4-2-21 所示。

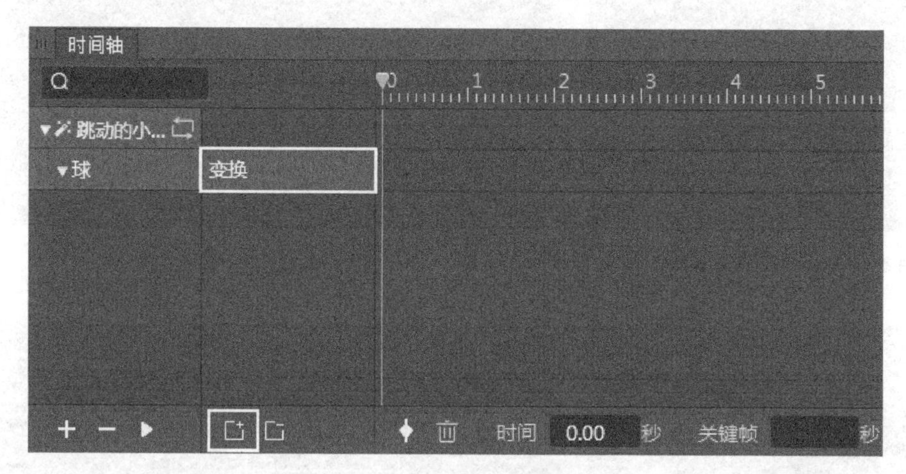

图 4-2-21　添加变换属性

4. 缩放动画

先做一个球从 1.1 倍高度—1 倍高度—1.1 倍高度—1 倍高度的体积高度缩放效果，用到的是缩放参数的变换。

（1）设置关键帧一：选择变换属性行，在时间点上输入 0，并敲击 Enter 键确定，修改缩放坐标为（1，1.1），点击设置关键帧按钮（图 4-2-22、图 4-2-23）。

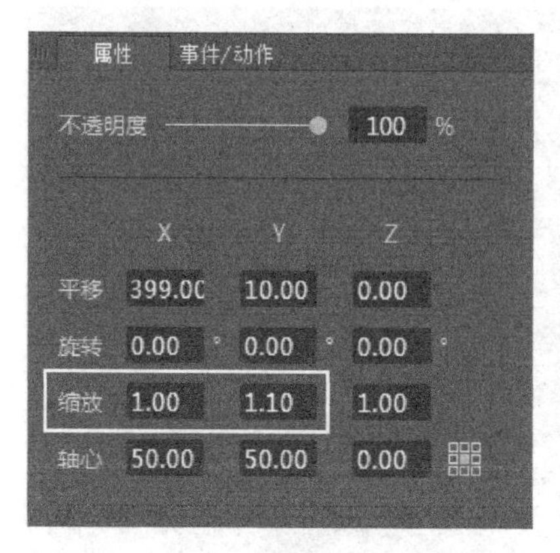

图 4-2-22　设置大小属性一

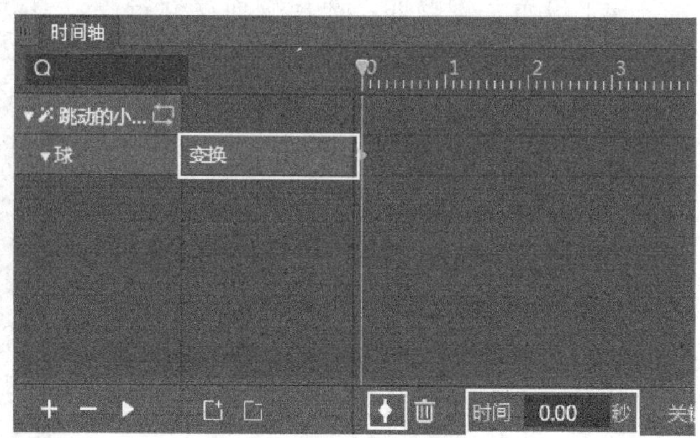

图 4-2-23　设置关键帧一

（2）设置关键帧二：选择变换属性行，在时间点上输入 1，并敲击 Enter 键确定，修改缩放坐标为（1，1），点击设置关键帧按钮（图 4-2-24、图 4-2-25）。

（3）设置关键帧三：选择变换属性行，在时间点上输入 1.5，并敲击 Enter 键确定，修改缩放坐标为（1，1.1），点击设置关键帧按钮（图 4-2-26、图 4-2-27）。

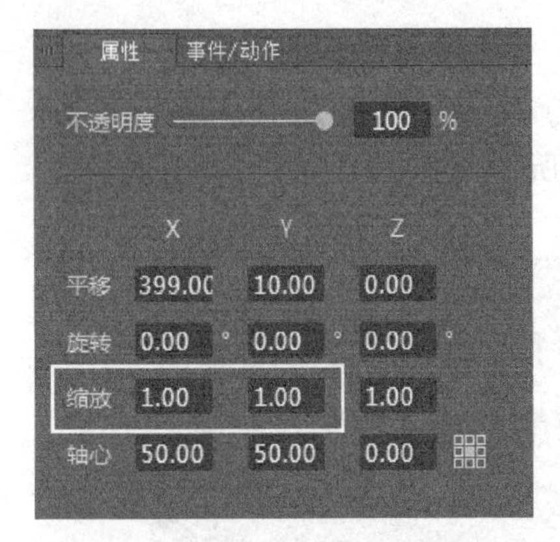

图 4-2-24　设置大小属性二

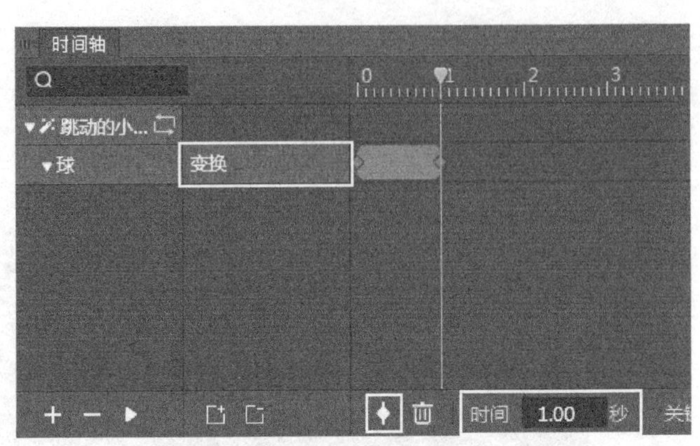

图 4-2-25　设置关键帧二

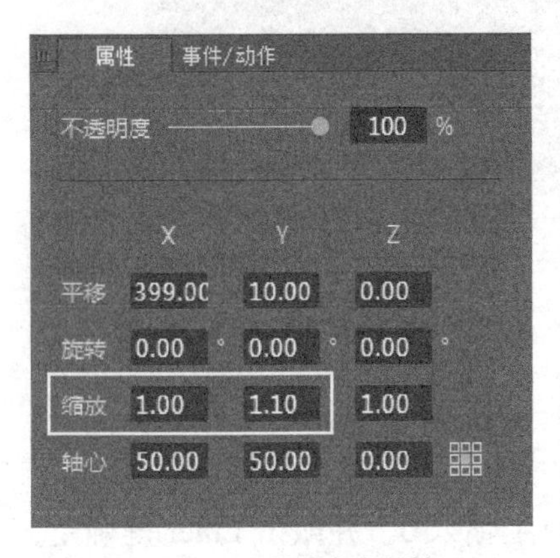

图 4-2-26　设置大小属性三

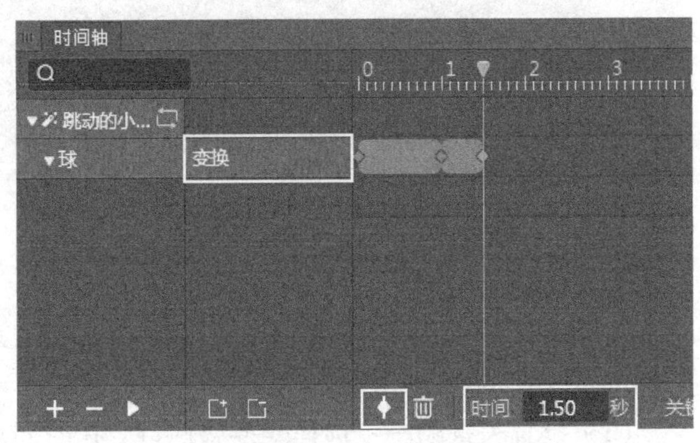

图 4-2-27　设置关键帧三

（4）设置关键帧四：选择变换属性行，在时间点上输入 2，并敲击 Enter 键确定，修改缩放坐标为（1，1），点击设置关键帧按钮，并为关键帧添加一个淡出的效果（图 4-2-28、图 4-2-29）。

需要注意的是，在发现已插入的关键帧的对象属性设置错误时，不能直接修改对象属性。必须要选择此时间点的关键帧，单击鼠标右键选择“删除关键帧”，然后重新设置对象属性，再点击设置关键帧按钮进行修改。

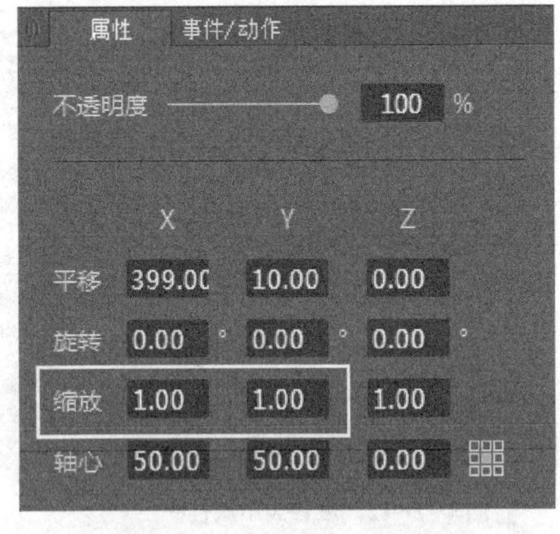

图 4-2-28　设置大小属性四

5. 添加群组

因为同一时刻不能对同一对象（此处为小球）设置不同的变换效果，否则会出现命令的冲突导致无法识别。为了解决这一冲突，可以为对象添加一个层级关系，在另一个层级上实现另一变换效果。

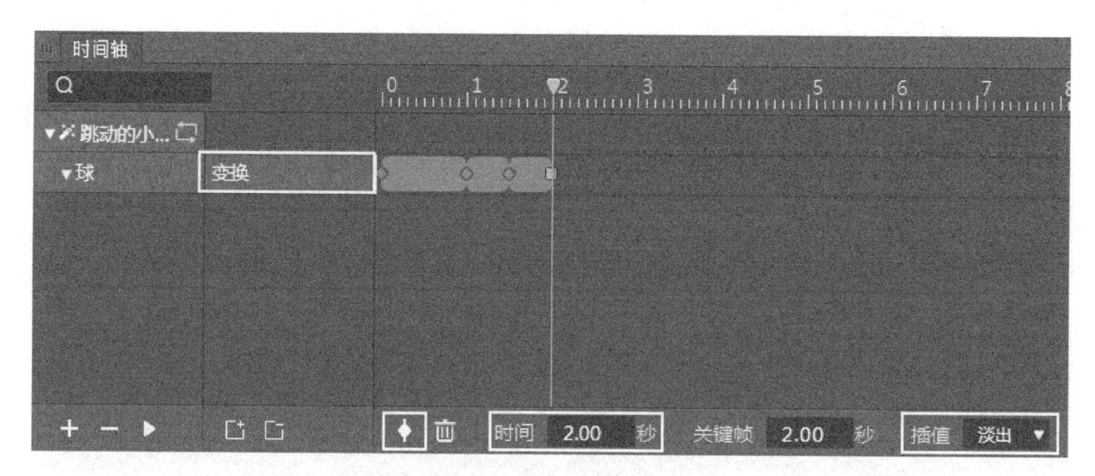

图 4-2-29　设置关键帧四

添加步骤为：在对象列表栏中选中小球的图片，点击鼠标右键，在弹出的下拉选项中选择“群组”，为球添加一个群组（图 4-2-30）。

6. *移动动画*

在小球落地回弹的过程中，小球共做了从高处落下—弹起—落定的三个移动动画，用到的是移动参数的变换。

（1）新建动画：在动画编辑栏中点击+按钮，新建一个名为“群组”的动画（图 4-2-31）。

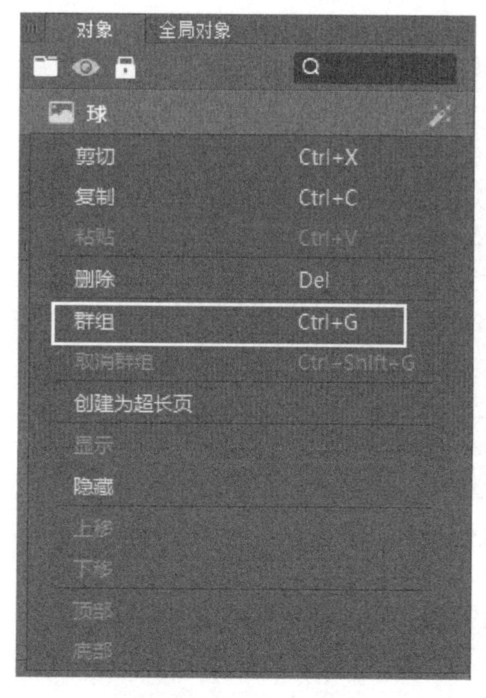

图 4-2-30　添加群组

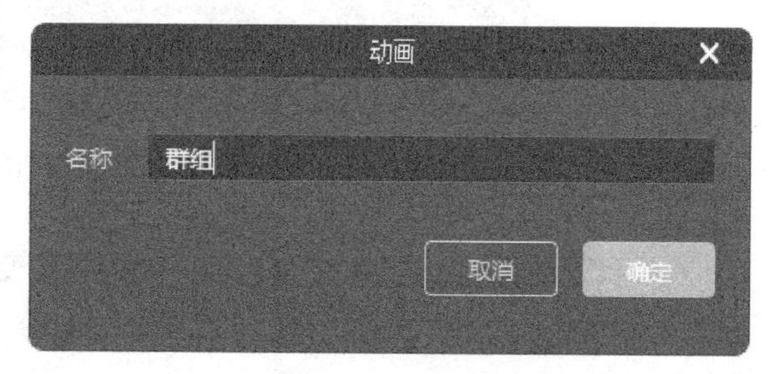

图 4-2-31　新建动画

（2）添加动画属性：点击“群组”动画，然后在对象列表中选择对象“群组”，点击按钮添加动画属性，选择“变换”，建立群组与动画的对应关系（图 4-2-32）。

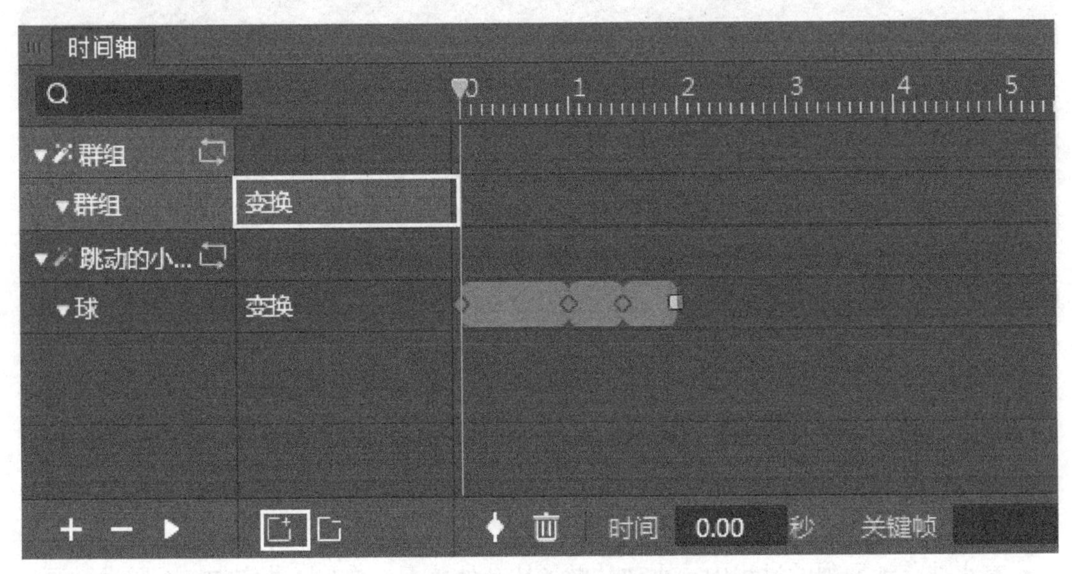

图 4-2-32　添加变换属性

（3）设置关键帧一：选中群组动画中的变换属性行，在时间点上输入 0，并敲击 Enter 键确定。因为动作初始时，对象的属性值不变，所以这里可以省去修改属性值这一步，直接点击设置关键帧按钮（图 4-2-33）。

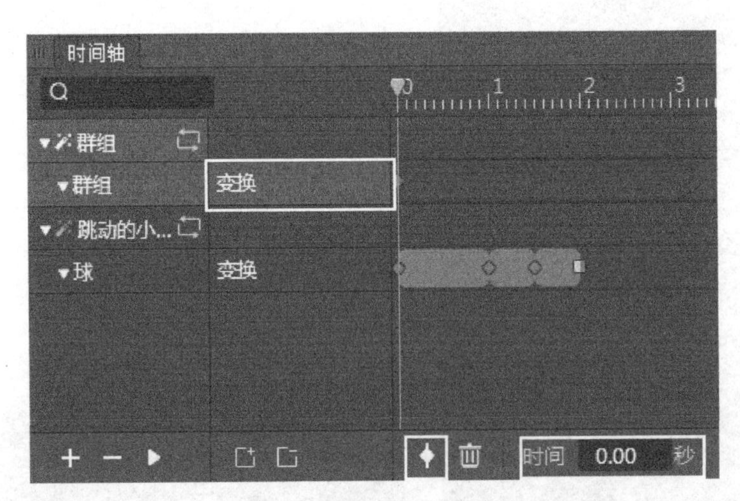

图 4-2-33　添加关键帧一

（4）设置关键帧二：选中群组动画中的变换属性行，在时间点上输入 1，并敲击 Enter 键确定，修改移动坐标为（0，500），点击设置关键帧按钮（图 4-2-34、图 4-2-35）。

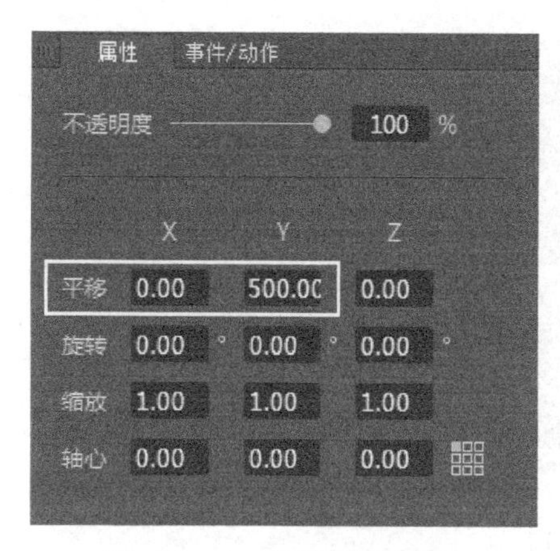

图 4-2-34　设置位置属性二

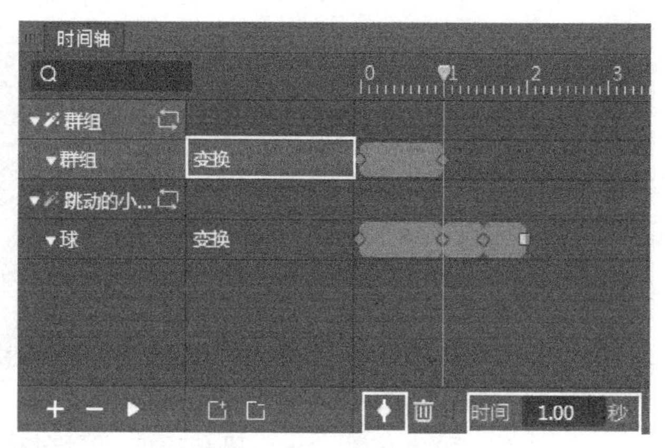

图 4-2-35　设置关键帧二

（5）设置关键帧三：选中群组动画中的变换属性行，在时间点上输入 1.5，并敲击 Enter 键确定，修改移动坐标为（0，450），点击设置关键帧按钮（图 4-2-36、图 4-2-37）。

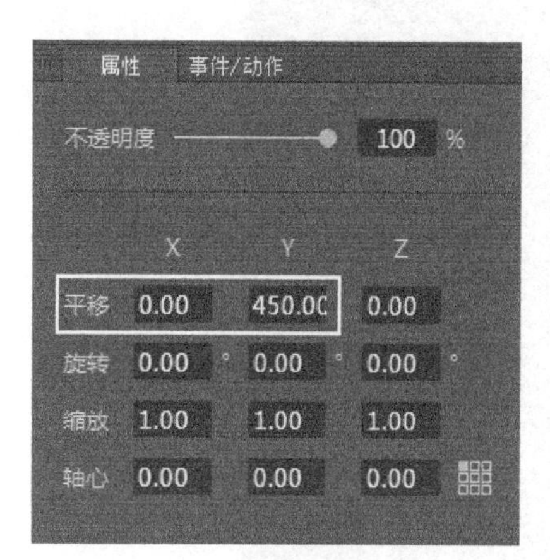

图 4-2-36　设置位置属性三

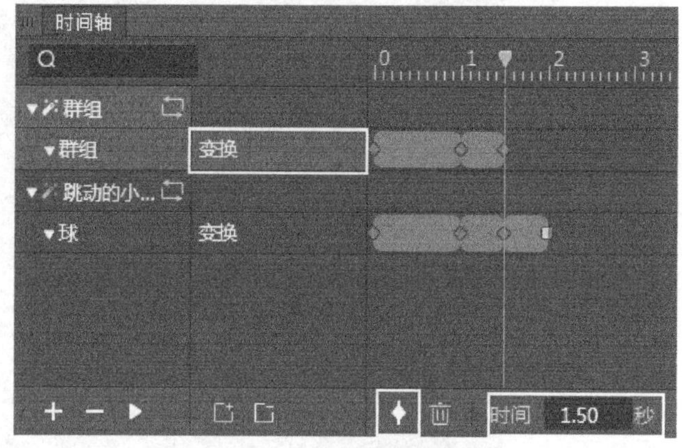

图 4-2-37　设置关键帧三

（6）设置关键帧四：选中群组动画中的变换属性行，在时间点上输入 2，并敲击 Enter 键确定，修改移动坐标为（0，500），点击设置关键帧按钮，并为关键帧添加一个淡出的效果（图 4-2-38、图 4-2-39）。

7. 添加事件动作

为了实现页面加载后，直接播放跳动的小球动画，需要为页面添加页面启动及页面终止事件。

（1）添加页面启动时播放动画：选中动画页面，且在未选择任何对象的状态下，在事

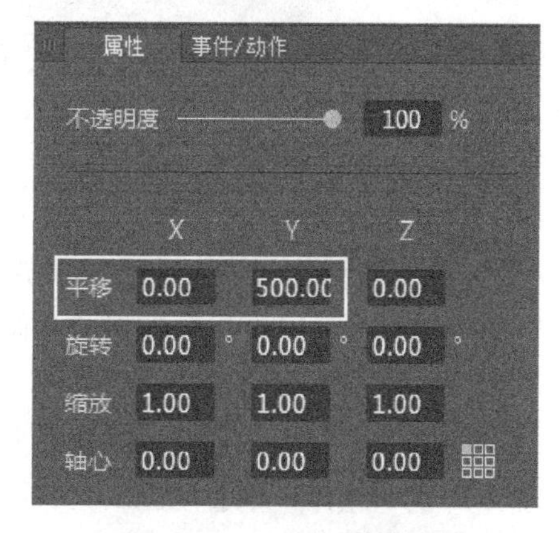

图 4-2-38　设置位置属性四

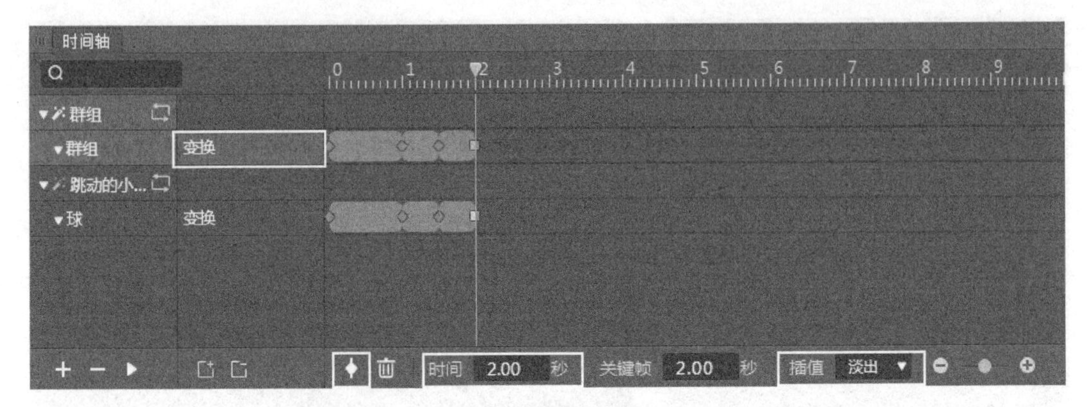

图 4-2-39　设置关键帧四

件窗口中点击新建按钮，在弹出的事件菜单里，点击“页面启动”事件（图 4-2-40）。

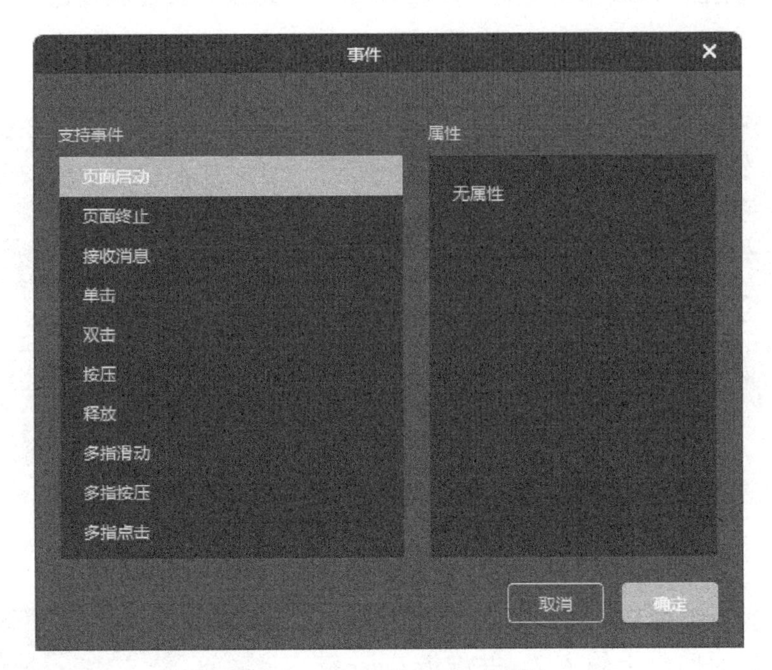

图 4-2-40　设置页面启动事件

在事件窗口中点击“确定”按钮后，会弹出动作窗口。在动作目标栏中选择“无目标”，在支持动作列表中选择“播放动画”，目标选择动画“跳动的小球”。接着以相同方式添加目标为“群组”的播放动画，如图 4-2-41 所示。

（2）添加页面启动时重置动画：为了让动画能播放得更加自然，需要在页面启动时对动画进行重置，并且重置的动作要添加在初始动作之前。动作添加步骤同上，在支持动作列表中选择“重置动画”，目标选择动画“跳动的小球”，如图 4-2-42 所示。接着以相同方式添加目标为“群组”的重置动画。在序列动作列表中，通过鼠标的拖动将这

图 4-2-41 添加播放动画

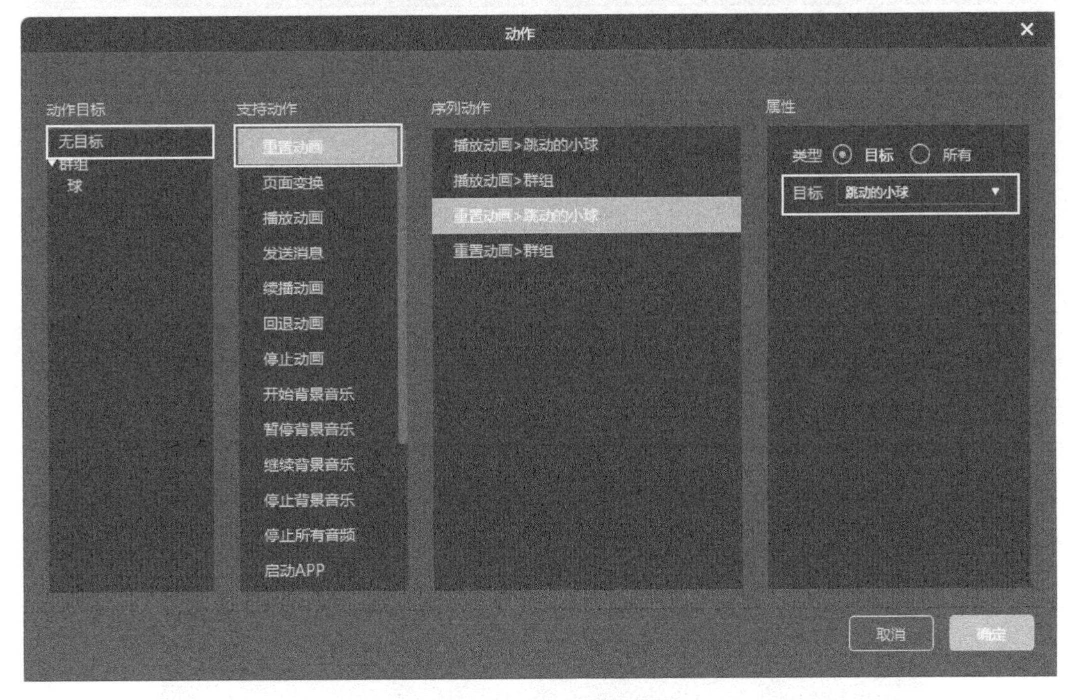

图 4-2-42 添加重置动画

两个“重置动画”放置于“播放动画”之前，效果如图 4-2-43 所示。

（3）添加页面终止时重置动画：页面终止时也需要重置动画。重复页面启动时的步骤，为页面添加页面终止事件和动作，如图 4-2-44、图 4-2-45 所示。所有事件动作

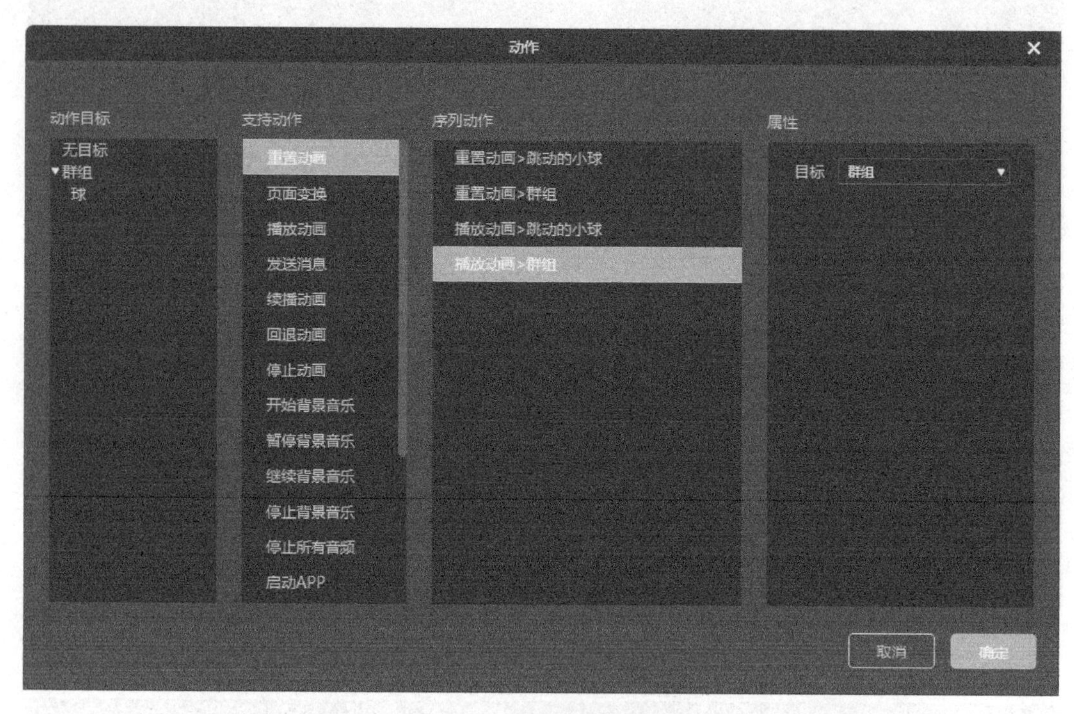

图 4-2-43 序列动作排序

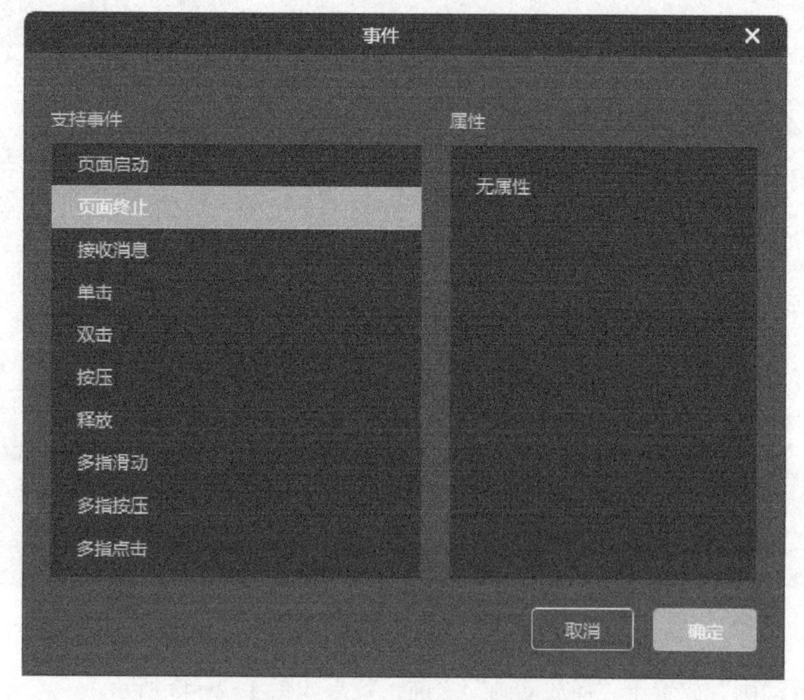

图 4-2-44 设置页面终止事件

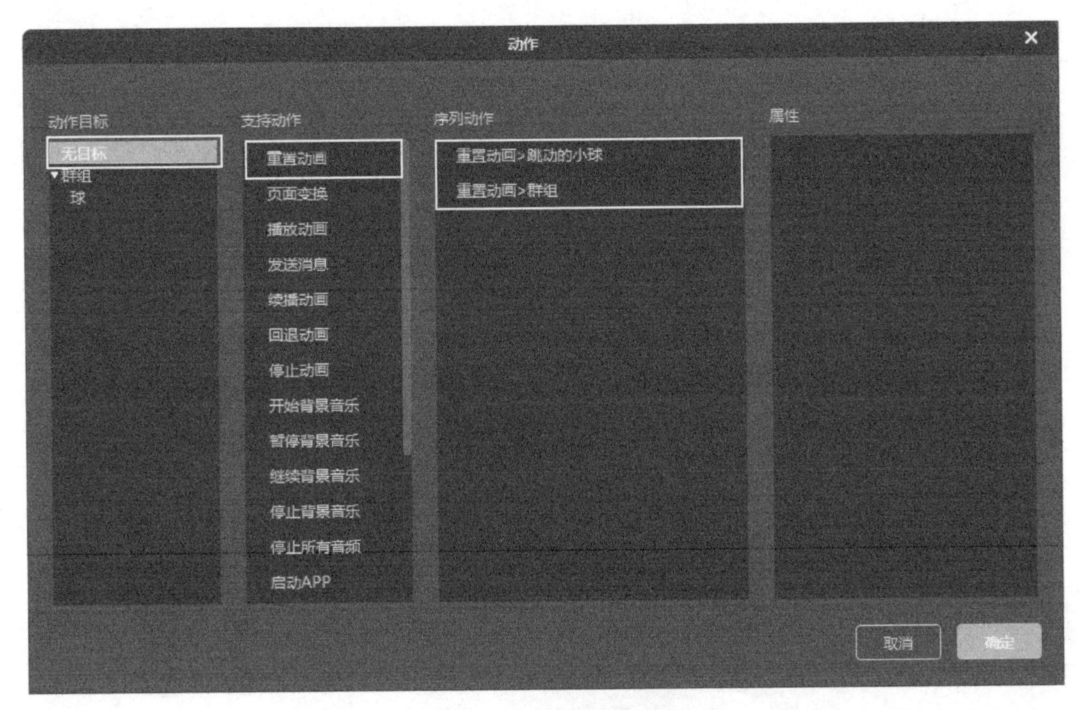

图 4-2-45 添加重置动画

添加完成后，效果如图 4-2-46 所示。

8. 预览

点击预览时，页面加载完成的同时，动画“跳动的小球”就会自动播放。

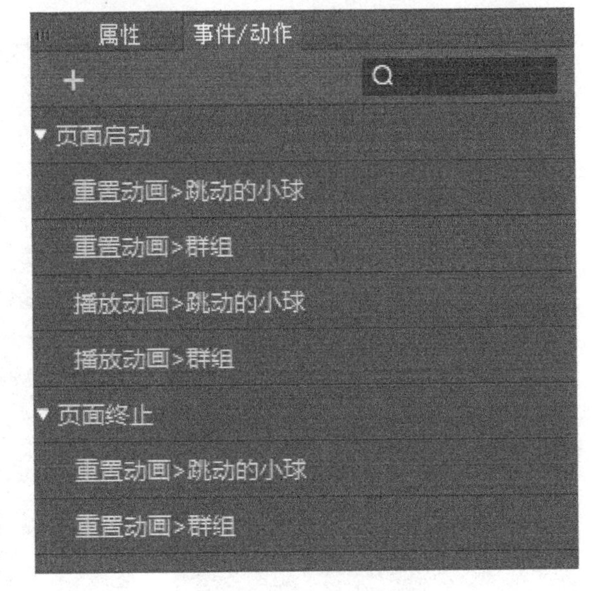

图 4-2-46 事件动作栏

(二) 行驶的汽车

在 Diibee 中，可以实现汽车行驶的动画效果。比如在地图上，汽车沿着路径做了先直行、后转弯、再直行的移动过程（图 4-2-47、图 4-2-48）。为了实现这一动画过程，主要针对动画对象小车的移动、旋转及轴心参数进行变换设置，接下来就对制作步骤进行讲解。

1. 添加图片

要制作一个动画，首先要在页面中添加一个动画对象。在工具栏中选择图片工具，从资源库中导入车和地图的图片（图 4-2-49）。

导入后选中车，在通用属性中将平移坐标修改为（191，−80）、旋转坐标（180，0，0）、缩放坐标（0.5，0.5）和轴心坐标（54，104），如图 4-2-50 所示。

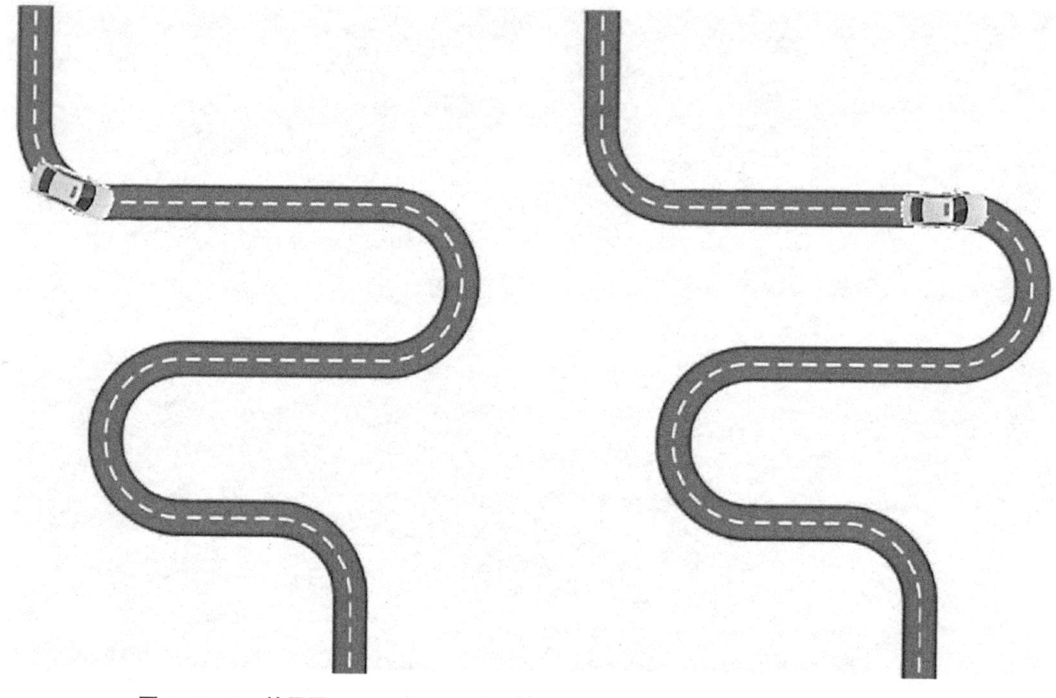

图 4-2-47　效果图一　　　图 4-2-48　效果图二

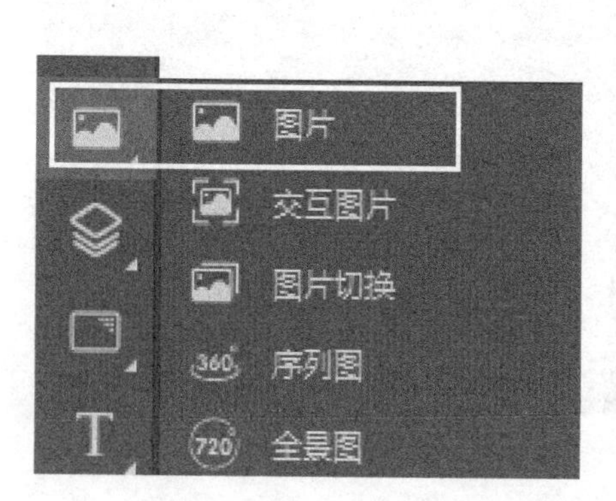

图 4-2-49　添加图片

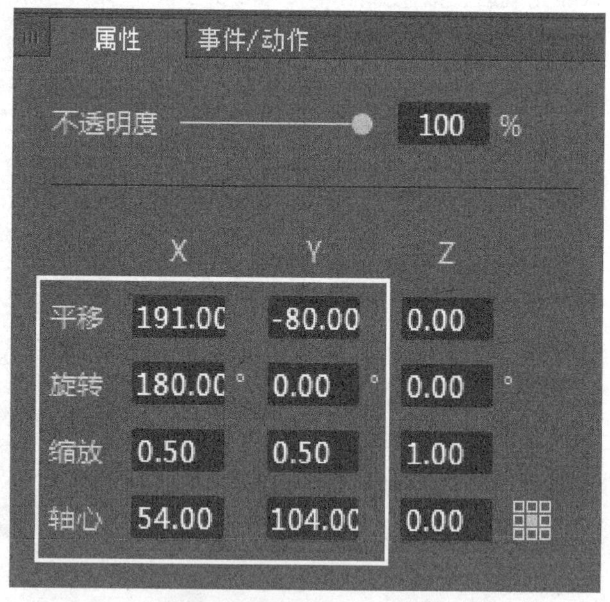

图 4-2-50　设置汽车属性

2. 新建动画

在动画编辑栏中点击按钮，新建一个名为“行驶的汽车”的动画（图 4-2-51）。

图 4-2-51 新建动画

3. 添加动画属性

点击“行驶的汽车”动画，再选中汽车图片，点击按钮添加动画属性，选择“变换”，建立汽车与动画的对应关系（图 4-2-52）。

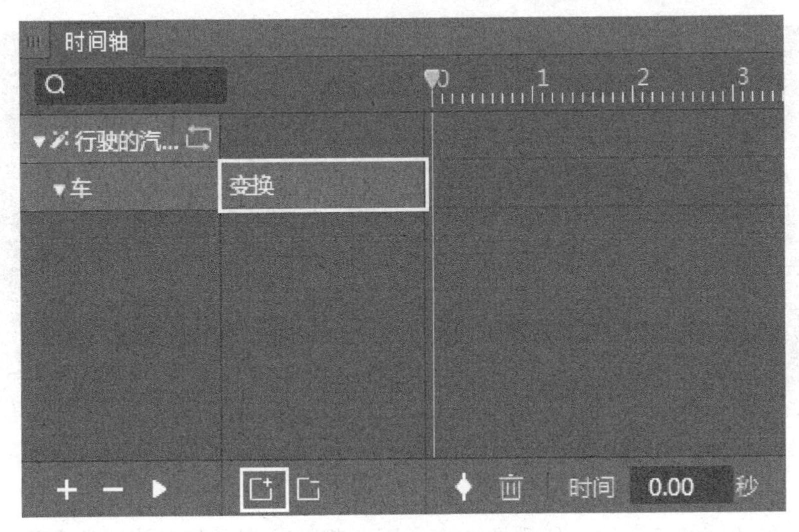

图 4-2-52 添加变换属性

4. 添加动画

要做一个先直行、后转弯、再直行的动画效果，其实就是平移坐标的参数和旋转参数的变换。

（1）设置关键帧一：选择变换属性行，在时间点上输入 0，并敲击 Enter 键确定，不改变参数值，直接点击设置关键帧按钮（图 4-2-53）。

（2）设置关键帧二：这一段路是朝南直行，所以不需要改变 X 轴参数，只需调整 Y 轴参数。

选择变换属性行，在时间点上输入 1，并敲击 Enter 键确定，修改平移坐标为（191，30），点击设置关键帧按钮（图 4-2-54、图 4-2-55）。

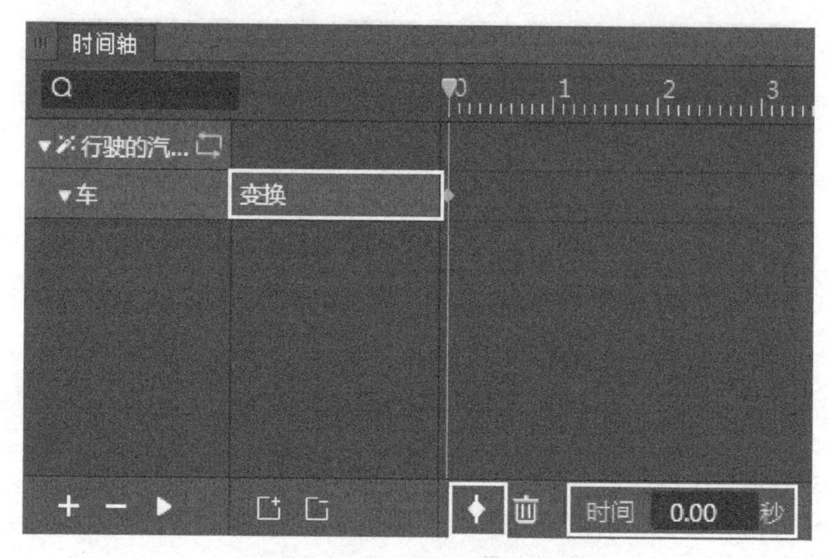

图 4-2-53　设置关键帧一

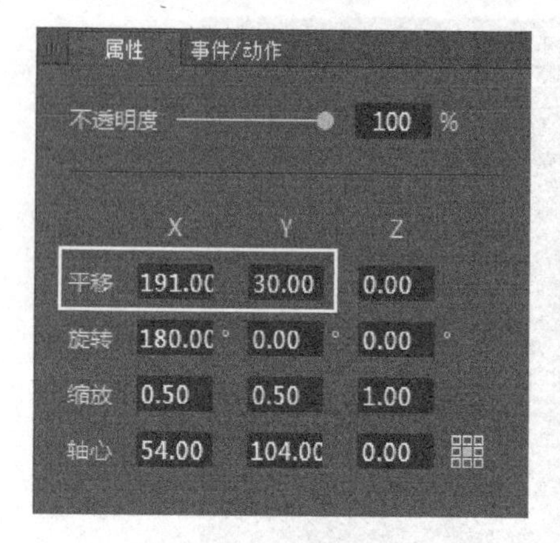

图 4-2-54　设置属性二

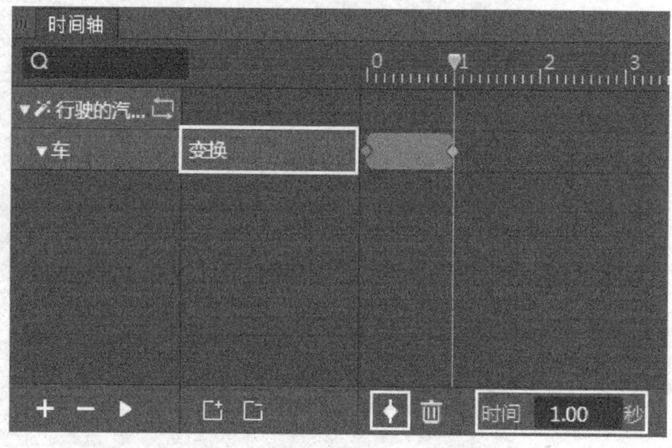

图 4-2-55　设置关键帧二

（3）设置关键帧三：这一段需要转弯，因此需要改变平移和旋转的参数。因为通常转弯比直行速度要慢一些，因此相同的流程需要更多的时间。我们先确定这段路程结束的时间点和位置。

选择变换属性行，在时间点上输入 3，并敲击 Enter 键确定，修改平移坐标为（260，123），修改旋转坐标为（180，0，−90），点击设置关键帧按钮（图 4−2−56、图 4−2−57）。

（4）设置关键帧四：给这段转弯的中间点设置一个关键帧，修改平移和旋转坐标。

选择变换属性行，在时间点上输入 2，并敲击 Enter 键确定，修改平移坐标为（210，90），修改旋转坐标为（180，0，−45），点击设置关键帧按钮（图 4−2−58、图 4−2−59）。

图 4-2-56 设置属性三

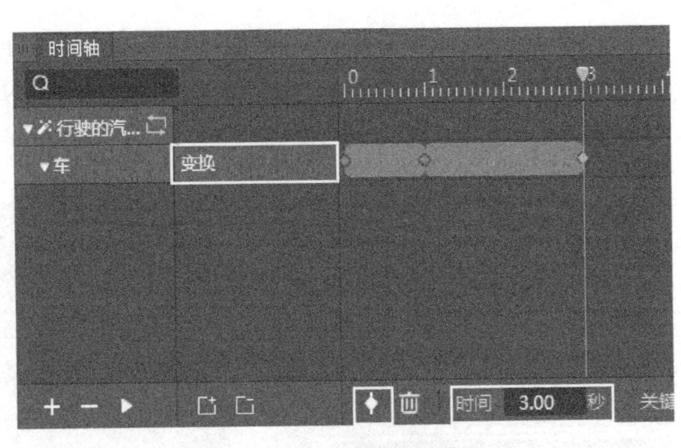

图 4-2-57 设置关键帧三

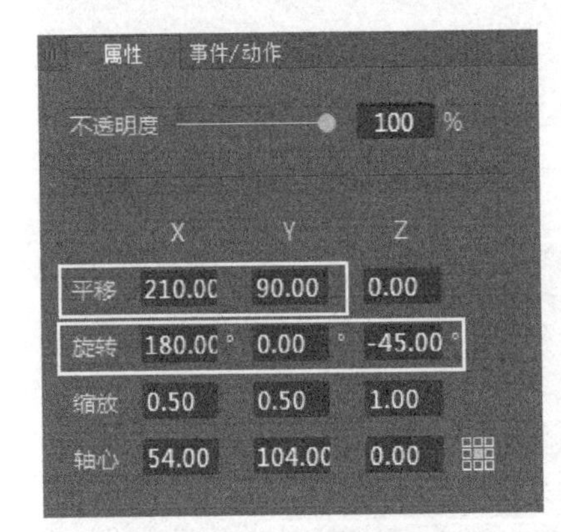

图 4-2-58 设置属性四

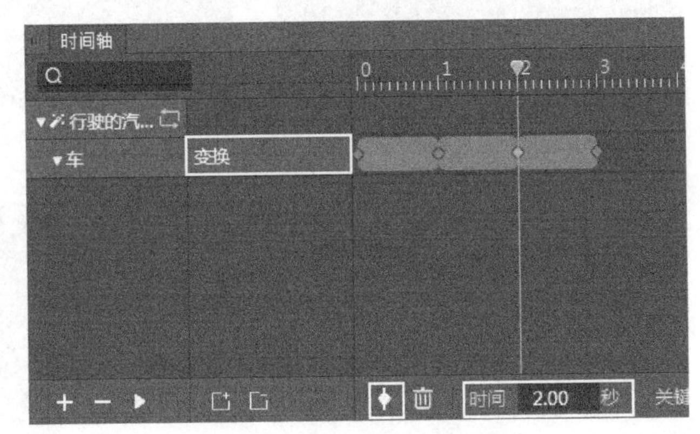

图 4-2-59 设置关键帧四

（5）设置关键帧五、六：在转弯的四分之一、四分之三的位置各设置一个关键帧，并修改平移和旋转坐标。具体操作如下：

转弯的四分之一的位置：选择变换属性行，在时间点上输入 1.5，并敲击 Enter 键确定，修改平移坐标为（195，60），修改旋转坐标为（180，0，−22.5），点击设置关键帧按钮（图 4-2-60、图 4-2-61）。

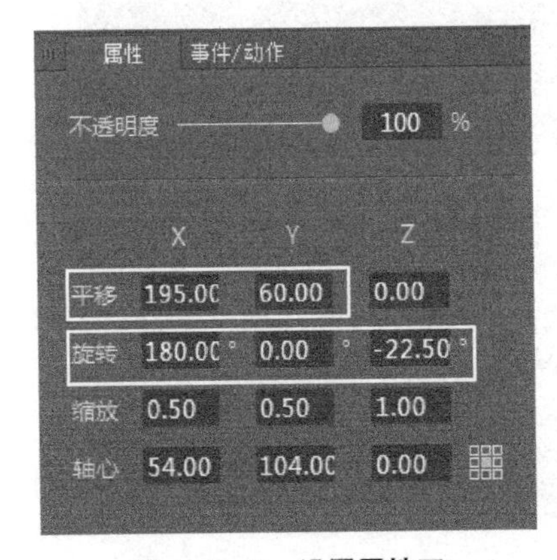

图 4-2-60 设置属性五

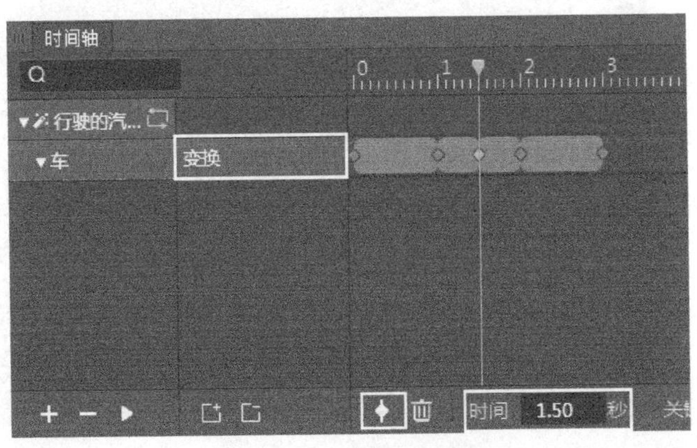

图 4-2-61 设置关键帧五

转弯四分之三的位置：选择变换属性行，在时间点上输入 2.5，并敲击 Enter 键确定，修改平移坐标为（235，110），修改旋转坐标为（180，0，−67.5），点击设置关键帧按钮（图 4−2−62、图 4−2−63）。

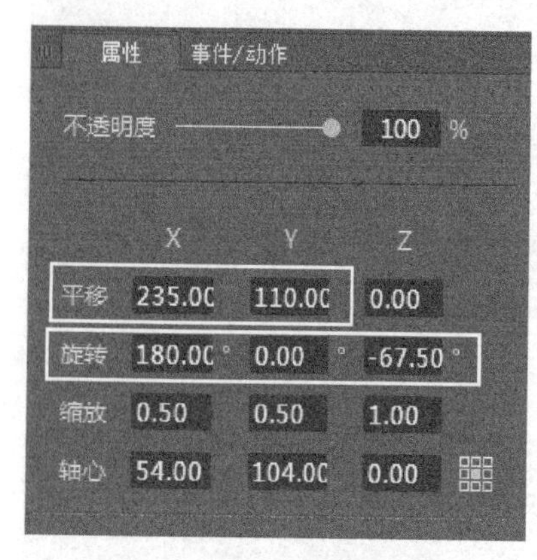

图 4−2−62　设置属性六

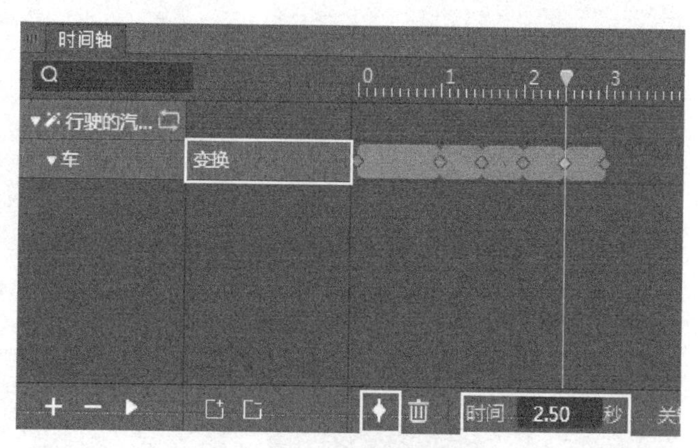

图 4−2−63　设置关键帧六

（6）设置关键帧七：这一段路是向东直行，只需改变 *X* 轴坐标。

选择变换属性行，在时间点上输入 5，并敲击 Enter 确定，修改平移坐标为（600，123），修改旋转坐标为（180，0，−90），点击设置关键帧按钮（图 4−2−64、图 4−2−65）。

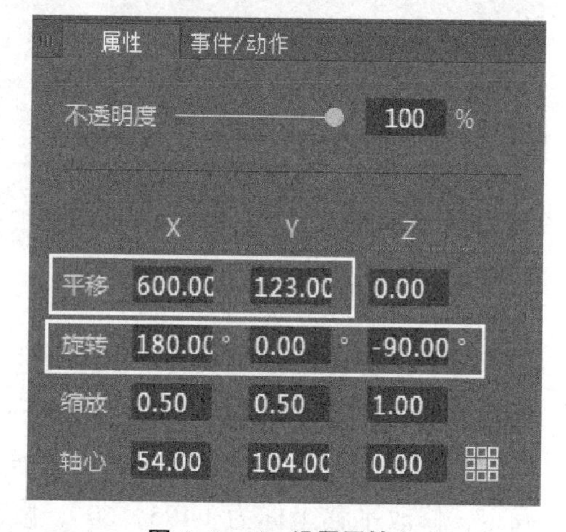

图 4−2−64　设置属性七

5. 添加事件动作

为了实现页面加载后，直接播放行驶的汽车动画，需要为页面添加页面启动及页面终止事件。

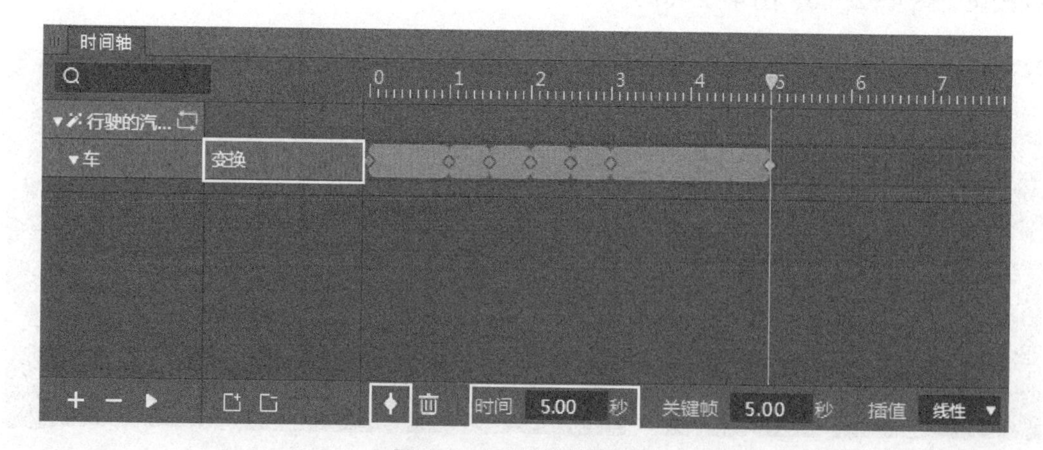

图 4−2−65　设置关键帧七

（1）添加页面启动时播放动画：选中动画页面，且在未选择任何对象的状态下，在事件窗口中点击新建按钮，在弹出的事件菜单里，点击“页面启动”事件（图 4-2-66）。

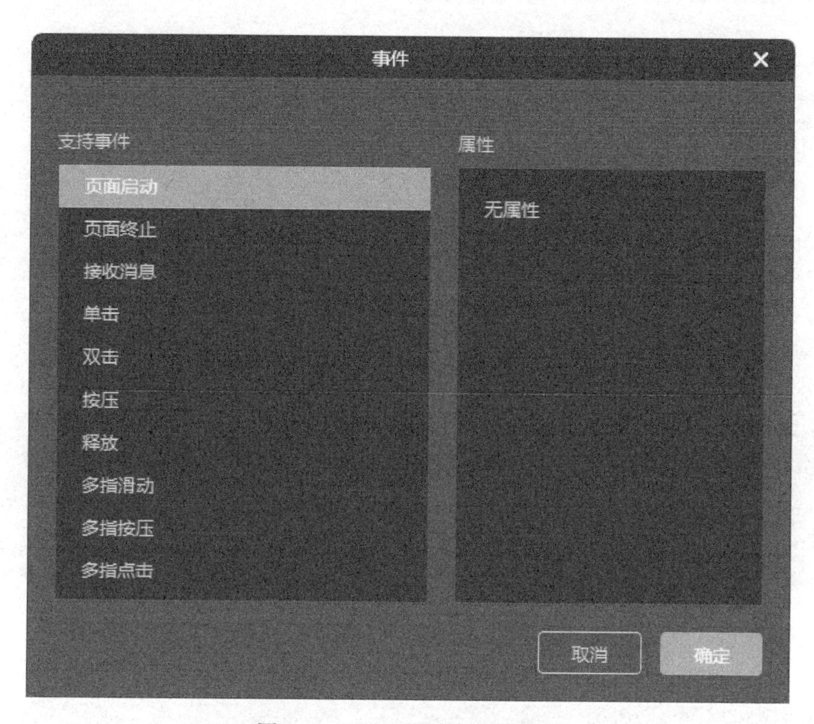

图 4-2-66　设置页面启动事件

在事件窗口中点击“确定”按钮后，会弹出动作窗口。在动作目标栏中选择“无目标”，在支持动作列表中选择“播放动画”，目标选择动画“行驶的汽车”（图 4-2-67）。

（2）添加页面启动时重置动画：为了让动画能播放得更加自然，需要在页面启动时对动画进行重置，并且重置的动作要添加在初始动作之前。动作添加步骤同上，在支持动作列表中选择“重置动画”，目标选择动画“行驶的汽车”。在序列动作列表中，通过鼠标的拖动将这两个“重置动画”放置于“播放动画”之前，效果如图 4-2-68 所示。

（3）添加页面终止时重置动画：页面终止时也需要重置动画。重复页面启动时的步骤，为页面添加页面终止事件和动作，如图 4-2-69、图 4-2-70 所示。所有事件动作添加完成后，效果如图 4-2-71 所示。

6. 预览

点击预览时，页面加载完成的同时，动画“行驶的汽车”就会自动播放。

（三）周而复始的图片

在 Diibee 中，可以实现循环动画效果。这里将制作左右箭头在做左右移动并还原

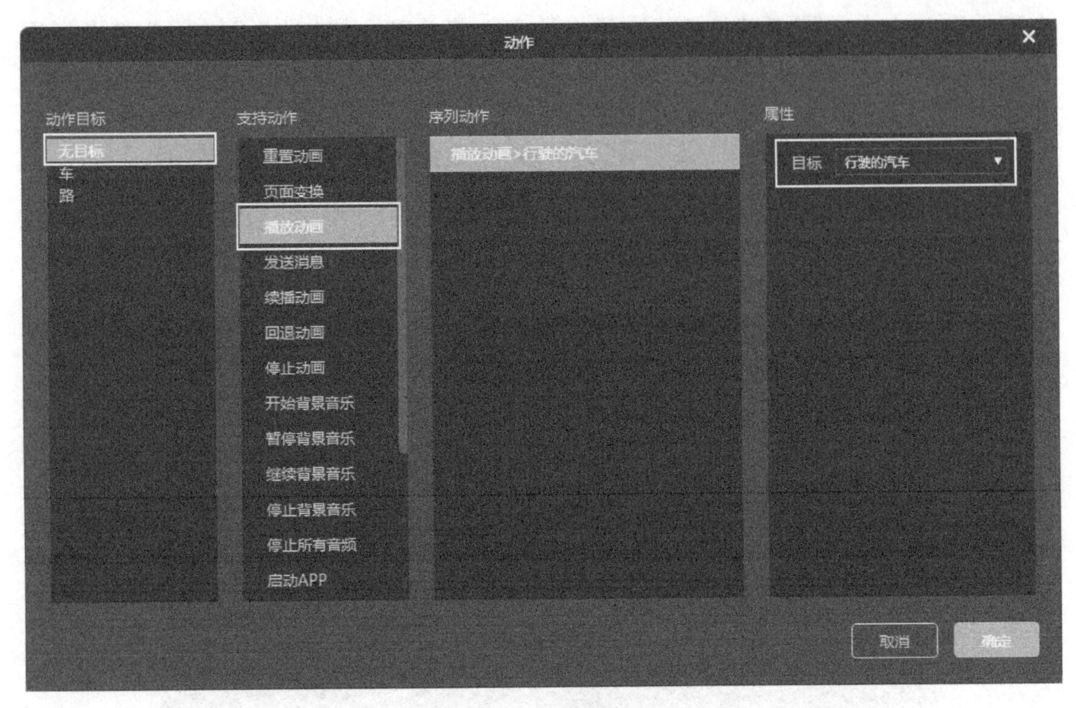

图 4-2-67　添加播放动画

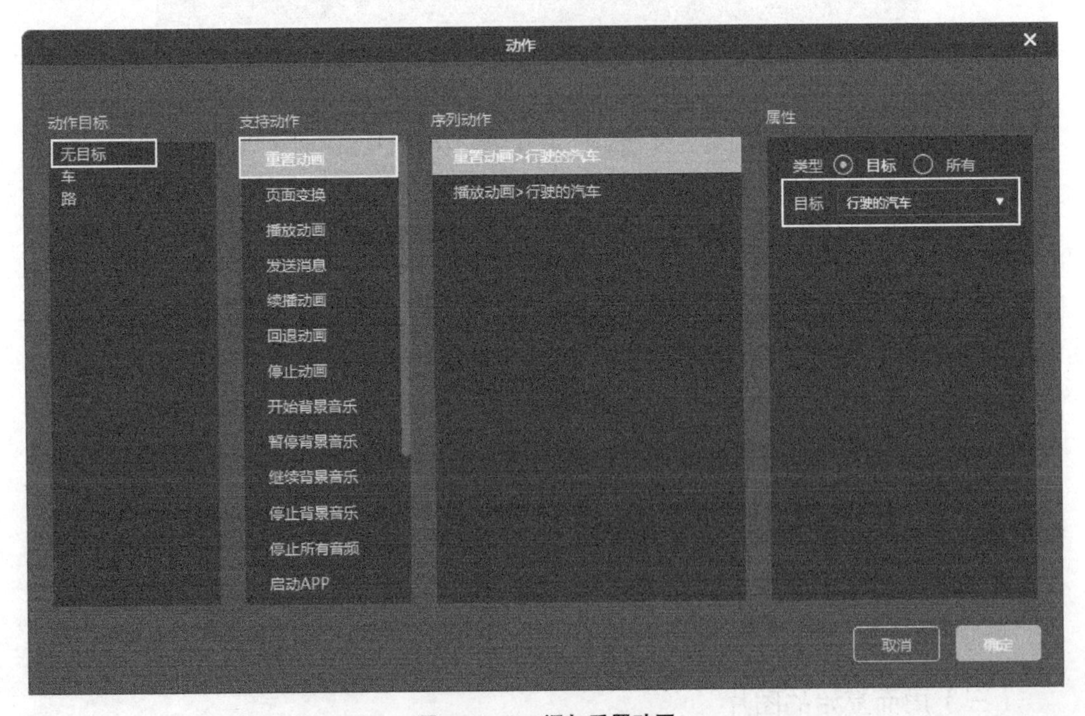

图 4-2-68　添加重置动画

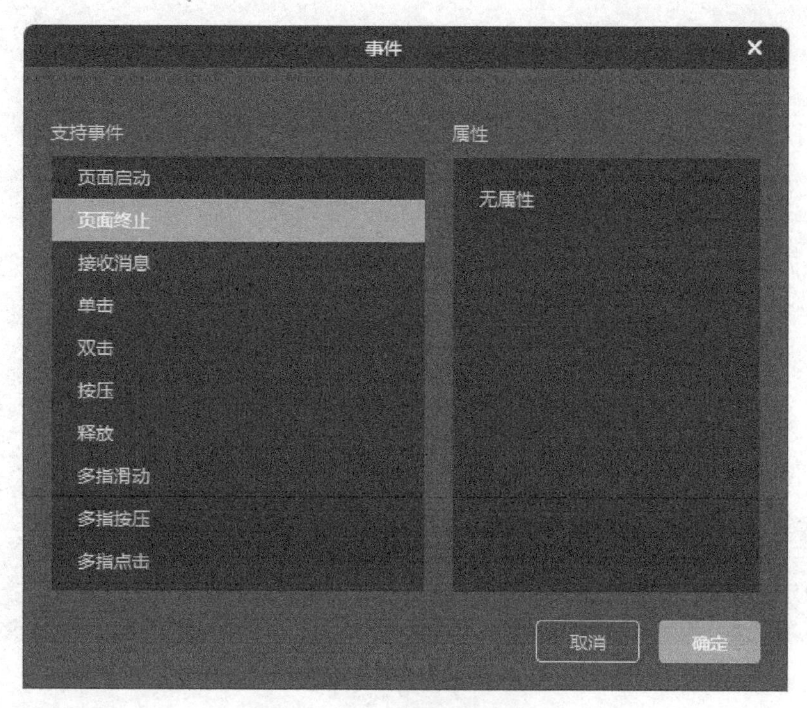

图 4-2-69　设置页面终止事件

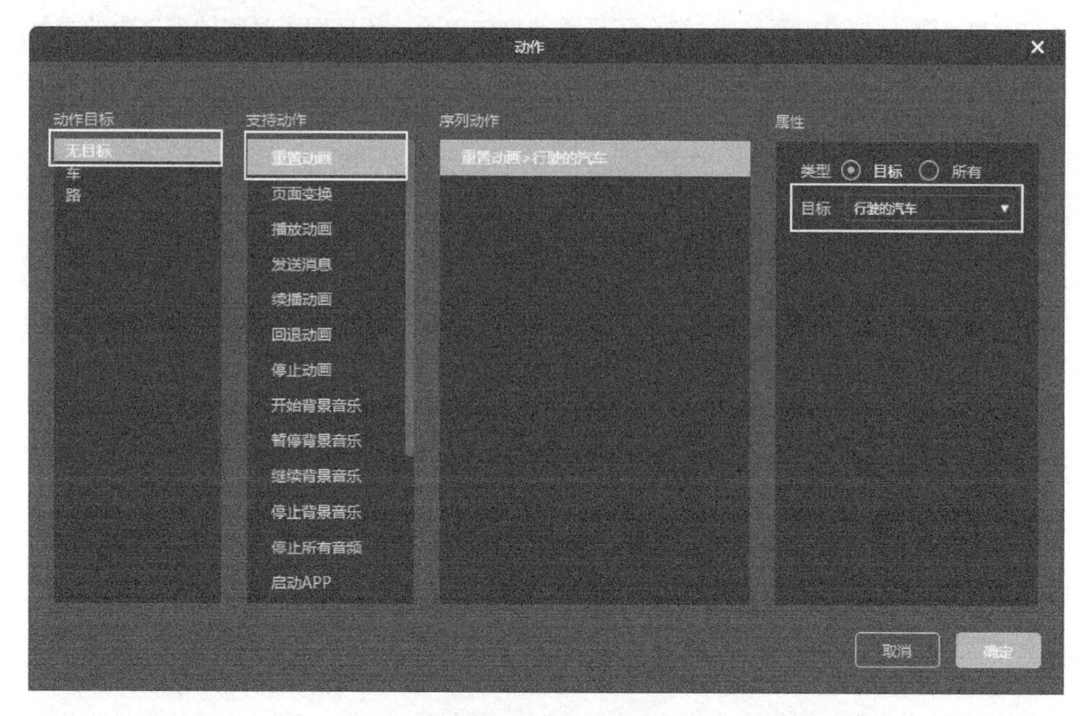

图 4-2-70　添加重置动画

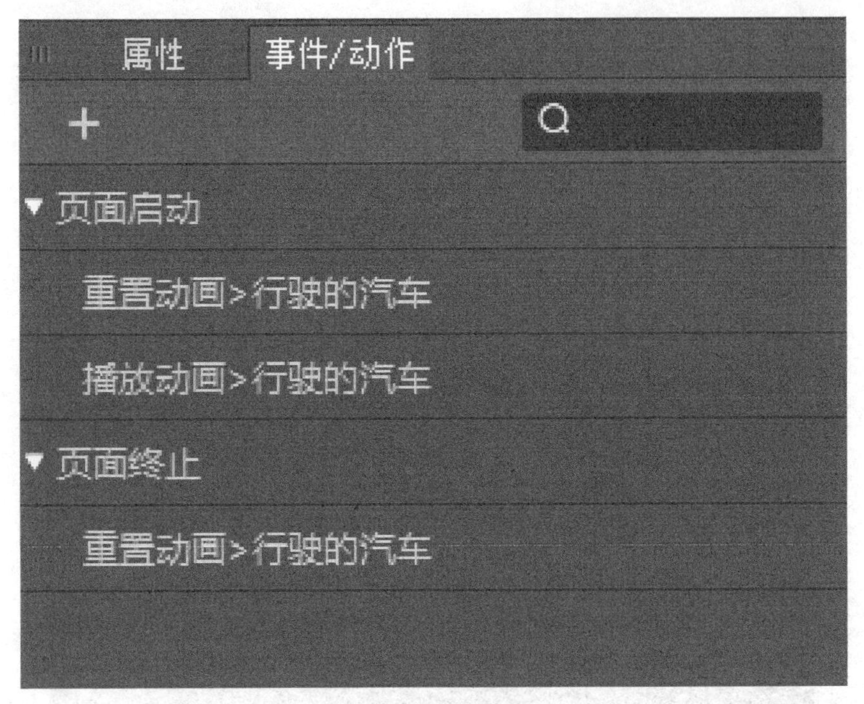

图 4-2-71　事件动作栏

的循环移动动画，而手指在左右两个箭头中随着左右箭头的移动，进行左右旋转，如图 4-2-72、图 4-2-73 所示。这综合了平移及旋转动画，还运用了时间轴窗口中的重复工具，接下来就对制作步骤进行讲解。

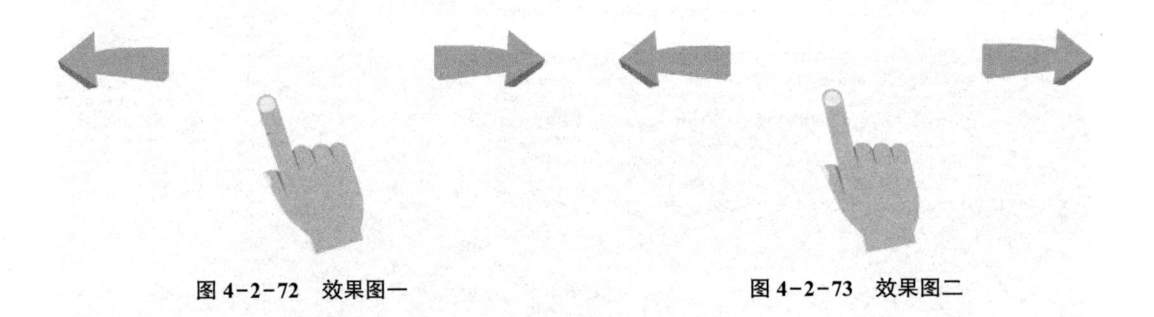

图 4-2-72　效果图一　　**图 4-2-73　效果图二**

1. 添加图片

要制作一个动画，首先要在页面中添加一个动画对象。在工具栏中选择图片工具，从资源库中导入手和箭头的图片（图 4-2-74）。

导入后对各对象的通用属性进行修改。如图 4-2-75～图 4-2-77 所示，先选中对象“右箭头”，在通用属性中将平移坐标修改为（656，282）；再选中对象“左箭头”，在通用属性中将平移坐标修改为（260，282）；最后选中对象“手”，在通用属性中将平移坐标修改为（408，298），修改其轴心位置为（117.5，275）。

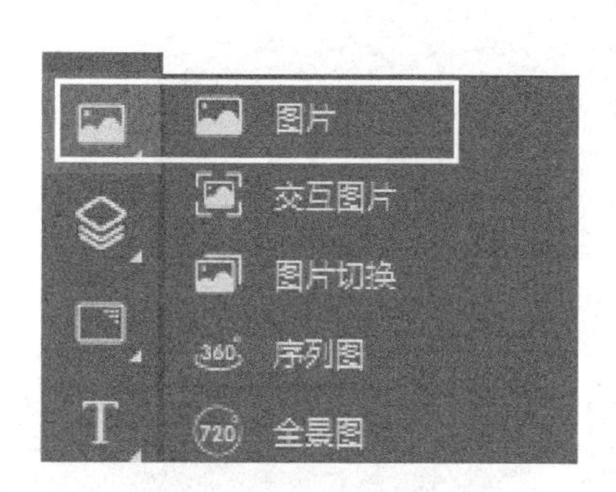

图 4-2-74 添加图片

图 4-2-75 右箭头属性

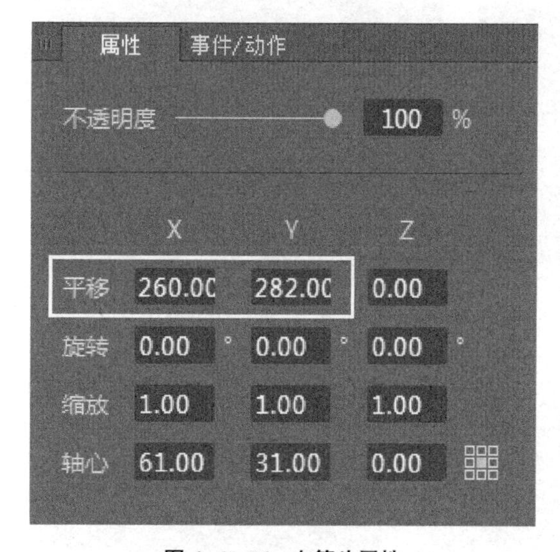

图 4-2-76 左箭头属性

图 4-2-77 手属性

2. 新建动画

在动画编辑栏中点击按钮，新建一个名为“提示”的动画（图 4-2-78）。

3. 设置手的动画

（1）添加动画属性：点击“提示”动画，再选中手的图片，点击按钮添加动画属性，选择“变换”，建立手与动画的对应关系（图 4-2-79）。

（2）设置关键帧：在 0 秒、1.2 秒、2 秒、3.2 秒和 4.2 秒时，手保持在初始状态的参数不变。因此先选择变换属性行，在动画编辑栏中分别输入以上时间点，并敲击 Enter 键确定，点击设置关键帧按钮（图 4-2-79～图 4-2-81）。

选择变换属性行，在时间点上输入 0.6，并敲击 Enter 键确定，修改旋转坐标为（0，0，−15），点击设置关键帧按钮（图 4-2-82、图 4-2-83）。

图 4-2-78　新建动画

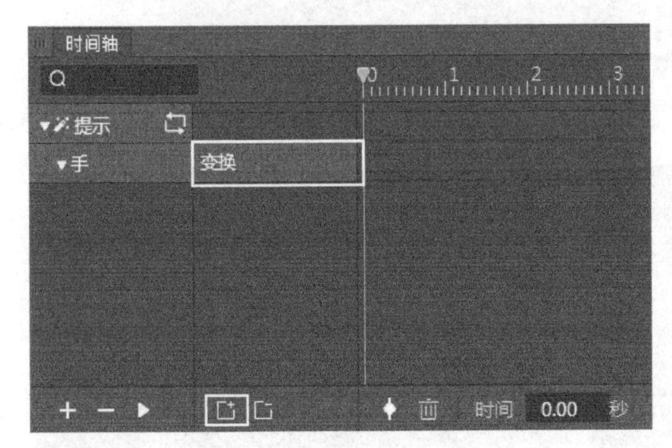

图 4-2-79　添加变换属性

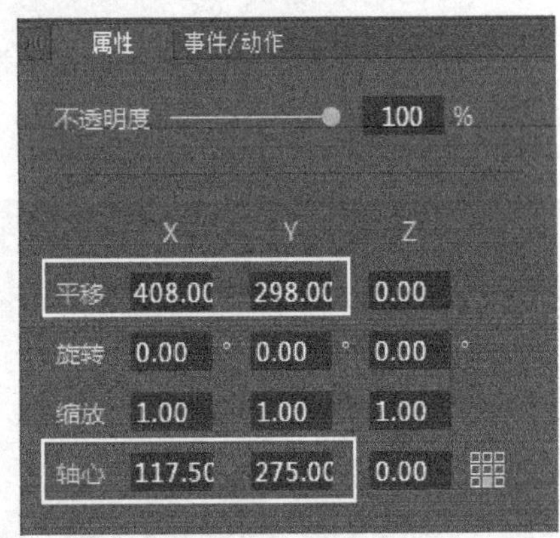

图 4-2-80　手的属性一

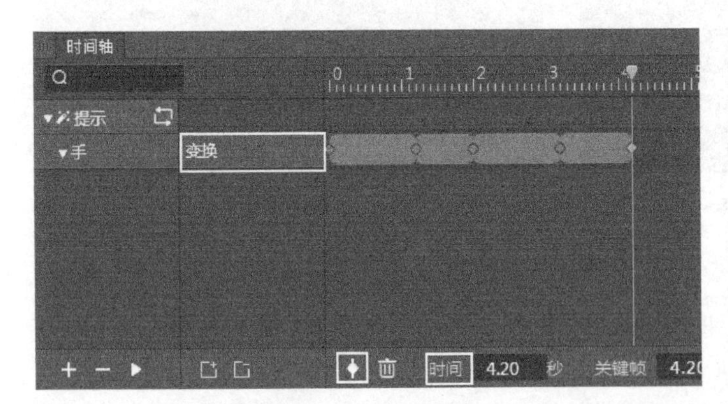

图 4-2-81　设置关键帧

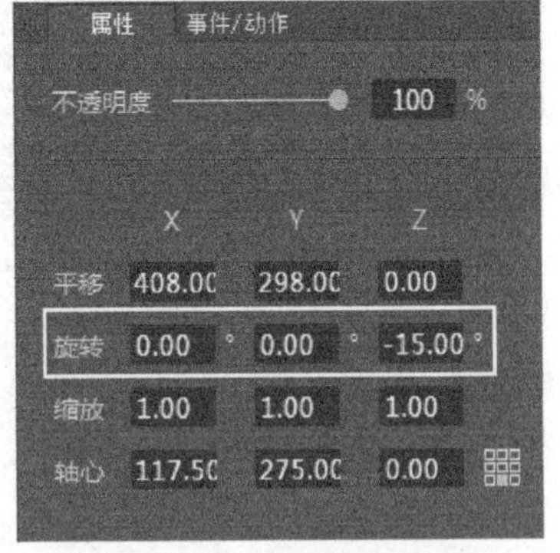

图 4-2-82　手的属性二

选择变换属性行，在时间点上输入 2.6，并敲击 Enter 键确定，修改旋转坐标为（0，0，25），点击设置关键帧按钮（图 4-2-84、图 4-2-85）。

4. 设置左箭头的动画

（1）添加动画属性：点击“提示”动画，再选中左箭头的图片，点击按钮添加动画属性，选择“变换”，建立左箭头与动画的对应关系（图 4-2-86）。

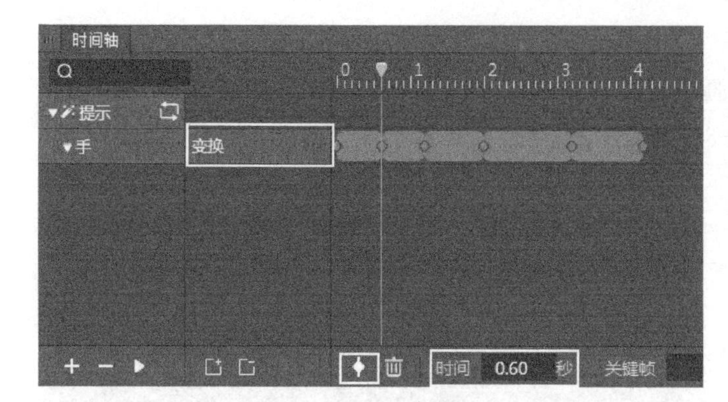

图 4-2-83　设置关键帧

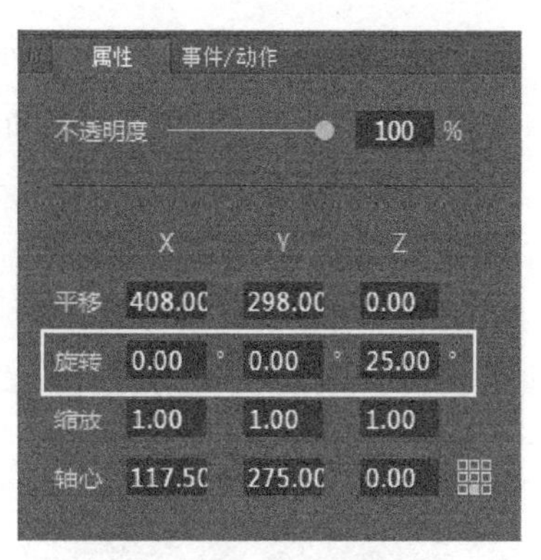

图 4-2-84　手的属性三

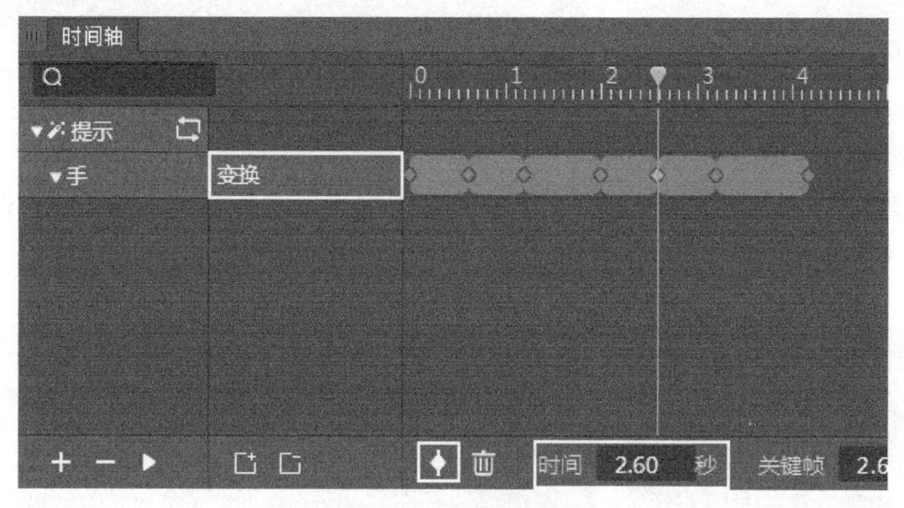

图 4-2-85　设置关键帧

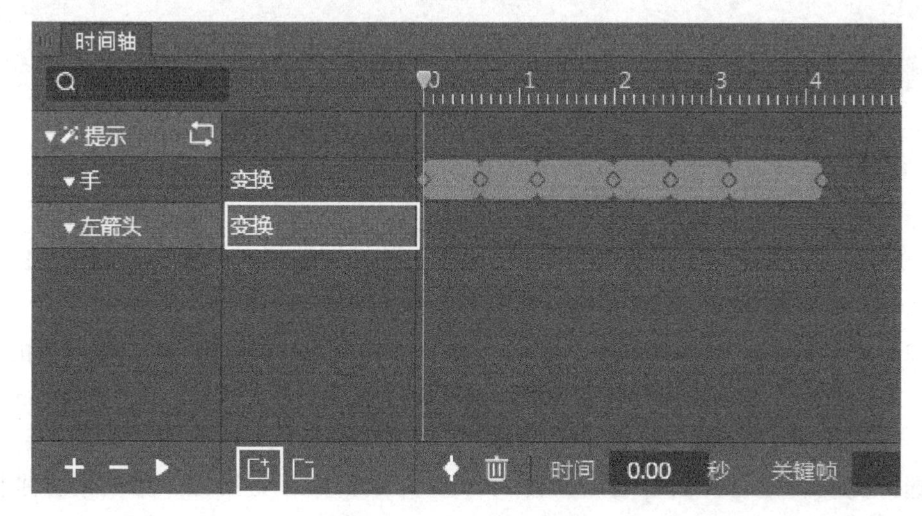

图 4-2-86　添加变换属性

（2）设置关键帧：在 0 秒、1.2 秒和 4.2 秒时，左箭头保持在初始状态的参数不变。因此先选择变换属性行，在动画编辑栏中分别输入以上时间点，并敲击 Enter 键确定，点击设置关键帧按钮（图 4-2-87、图 4-2-88）。

图 4-2-87　左箭头的属性一

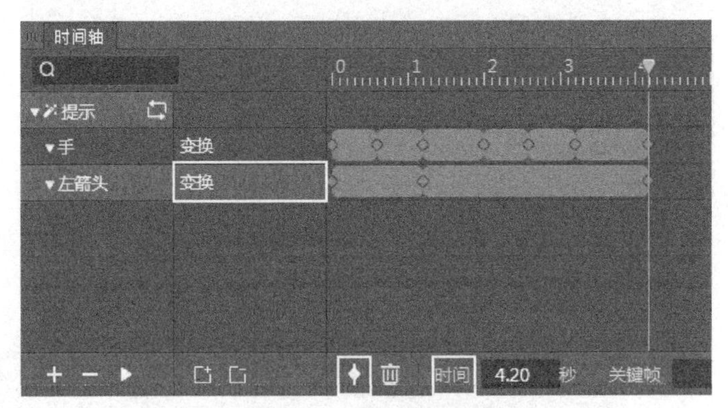

图 4-2-88　设置关键帧

选择变换属性行，在时间点上输入 0.6，并敲击 Enter 键确定，修改平移坐标为（214，282），点击设置关键帧按钮（图 4-2-89、图 4-2-90）。

图 4-2-89　左箭头的属性二

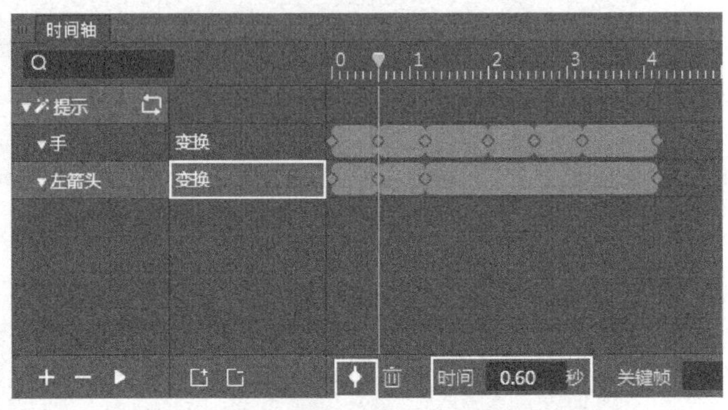

图 4-2-90　设置关键帧

5. 设置右箭头的动画

（1）添加动画属性：点击“提示”动画，再选中右箭头的图片，点击按钮添加动画属性，选择“变换”，建立右箭头与动画的对应关系（图 4-2-91）。

（2）设置关键帧：在 0 秒、2 秒、3.2 秒和 4.2 秒时，右箭头保持在初始状态的参数不变。因此先选择变换属性行，在动画编辑栏中分别输入以上时间点，并敲击 Enter 键确定，点击设置关键帧按钮（图 4-2-92、图 4-2-93）。

选择变换属性行，在时间点上输入 2.6，并敲击回车键确定，修改平移坐标为（702，282），点击设置关键帧按钮（图 4-2-94、图 4-2-95）。

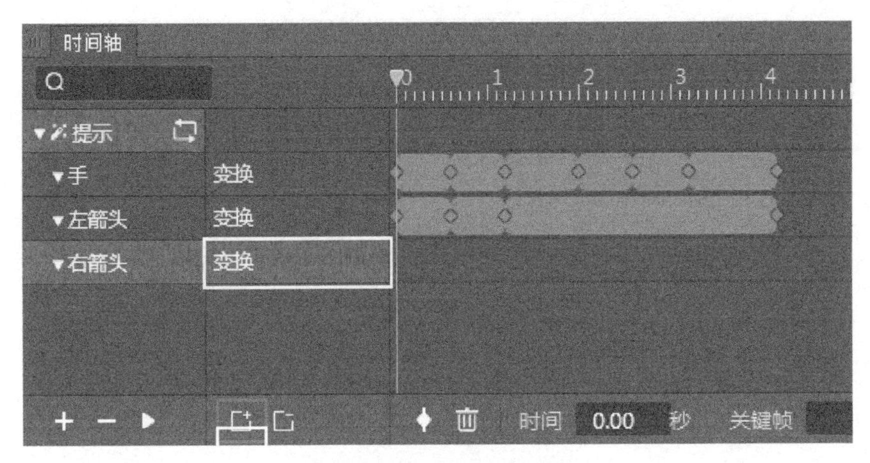

图 4-2-91 添加变换属性

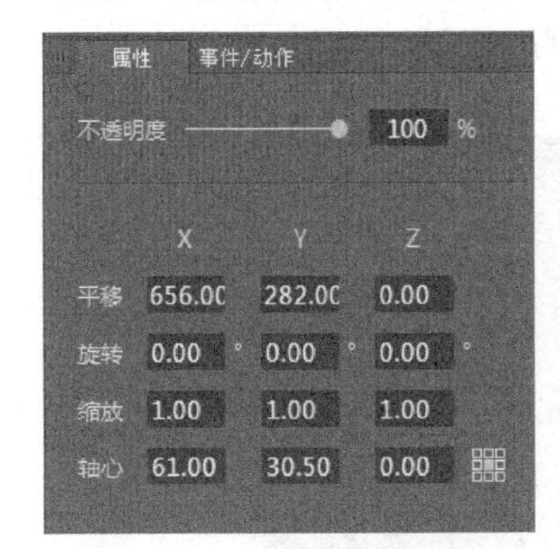

图 4-2-92 右箭头的属性一

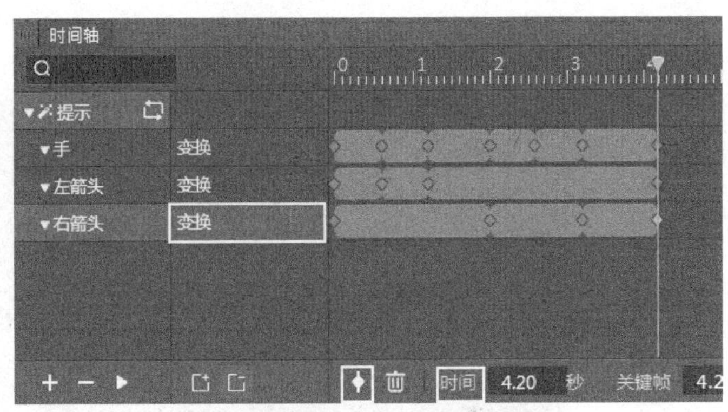

图 4-2-93 设置关键帧

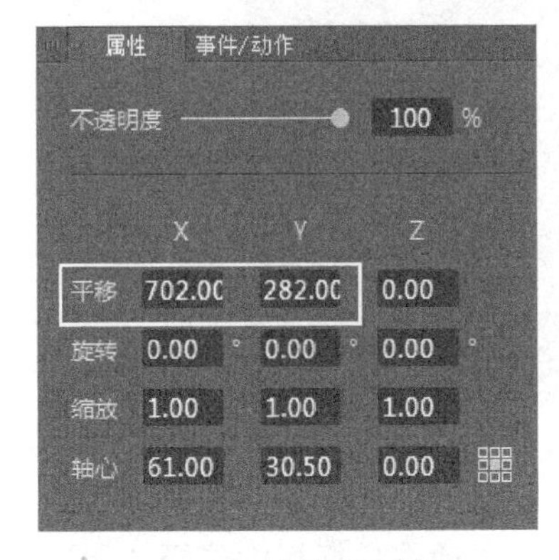

图 4-2-94 右箭头的属性二

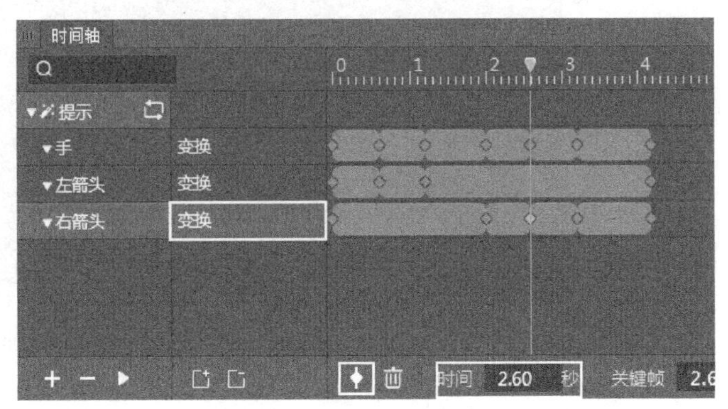

图 4-2-95 设置关键帧

6. 设置循环

点击循环按钮，使动画成周期性自动循环（图 4-2-96）。

7. 添加事件动作

为了实现页面加载后，直接播放提示动画，需要为页面添加页面启动及页面终止事件。

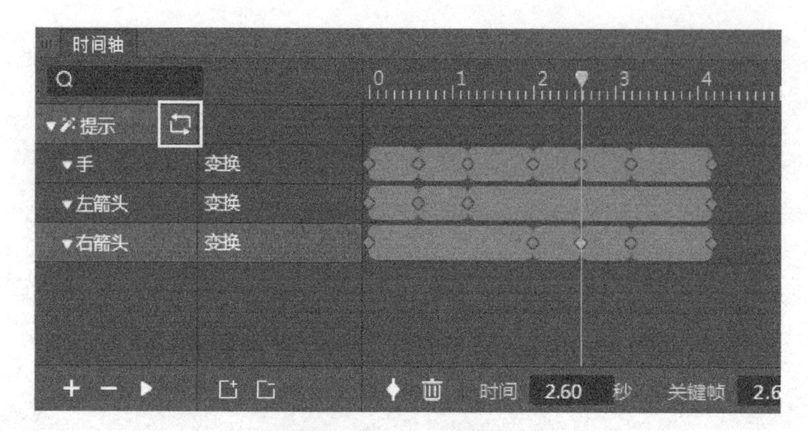

图 4-2-96 设置循环

（1）添加页面启动时播放动画：选中动画页面，且在未选择任何对象的状态下，在事件窗口中点击新建按钮，在弹出的事件菜单里，点击“页面启动”事件（图 4-2-97）。

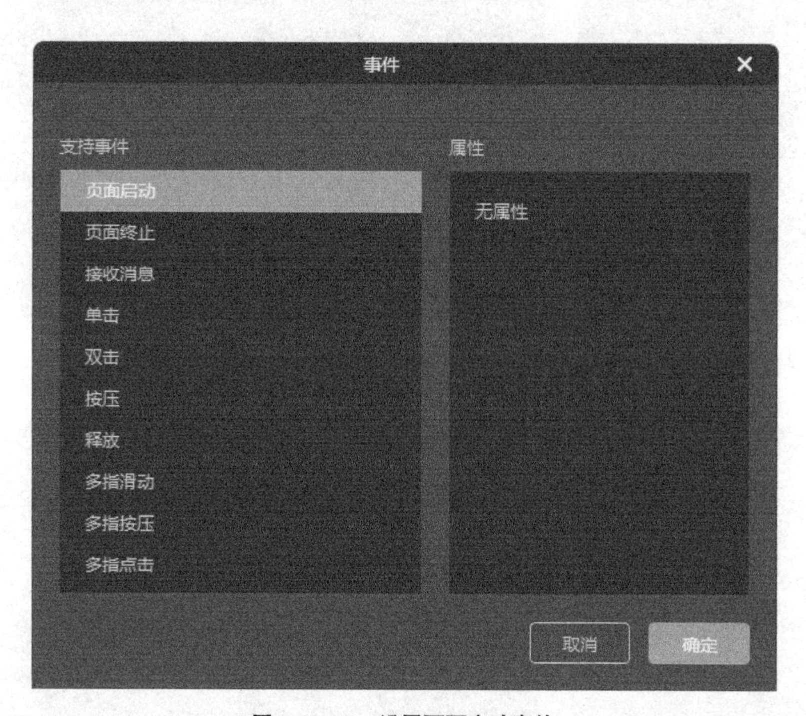

图 4-2-97 设置页面启动事件

在事件窗口中点击“确定”按钮后，会弹出动作窗口。在动作目标栏中选择“无目标”，在支持动作列表中选择“播放动画”，目标选择动画“提示”，如图 4-2-98 所示。

（2）添加页面启动时重置动画：为了让动画能播放得更加自然，需要在页面启动时对动画进行重置，并且重置的动作要添加在初始动作之前。动作添加步骤同上，在支持动作列表中选择“重置动画”，目标选择动画“提示”。在序列动作列表中，通过鼠标的拖动将这两个“重置动画”放置于“播放动画”之前，效果如图 4-2-99 所示。

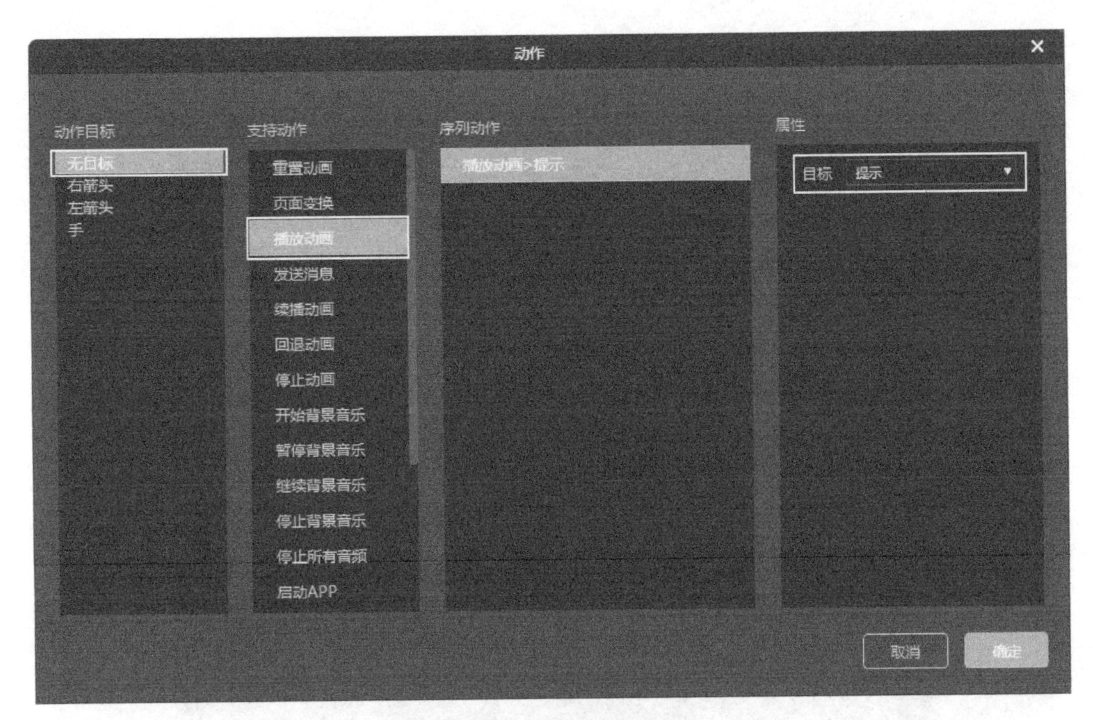

图 4-2-98　添加播放动画

图 4-2-99　添加重置动画

（3）添加页面终止时重置动画：页面终止时也需要重置动画。重复页面启动时的步骤，为页面添加页面终止事件和动作，如图 4-2-100、图 4-2-101 所示。所有事件动作添加完成后，效果如图 4-2-102 所示。

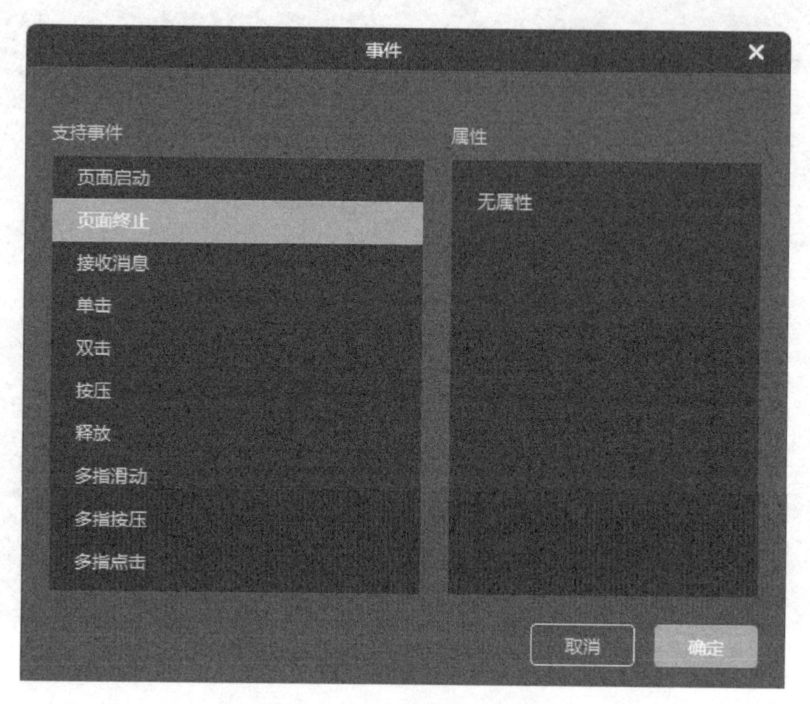

图 4-2-100　设置页面终止事件

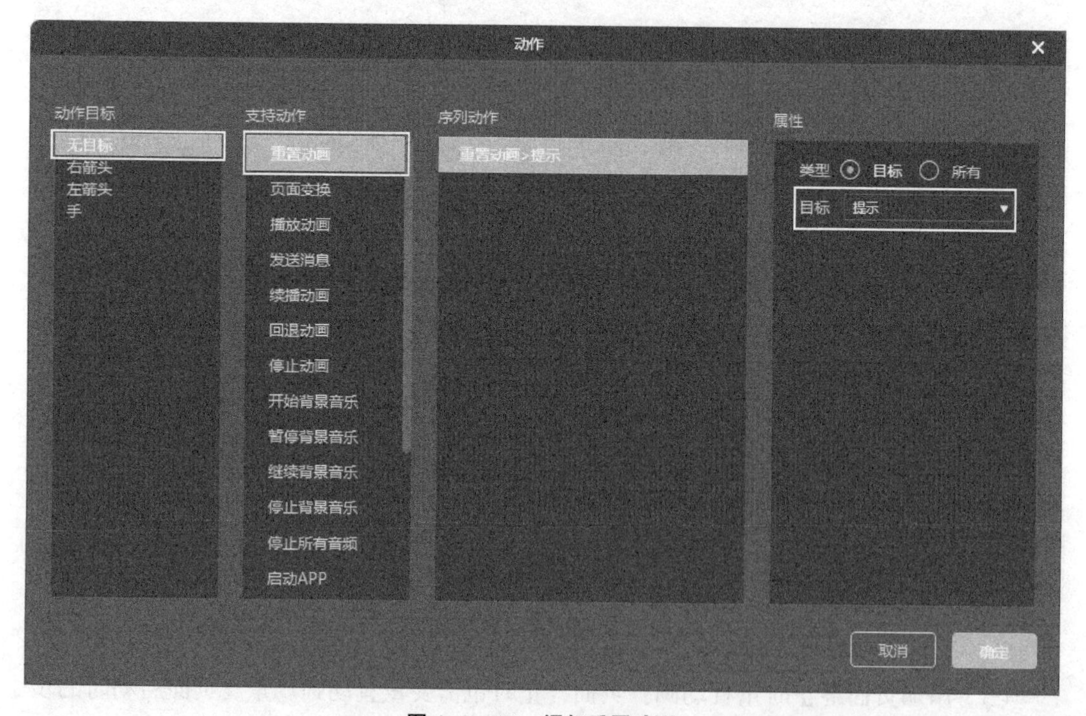

图 4-2-101　添加重置动画

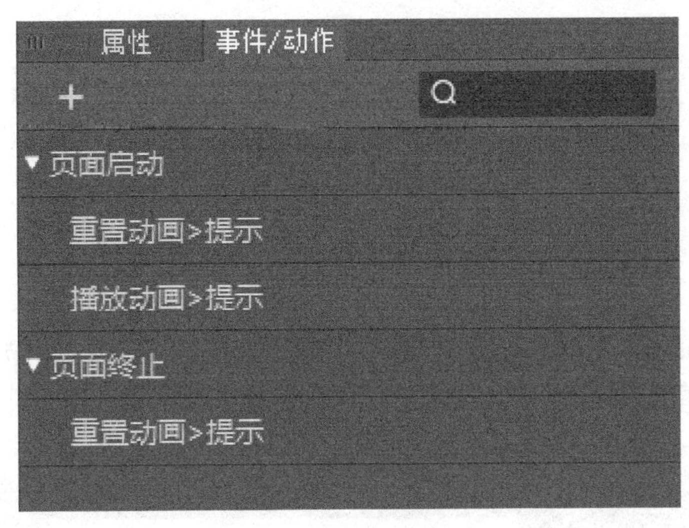

图 4-2-102　事件动作栏

8. 预览

点击预览时，页面加载完成的同时，动画“提示”就会自动播放。

第五章　Diibee4.0 成品发布

当完成 Diibee 所有数字资源内容制作环节时，则进入成品发布环节。如图 5-1-1 所示，使用菜单栏中的“文件”→“发布”，可以实现作品的发布。

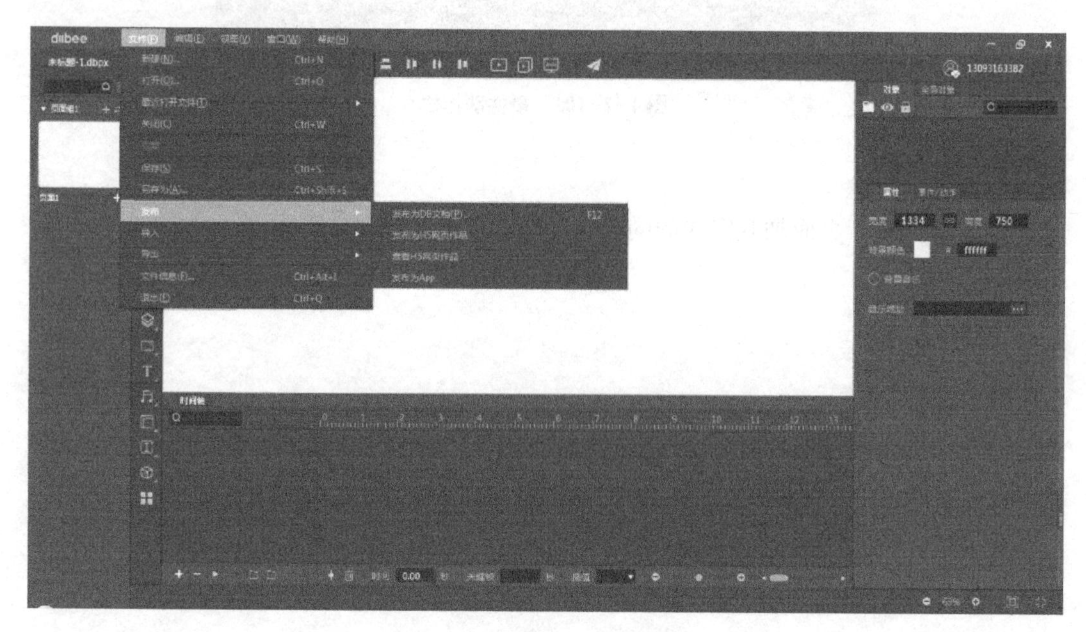

图 5-1-1　Diibee Author 发布

根据发布作品的类型，可分为发布 DB 文档、发布 H5 网页作品、发布 App 三种方式，下面分别介绍各种发布方式。

第一节　发布 DB 文档

一、选择发布方式

如图 5-1-2 所示，点击 Diibee 顶栏的文件，选择发布方式“发布为 DB 文档”。

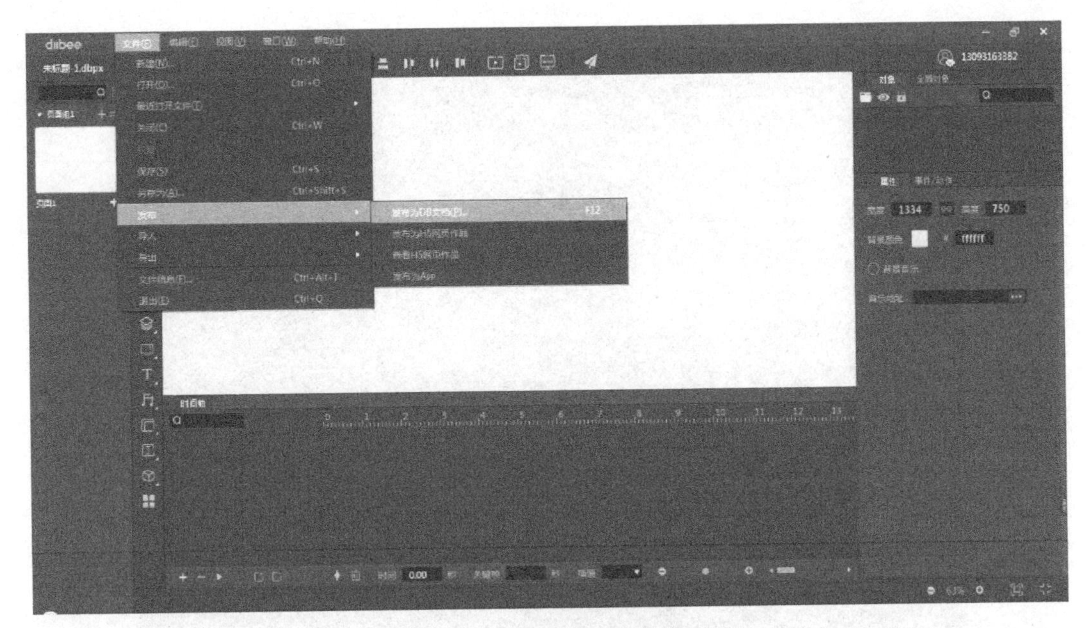

图 5-1-2　Diibee Author 发布

二、发布设置

如图 5-1-3 所示，在发布设置中，可修改文件名称、保存位置和发布版本。此外在发布设置中，可以对成品进行调整。

图 5-1-3　Diibee Author 发布窗口

如图 5-1-4 所示，在发布设置中，可对页面切换效果进行调整，包括滑动、翻转效果，另外可为成品添加水印及加载页效果。

三、完成发布

如图 5-1-5 所示，完成发布后，软件将生成 DB 文档，并保存成 .dbz 格式文件。

图 5-1-4　Diibee Author 发布设置窗口

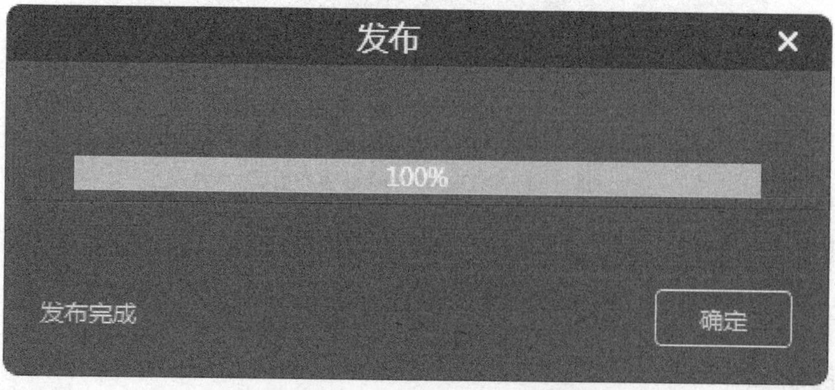

图 5-1-5　Diibee Author 发布完成

第二节　发布 H5 网页作品

一、选择发布方式

如图 5-2-1 所示，点击 Diibee 顶栏的文件，选择发布方式“发布为 H5 网页作品”。

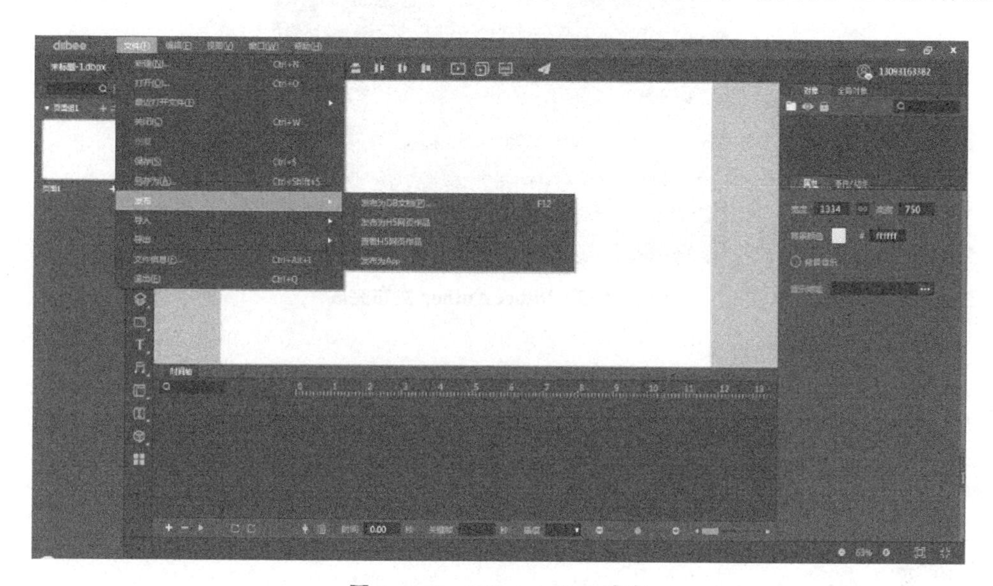

图 5-2-1　Diibee Author 发布

二、发布设置

如图 5-2-2 所示，在发布设置中需留意 H5 网页作品暂不支持自定义 JS 脚本、录音、简答题、填空题、文本编辑对象格式。

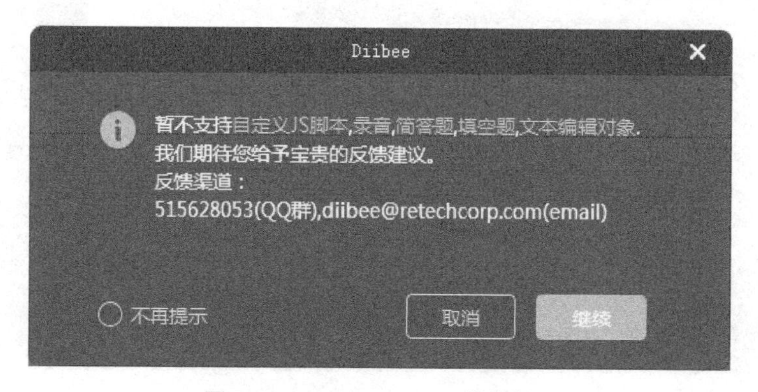

图 5-2-2　Diibee Author 发布窗口

三、完成发布

如图 5-2-3 所示，在点击发布按钮后，软件将生成 H5 网页作品二维码，并自动保存在服务器上，复制链接可访问网页作品。

图 5-2-3　Diibee Author 发布完成

第三节　发　布　App

一、选择发布方式

如图 5-3-1 所示，点击 Diibee 顶栏的文件，选择发布方式“发布为 App”。

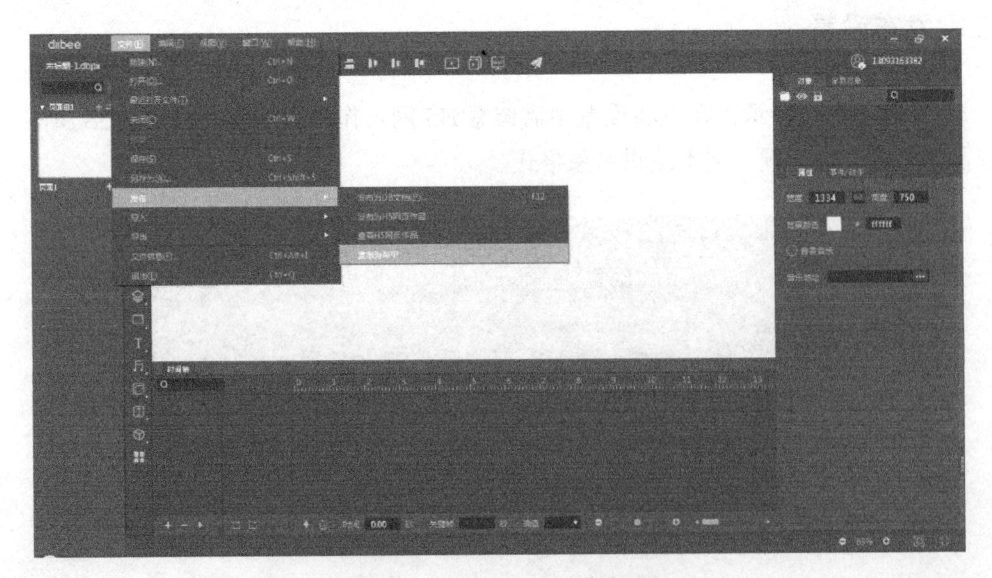

图 5-3-1　Diibee Author 发布 App

二、发布设置

如图 5-3-2 所示，若计算机未安装 Java，则会提示安装 JavaSE。

Diibee
没有安装Java！
请安装JavaSE
确定

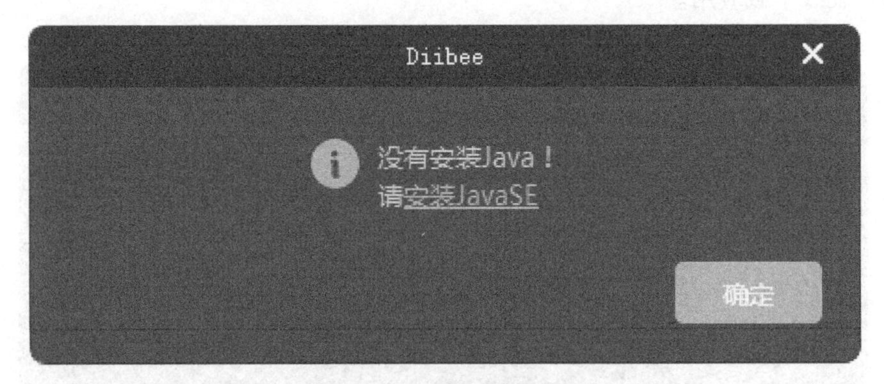

图 5-3-2　提示安装 JavaSE

如图 5-3-3 所示，完成安装后，再次进行发布，则弹出“发布为 App”设置窗口。在设置窗口中，可对应用图标、应用名称、应用启动图进行修改。

需注意 APK 是 Android 安装包，可上传至 Android 商店实现运行。

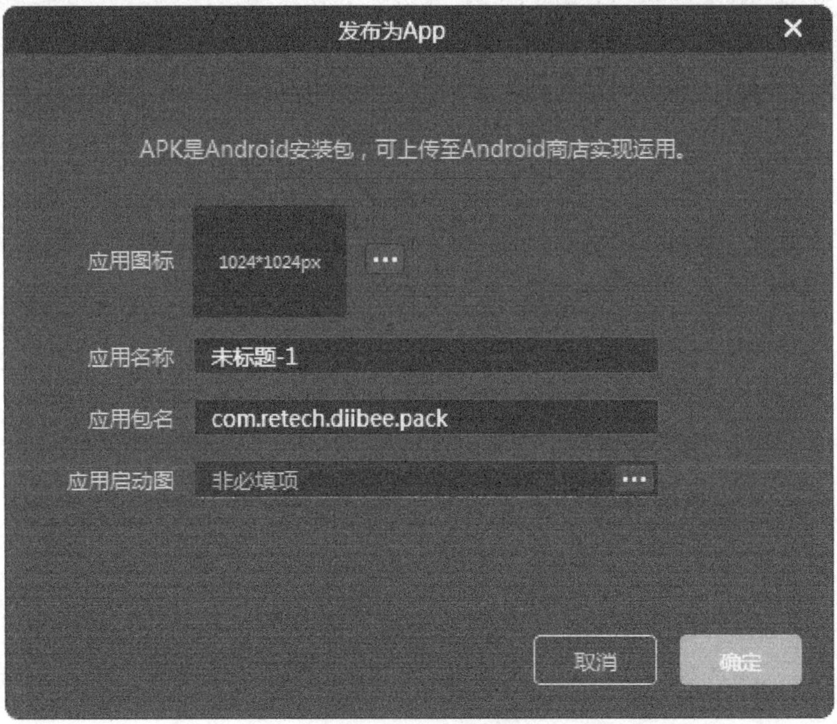

发布为App
APK是Android安装包，可上传至Android商店实现运用。
应用图标
1024*1024px
应用名称
未标题-1
应用包名
com.retech.diibee.pack
应用启动图
非必填项
取消
确定

图 5-3-3　App 设置窗口

三、完成发布

如图 5-3-4 所示，点击“确定”按钮后，软件将生成 App 二维码及下载地址，点击链接可在线下载应用。

图 5-3-4　在线预览窗口

第六章　Diibee4.0 项目实例

第一节　数字教育类:《儿童节》

一、项目需求分析

本案例是交互类实践课程，是为了让学习者运用 Diibee 软件中的事件动作功能，自主完成一本具有炫酷交互效果的动态电子书。

项目重难点：

（1）平面素材风格保持统一性，并且设计美观，符合主题，能准确表达主题。

（2）掌握页面启动、按压、释放事件以及单击事件及动作功能。

（3）了解发送消息、接收消息的功能实现。

（4）页面中引导明确，使用者能够自主流畅地完成操作。

（5）电子书运行顺畅，无明显逻辑错误。

二、项目设计方案

本案例一共 9 个页面，包含封面、扉页、5 个具体内容页、末页、封底。通过 5 个经典动画形象元素和文字的呈现，唤醒使用者的童年回忆，契合“儿童节”的主题。

（1）封面：首先呈现一个封闭的箱子，点击箱子，箱子打开，并且里面迸出一些代表童年的物品。

（2）扉页：自动出现文字内容。

（3）5 个具体内容页：通过按压、释放事件以及单击事件及动作作为画面切换，呈现内容，同时配上相对应动画的经典台词。

（4）末页：自动出现文字内容。

（5）封底：出现文字和相应动画。

三、项目素材制作

（1）素材整体风格统一，富有童趣，和主题相符合。

（2）每一个页面都需要制作一个参考图，以便后期排版时进行参考对比（表 6-1-1）。

表 6-1-1　项目素材一览表

素材名称	素材路径	素材说明
0-UI	制作素材-0-UI 文件夹中	长按按钮素材
1-封面	制作素材-1-封面文件夹中	封面的图片及音频素材
2-扉页	制作素材-2-扉页文件夹中	扉页的图片素材
3-葫芦娃	制作素材-3-葫芦娃文件夹中	葫芦娃页面的图片及音频素材
4-猫和老鼠	制作素材-4-猫和老鼠文件夹中	猫和老鼠页面的图片及音频素材
5-圣斗士星矢	制作素材-5-圣斗士星矢文件夹中	圣斗士星矢页面的图片及音频素材
6-美少女战士	制作素材-6-美少女战士文件夹中	美少女战士页面的图片及音频素材
7-哆啦 A 梦	制作素材-7-哆啦 A 梦文件夹中	哆啦 A 梦页面的图片及音频素材
8-末页	制作素材-8-末页文件夹中	末页的图片素材
9-封底	制作素材-9-封底文件夹中	封底的图片素材
参考案例	案例 6.1	参考源文件

四、项目交互呈现

分析这个案例的页面逻辑，主要由封面、扉页、内容页、末页和封底组成。其中扉页、末页、封底的逻辑比较简单，并且在封面页中也有体现，故不做具体讲述。第 3～7 页内容页逻辑相同，所以下面会以全部页面、封面、3-葫芦娃页面为例，详细讲述动画的制作。

扫一扫

儿童节电子书制作微课

第二节　产品宣传类：潮流电子杂志《风尚》

一、项目需求分析

（一）项目背景

《风尚》杂志社是国内主流的潮流媒体杂志。自创刊以来，以其高雅的品位、独特的风格、风趣的文字、新颖的设计引导着潮流，倡导着时尚。

在目前身处的数字时代，时尚杂志传统的传播方式开始遇冷，互联网环境下的数字传播领域方兴未艾。作为拥有庞大读者群体并极具影响力的高端女性刊物，《风尚》也在不断探索新的发展领域。

iPad 的出现无疑创建了一个时尚而富有吸引力的新型消费市场，建立了一种可持续发展的新媒体运营模式。因此《风尚》也倾力迈出了新媒体时代的一大步，在 2010 年年末开始了数字化升级项目，开发《风尚》的 iPad 版本产品。

（二）项目要求

《风尚》iPad 版本产品将运用新媒体手段，通过更直观的方式呈现给读者大量精美图片、文字和音视频信息。

此项目一方面可以用更碎片化的阅读模式、更有趣味的互动式阅读体验、更炫的视听效果，带给读者另类新奇的视觉感受，让读者不用走遍秀场，也能坐阅潮流。

另一方面，随着纸媒的日渐式微和新媒体时代的洪流到来，此项目还可以为《风尚》争取更多的流量和发展机会，提高产品的良好口碑和品牌效应，提升产品的占有率和市场竞争力，增加用户黏性，提升商业变现转化。

（三）需求分析

仅仅将纸书转化为数字形式是很容易的，但问题是这种翻版是否充分利用了数字的优势。为了避免读者失去兴趣，必须结合数字化项目的要求和特点进行分析。

1. 定位分析

iPad 版本的《风尚》首先是一本用于阅读的电子杂志，它的内容基于但不局限于传统杂志。它将浓缩和延伸纸本杂志内容，比传统的纸媒更互动、更有趣、更多维。

另外，第一本 iPad 版本的《风尚》将在苹果平台提供整刊免费下载试读，供用户进行体验。通过与 iPad 版本产品的接触，用户将直接进入一个前所未有的移动阅读新时代，这也直接决定了用户对于此数字化项目的认可度。

因此，这不仅是一本电子书，更是一本用于宣传数字化新形式《风尚》的产品宣传册，这就促使在项目设计时必须在用户交互上用足心思，以提高读者的兴趣。像文字弹出、滑动，还有元素的飘移，这都是以往纸媒产品无法做到的；在新形式中配乐、动图、短视频等也是纸媒无法承载的新形式。需要通过多种手段的结合，实现可视化、直观化的表达效果。

2. 受众分析

调查显示，纸媒版的《风尚》的受众集中在 25～40 岁，大部分是梦想成为白领和已经成为白领的女性。她们非常在意自身的外形和气质，对杂志中展现出来的高品质生活感到羡慕和渴望，这正反映了杂志所提倡的 3F 精神。

iPad 版的《风尚》产品可以进一步拓宽受众的年龄范围。相较于纸媒，电子杂志价格更低，可以保存后反复观看，势必会吸引一大批年轻粉丝的捧场。在项目设计时，无论从色彩、质感、文字、结构、画面、风格和速度上，除了贯彻纸媒版的 3F 精神，还要呈现出年轻化、时尚化、潮流化的趋势。

3. 环境分析

基于该项目的要求，数字化的《风尚》产品最终呈现在 iPad 终端，因此在设计时需要注意画面清爽，图表立体，重点凸显，文字不宜过大。另外根据杂志的基本特性，要采用竖版呈现。

二、项目设计方案

（一）构建数字化逻辑

iPad 版的《风尚》产品不是对传统纸媒的抛弃，而是在纸媒版的基础上进行创作的。为了尊重读者的阅读习惯，在设计时不能对杂志的逻辑及素材进行随意改变，整体框架结构需要与纸媒基本保持一致，比如“封面、目录、正式内容、广告”版块。

但根据数字化产品的宣传需要，设计方案又增加了一些特有的部分。比如“片头动画、使用指南、iPad 版《风尚》的产品简介”版块。从用户易用性的角度出发，方案将这三个版块置于“封面”和“目录”板块之间。

最终形成如图 6-2-1 所示的数字化逻辑构建：

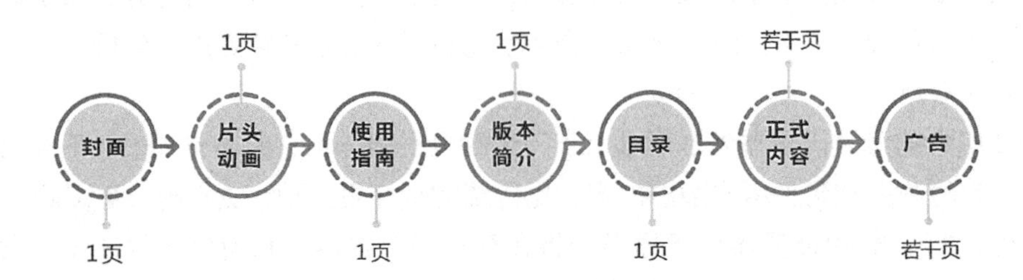

图 6-2-1　iPad 版《风尚》的框架

每期 iPad 版的《风尚》都以此逻辑框架为基准，并根据各自的实际情况进行微调。

（二）确定风格特点

通过之前的分析，已经了解了 iPad 版《风尚》的产品定位、受众和环境特点，需要据此来确定产品的视觉效果和交互呈现。

一般来说，产品的视觉效果包括：时尚型、商务型、卡通型、简约型、科技型、高端型等类型；交互呈现包括：期刊型、绘本型、工具书型、交互型等类型。这里在视觉效果上选择时尚型，在交互呈现上选择期刊型与交互型的结合。

每本 iPad 版的《风尚》产品都需要以此风格特点为基准，并根据各自的实际情况进行微调。

（三）预设产品效果

确定了产品整体的风格特点，就可以有针对性地对每期的每一页提出建设性的设计方案，来提升产品的感官体验。

例如，某一页该放置哪些素材，是静态图还是动态图？这一页还可以进行哪些素材的增加，是音频还是视频？利用这些素材可以实现哪些交互效果？需要充分考虑这些因素，并形成文字性的脚本，为视觉设计和交互设计提供指导。

（四）整理客户素材

落实到具体制作前，一定要清楚客户可以提供哪些素材，一般客户提供的原素材有五种形式：文字素材（PPT、Word、Excel）、图片素材、音视频素材、三维动画素材、交互素材。需要将客户提供的素材和自行获取的（不涉及版权）素材进行整合，形成一份素材清单，进行归档、留存。

还需要明确，客户不能提供的素材要以何种方式去制作，自行收集素材时会不会涉及版权的问题等。

三、项目素材制作

想要创造出拥有良好视觉体验的智媒体出版物，前期必定要先进行专业的视觉设计。设计时需要根据脚本，对版面和客户提供的素材进行优化和加工，并收集或制作其他所需要的素材，最终完成产品的平面排版。在制作素材的过程中，对数字化素材有如下规范性的要求。

（一）界面尺寸

使用工具进行制作时，首先确定需要呈现的设备及其界面的尺寸，使得制作的素材能够呈现出最佳效果。在设置分辨率时，分辨率越高，视觉效果越好，但是文件体积也相对越大，影响成品的加载速度。为了兼顾二者，方案将分辨率确定为 768 × 1 024 像素。

（二）图形部件规范

1. 图形

单独存在的图形部件尺寸必须是偶数，便于后面的对称与切图。除了图片，其他形状均用形状工具绘制，只有这样才能保证图形边缘不模糊。

2. 图片的尺寸

图片尺寸由图片的像素决定。像素越大，图片越清晰，图片相对占用的空间就会越大。因此在使用 Diibee Author 制作时，需要控制图片尺寸。只有在保证清晰度的同时控制图片大小，成品才能获得较好的用户体验。

Diibee Author 能够加载的单张图片分辨率须小于 2 048 × 2 048 像素，如超过此分辨率，需要在绘图工具中进行切割，将一张图片切成几张后，方能置入 Diibee Author 中。

3. 图片的格式

Diibee Author 支持 *.png、*.jpg、*.jpeg、*.gif 格式图片导入。除此之外，Diibee Author 还支持文本文档、Word、PDF、PPT、PSD、协同文件的导入。

（三）音视频格式规范

音频仅支持 MP3 格式，视频仅支持 MP4 格式。若格式不符，则需要使用其他工具对其进行格式转换后才能导入。

四、项目交互呈现

扫一扫

潮流电子杂志制作微课

第三节　数字出版类:《暑假过关秘籍》

一、项目需求分析

项目以“七月暑假安排”为主题，设计调研问题组，并根据用户的测试结果给出相应反馈。要求做成竖版伪 H5 形式，制作风格诙谐、幽默，主要面向院校师生和大众读者。

二、项目设计方案

（一）规划框架，明确逻辑顺序

根据需求制定电子书的整体构架，即大致页面的规划，以及页面之间简单的跳转逻辑关系。

本实例中大致设计了标题页、测试题页、测试结果页以及结束页。页面之间的逻辑关系主要体现在用户完成测试题页的测试后，可产生两种结果，进入到两种不同的阅读路径。

（二）提炼内容，设计媒体信息

对每个页面的内容进行整理及提炼，设计内容呈现的媒体信息以及相关跳转按钮等。

（1）标题页：整理提炼标题文稿。

（2）测试题页：整理提炼测试题导入文稿，设计触发测试的按钮；整理问答题组（7道）；整理提炼测试结果主题文稿及触发阅读学习路径的按钮。

（3）测试结果页：整理资讯内容及相关图片视频素材。

（4）结束页：设计结束语以及返回测试页按钮。

（三）制作素材，整合 Diibee 成品

根据确认好的方案及现有素材，先补充并整理好制作所需的各类素材，然后设计编排画面，将产品画面做进一步设计与美化，最后再利用 Diibee 软件完成所有设计素材的整合制作。

三、项目素材制作

项目所需素材见表 6-3-1。

表 6-3-1　项目素材一览表

素材名称	素　材　路　径	备　注
Audio	Diibee4.0 富媒体工具实例教程配套素材包（第六章——数字出版类）\001. Audio	音频
Font	Diibee4.0 富媒体工具实例教程配套素材包（第六章——数字出版类）\002. Font	字体
Image	Diibee4.0 富媒体工具实例教程配套素材包（第六章——数字出版类）\003. Image	图片
Video	Diibee4.0 富媒体工具实例教程配套素材包（第六章——数字出版类）\004. Video	视频
DB 成品	Diibee4.0 富媒体工具实例教程配套素材包（第六章——数字出版类）\005. DB 成品	最终成品

四、项目交互呈现

扫一扫

暑假过关秘籍制作微课